高 等 学 校 教 材

食 品 分 析

侯曼玲　编著

化学工业出版社
教 材 出 版 中 心
·北 京·

图书在版编目（CIP）数据

食品分析/侯曼玲编著. —北京：化学工业出版社，
2004.5（2024.2重印）
高等学校教材
ISBN 978-7-5025-5021-9

Ⅰ. 食…　Ⅱ. 侯…　Ⅲ. 食品分析-高等学校-教材
Ⅳ. TS207.3

中国版本图书馆 CIP 数据核字（2004）第 044671 号

责任编辑：赵玉清　　　　　　　　文字编辑：温建斌
责任校对：蒋　宇　　　　　　　　装帧设计：潘　峰

出版发行：化学工业出版社（北京市东城区青年湖南街 13 号　邮政编码 100011）
印　　装：北京七彩京通数码快印有限公司
787mm×1092mm　1/16　印张 14½　字数 289 千字　2024 年 2 月北京第 1 版第 18 次印刷

购书咨询：010-64518888　　　　　　售后服务：010-64518899
网　　址：http://www.cip.com.cn
凡购买本书，如有缺损质量问题，本社销售中心负责调换。

定　　价：35.00 元

前　　言

食品是人类维持生命、进行各种智力和体力活动不可缺少的物质。食品品质的好坏，关系到食用者的健康、生活质量和安全。随着社会的进步和经济的发展，人们对食品质量提出了更高的要求，食品中营养素的含量高低、有毒有害污染物及食品添加剂的种类和残留量等都是人们普遍关心的问题，而对这些指标进行准确的鉴定和检测正是食品分析的主要内容。

食品分析是在无机化学、分析化学、有机化学和生物化学等学科的基础之上建立起来的一门应用性学科，涉及的内容非常广泛，分析的对象十分复杂，分析的方法和手段也多种多样（包括感官鉴定法、物理分析法、化学分析法、仪器分析法和微生物分析法等），而且随着科学技术的进步，食品分析的内容和方法还在不断地扩展和更新，为了适应食品工业的迅猛发展和满足高等学校食品分析课程的教学需要，作者根据多年食品分析教学的体会，并搜集了一些国内外有关资料编写了这本教材。

全书共分 12 章，对食品样品的采集、处理和食品中一般成分的分析做了较为全面系统的介绍，测定方法以国家标准分析方法为主，同时也综合了部分实际工作中常用的测定方法，并力求重点突出、简明实用，以满足学生学习和实际工作的需要。在内容上着重测定原理、操作方法和实际经验的介绍，并注重知识结构的系统性和合理性。为了提高学生分析问题和解决问题的能力，每章末附有问题与讨论，以方便学生复习和掌握重点。

书后附有常用基准物质的干燥条件及应用、标准溶液的配制和标定方法、常用指示剂的配制方法以及部分食品常用分析数据，供读者需要时查阅。

由于编者水平有限，书中错误之处在所难免，敬请批评指正。

编者

2004 年 4 月

目　　录

绪　　论

一、食品分析的任务和作用

食品分析是研究和评定食品品质及其变化的一门专业性很强的实验科学。

食品分析依据物理、化学、生物化学的一些基本理论和国家食品卫生标准，运用现代科学技术和分析手段，对各类食品（包括原料、辅助材料、半成品及成品）的主要成分和含量进行检测，以保证生产出质量合格的产品。同时，作为质量监督和科学研究不可缺少的手段，在食品资源的综合利用、新型保健食品的研制开发、食品加工技术的创新提高、保障人民身体健康等方面都具有十分重要的作用。

二、食品分析的内容

食品分析主要包含以下三个方面的内容。

（1）食品营养成分分析　食品中含有各种营养成分，如水分、蛋白质、脂肪、碳水化合物、维生素和矿物质元素等。对这些成分的检测是食品分析的主要内容。检测的对象包括动物性食品、植物性食品以及饮料、调味品等。

（2）食品中污染物质的分析　食品中污染物质是指食物中原有的或加工、贮藏时由于污染混入的，对人体有急性或慢性危害的物质。就其性质而言，这些污染物质可分为两类：一类是生物性污染，另一类是化学性污染。生物性污染如霉菌毒素，此类污染物中危害最大的是黄曲霉毒素。化学性污染的来源主要是环境污染。另外，使用不符合要求的设备和包装材料以及加工不当都会对食品造成污染。这类污染物主要有残留农药、有毒重金属、亚硝胺、3，4-苯并芘、多氯联苯等。加强对污染物质的监测和控制，是保障人类健康的重要措施。

（3）食品添加剂的分析　食品添加剂是指食品在生产、加工或保存过程中，添加到食品中期望达到某种目的的物质。食品添加剂本身通常不作为食品来食用，也不一定具有营养价值，但加入后能起到防止食品腐败变质，增强食品色、香、味的作用，因而在食品加工中使用十分广泛。食品添加剂多是化学合成的物质，如果使用的品种或数量不当，将会影响食品质量，甚至危害食用者的健康。因此，对食品添加剂的鉴定和检测也具有十分重要的意义。

此外，食品的色泽、组织形态、风味、香味以及有无杂质等感官特征也是食品的重要技术指标，食品分析通常也包括这些内容。

三、食品的种类

食品是维持人类生命和身体健康所需营养物质和能量的来源。食品的种类繁多，组成复杂，性质各异，根据来源、加工程度和习惯等的不同可分为许多种类。

根据来源的不同，可将食品分为植物性食品、动物性食品和矿物性食品三大类。植物性食品是人体所需碳水化合物、维生素、矿物质和蛋白质的重要来源，这类食品又可分为谷类、豆类、果蔬类及调味料等；动物性食品富含脂肪和蛋白质，主要包括畜禽肉类、水产类、蛋类和乳类等；矿物性食品含有丰富的矿物质元素，包括食盐、食用碱、矿泉水等。

根据食品加工程度的不同，可将食品分为初加工食品，如米、面、油、食糖等；再加工食品，如面包、糕点、酒类等，这类食品是由初加工食品进行加工制成的；以及深加工食品，这类食品主要指一些功能性食品，如婴幼儿食品、保健食品等。

根据商业经营习惯又可将食品分为粮油食品、果品、蔬菜、肉禽及其制品、水产品、乳及乳制品、焙烤食品、罐头食品、饮料等。

根据中国饮食习惯不同，还可把食品分为主食类、副食品和嗜好品。主食类是由米、面加工的食品，如米饭、馒头、面包等，它们是人体热量的主要来源；副食品包含的种类很多，是人体蛋白质、脂肪、维生素、矿物质的主要来源；嗜好品是指某些含有特殊成分，以满足有特殊嗜好的消费者需要的食品，主要包括烟、酒、茶叶、咖啡等。

四、食品分析方法的分类

对食品品质的评价，主要包括食品营养、卫生和嗜好性三个方面。食品分析所采用的分析方法主要有感官分析法、理化分析法、微生物分析法和酶分析法。

（1）感官分析法　感官分析又叫感官检验或感官评价，是通过人体的各种感觉器官（眼、耳、鼻、舌、皮肤）所具有的感觉、听觉、嗅觉、味觉和触觉，结合平时积累的实践经验，并借助一定的器具对食品的色、香、味、形等质量特性和卫生状况作出判定和客观评价的方法。感官检验作为食品检验的重要方法之一，具有简便易行、快速灵敏、不需要特殊器材等特点，特别适用于目前还不能用仪器定量评价的某些食品特性的检验，如水果滋味的检验、食品风味的检验以及烟、酒、茶的气味检验等。

依据所使用的感觉器官的不同，感官检验可分为视觉检验、嗅觉检验、味觉检验、触觉检验和听觉检验五种。

① 视觉鉴定　是鉴定者利用视觉器官，通过观察食品的外观形态、颜色光泽、透明度等，来评价食品的品质如新鲜程度、有无不良改变以及鉴别果蔬成熟度等的方法。

②　嗅觉鉴定　是通过人的嗅觉器官检验食品的气味，进而评价食品质量（如纯度、新鲜度或劣变程度）的方法。

③　味觉鉴定　是利用人的味觉器官（主要是舌头），通过品尝食品的滋味和风味，从而鉴别食品品质优劣的方法。味觉检验主要用来评价食品的风味（风味是食品的香气、滋味、入口获得的香气和口感的综合构成），也是识别某些食品是否酸败、发酵的重要手段。

④　听觉鉴定　听觉鉴定是凭借人体的听觉器官对声音的反应来检验食品品质的方法。听觉鉴定可以用来评判食品的成熟度、新鲜度、冷冻程度及罐头食品的真空度等。

⑤　触觉鉴定　是通过被检食品作用于鉴定者的触觉器官（手、皮肤）所产生的反应来评价食品品质的一种方法。如根据某些食品的脆性、弹性、干湿、软硬、黏度、凉热等情况，可判断食品的品质优劣和是否正常。

感官分析的方法有很多，常用的检验方法有差别检验法、标度和类别检验法、分析或描述性检验法等。

感官分析法虽然简便、实用且多数情况下不受鉴定地点的限制。但也存在明显缺陷，由于感官分析是以经过培训的评价员的感觉器官作为一种"仪器"来测定食品的质量特性或鉴别产品之间的差异，因此判断的准确性与检验者的感觉器官的敏锐程度和实践经验密切相关。同时检验者的主观因素（如健康状况、生活习惯、文化素养、情绪等），以及环境条件（如光线、声响等）都会对鉴定的结果产生一定的影响。另外，感官检验的结果大多数情况下只能用比较性的用词（优良、中、劣等）表示或用文字表述，很难给出食品品质优劣程度的确切数字。

（2）理化分析法　根据测定原理、操作方法等的不同，理化分析法又可分为物理分析法、化学分析法和仪器分析法三类。

①　物理分析法　通过对被测食品的某些物理性质如温度、密度、折射率、旋光度、沸点、透明度等的测定，可间接求出食品中某种成分的含量，进而判断被检食品的纯度和品质。物理分析法简便、实用，在实际工作中应用广泛。

②　化学分析法　是以物质的化学反应为基础的分析方法，主要包括重量分析法和滴定分析法两大类。化学分析法适用于食品中常量组分的测定，所用仪器设备简单，测定结果较为准确，是食品分析中应用最广泛的方法。同时化学分析法也是其他分析方法的基础，虽然目前有许多高灵敏度、高分辨率的大型仪器应用于食品分析，但现代仪器分析也经常需要用化学方法处理样品，而且仪器分析测定的结果必须与已知标准进行对照，所用标准往往要用化学分析法进行测定，因此经典的化学分析法仍是食品分析中最重要的方法之一。

③　仪器分析法　是以物质的物理和物理化学性质为基础的分析方法。这类方法需要借助较特殊的仪器，如光学或电学仪器，通过测量试样溶液的光学性质或电化学性质从而求出被测组分的含量。在食品分析中常用的仪器分析方法有以下

几种。

a. 光学分析法　根据物质的光学性质所建立的分析方法，主要包括吸光光度法、发射光谱法、原子吸收分光光度法和荧光分析法等。

b. 电化学分析法　根据物质的电化学性质所建立的分析方法，主要包括电位分析法、电导分析法、电流滴定法、库仑分析法、伏安法和极谱法等。

c. 色谱分析法　是一种重要的分离富集方法，可用于多组分混合物的分离和分析，主要包括气相色谱法、液相色谱法（又分为柱色谱和纸色谱）以及离子色谱法。

此外，还有许多用于食品分析的专用仪器，如氨基酸自动分析仪、全自动全能牛奶分析仪等。仪器分析方法具有简便、快速、灵敏度和准确度较高等优点，是食品分析发展的方向。随着科学技术的发展，将有更多的新方法、新技术在食品分析中得到应用，这将使食品分析的自动化程度进一步提高。

（3）微生物分析法　此法是基于某些微生物的生长需要特定的物质而进行相应组分测定的方法。例如乳酪乳酸杆菌在特定的培养液中生长繁殖，能产生乳酸，在一定的条件下，产生的乳酸量与维生素 B_2 的加入量呈相应的比例关系。利用这一特性，可在一系列的培养液中加入不同量的维生素 B_2 标准溶液或样品提取液，接入菌种培养一定时间后，用标准氢氧化钠溶液滴定培养液中的乳酸含量，通过绘制标准曲线比较，即可得出待检样品中维生素 B_2 的含量。微生物分析法测定条件温和，方法选择性较高，已广泛应用于维生素、抗生素残留量和激素等成分的分析。

（4）酶分析法　此法是利用酶的反应进行物质定性、定量的方法。酶是具有专一性催化功能的蛋白质，用酶法进行分析的主要优点在于高效和专一，克服了用化学分析法测定时，某些共存成分产生干扰以及类似结构的物质也可发生反应，从而使测定结果发生偏离的缺点。酶分析法测定条件温和，结果准确，已应用于食品中有机酸、糖类和维生素的测定。

五、分析中的一般规定和溶液浓度的表示方法

（1）一般规定

① 分析中所用试剂，除特别注明的外，均为分析纯。

② 分析中所使用的水，在没有注明其他要求时，系指其纯度能满足要求的蒸馏水或去离子水。水浴除外。

③ 溶液未指明用何种溶剂配制时，均指水溶液。

④ 盐酸、硫酸、硝酸、氨水等，未指明具体浓度时，均指市售试剂规格的浓度。

⑤ 液体的滴，系指蒸馏水自滴定管流下的一滴的量，在 20℃时 20 滴相当于 1.0mL。

⑥ 称取，是指用天平进行的称量操作，其精度要求用有效数字位数表示，如

"称取 10.00g……"，系指称量的精度为±0.01g。

⑦ 准确称取，是指用精密天平进行的称量操作，其精度为±0.0001g。如果给出了准确数值，必须按所列数值称取，如果给出的是称量范围，或"准确称取约"则称取量可接近所列数值（不超过规定量的±10%），但必须准确称至 0.0001g。

⑧ 吸取和量取，吸取是指用移液管或吸量管取液体物质的操作，而量取则是指用量筒或量杯取液体物质的操作，其精度要求均用数值的有效位数表示。

⑨ 空白试验，是化学分析中作比较常用的分析方法。当进行某一试样分析时，同时做一空白试验（即操作条件和所用试剂均相同，但无试样存在），以校正有关因素对分析结果的影响。

⑩ 恒重，是指在规定的条件下，连续两次干燥或灼烧后的质量之差不超过规定的范围（一般在 0.2~0.5mg 以下）。

⑪ 用于直接配制或标定标准溶液的试剂应为基准物质，常用的基准物质有纯金属和纯化合物（几种常用的基准物质的干燥条件及其应用列于附录Ⅰ表Ⅰ-1中，常用标准溶液的配制和标定方法参见附录Ⅰ）。

(2) 溶液浓度的表示方法

① 标准溶液的浓度用物质的量浓度表示，常用单位为 $mol \cdot L^{-1}$。对于物质 B 的物质的量浓度，可用符号 $c(B)$ 或 c_B 表示。由于物质的量的数值取决于基本单元的选择，因此，表明物质的量浓度时须指明基本单元。如某硫酸溶液的浓度，由于选择不同的基本单元，其摩尔质量就不同，浓度亦不同：

$$c(H_2SO_4) = 0.1mol \cdot L^{-1}$$

$$c\left(\frac{1}{2}H_2SO_4\right) = 0.2mol \cdot L^{-1}$$

$$c(2H_2SO_4) = 0.05mol \cdot L^{-1}$$

选择基本单元时，一般以化学反应的计量关系为依据。例如在酸性溶液中，用 $H_2C_2O_4$ 作为基准物质标定 $KMnO_4$ 溶液浓度，根据滴定反应：

$$2MnO_4^- + 5C_2O_4^{2-} + 16H^+ = 2Mn^{2+} + 10CO_2 + 8H_2O$$

如果选择 $KMnO_4$ 的基本单元为 $KMnO_4$，$H_2C_2O_4$ 的基本单元为 $H_2C_2O_4$，则浓度分别表示为 $c(KMnO_4)$ 和 $c(H_2C_2O_4)$，根据计量关系有：

$$5n(KMnO_4) = 2n(H_2C_2O_4)$$

如果选择 $KMnO_4$ 的基本单元为 $\frac{1}{5}KMnO_4$，$H_2C_2O_4$ 的基本单元为 $\frac{1}{2}H_2C_2O_4$，则浓度分别表示为 $c\left(\frac{1}{5}KMnO_4\right)$ 和 $c\left(\frac{1}{2}H_2C_2O_4\right)$，由等物质的量规则可得：

$$n\left(\frac{1}{5}KMnO_4\right) = n\left(\frac{1}{2}H_2C_2O_4\right)$$

② 溶液的浓度以质量比、体积比或质量体积比为基础给出时，浓度分别用质量分数、体积分数或质量浓度表示，符号分别记为 w、φ 或 ρ［过去的表示方式分别为％（w/w）、％（V/V）或％（w/V）现已禁止使用］。

例如 B（$w=0.20=20\%$），表示物质 B 的质量与混合物的质量之比为 20%；乙醇（$\varphi=80\%$），表示 100mL 溶液中含有 80mL 乙醇；氢氧化钠（$\rho=20\%$），表示 100mL 溶液中含有 20g 氢氧化钠，也可直接用 200g·L^{-1} 给出。

③ 按一定比例配制的液体组分溶液，记为 A＋B＋C，如正丁醇-乙醇-水（40＋11＋19），是指 40 体积的正丁醇、11 体积的乙醇和 19 体积的水混合而成，又如乙醚、石油醚等体积混合时，记为乙醚-石油醚（1＋1）。有时试剂名称后注明（1＋2）、（3＋4）等，但未指明与何种试剂混合时，则第 1 个数字表示试剂的体积，第 2 个数字表示水的体积。若试剂为固体，则表示试剂与水的质量比，第 1 个数字表示试剂的质量，第 2 个数字表示水的质量。

六、分析结果的表示与数据处理

（1）分析结果的表示方法　检验结果的表示应采用法定计量单位并尽量与食品卫生标准一致。一般有以下几种表示方法。

① 固体物质　固体试样中待测组分的含量，一般以质量分数表示，在实际工作中通常使用的百分比符号"％"，是质量分数的一种表示方法，即表示每百克样品中所含被测物质的克数。

当待测组分含量很低时，可采用 mg·kg^{-1}（或 $\mu g·g^{-1}$，10^{-6}）、$\mu g·kg^{-1}$（或 ng·g^{-1}，10^{-9}）、pg·g^{-1}（或 10^{-12}）来表示❶。

② 液体试样　液体试样中待测组分的含量，可用下列方式表示。

a. 物质的量浓度　表示待测组分的物质的量除以试液的体积，常用单位 mol·L^{-1}。

b. 质量摩尔浓度　表示待测组分的物质的量除以试液的质量，常用单位 mol·kg^{-1}。

c. 质量分数　表示待测组分的质量除以试液的质量，量纲为 1。

d. 体积分数　表示待测组分的体积除以试液的体积，量纲为 1。

e. 摩尔分数　表示待测组分的物质的量除以试液的物质的量，量纲为 1。

f. 质量浓度　表示单位体积中某种物质的质量，以 mg·L^{-1}、$\mu g·L^{-1}$ 或 $\mu g·mL^{-1}$、ng·mL^{-1}、pg·mL^{-1} 等表示。

（2）数据处理

① 记录规则　数据的记录应根据分析方法和测量仪器的准确度来决定，只允许保留一位可疑数字。除有特殊规定外，一般可疑数表示末位有 1 个单位的误差。

② 修约规则　按"四舍六入五留双"的规则进行。修约数字时，只允许对原

---

❶　$\mu g·g^{-1}$（$\mu g·mL^{-1}$）、ng·g^{-1}（ng·mL^{-1}）、pg·g^{-1}（pg·mL^{-1}）过去分别被称为 ppm、ppb 和 ppt，现已废除。

测量值一次修约到所需要的位数，不能分次修约。

　　③ 计算规则　　加减法运算结果有效数字位数的保留，应以小数点后位数最少的数为依据。乘除法运算结果的有效数字位数，应与其中有效数字位数最少（即相对误差最大）的那个数相对应。

　　④ 异常值的取舍　　在实验中得到的一组数据中，往往有个别数据离群较远，这一数据称为异常值，又称离群值或可疑值。如果这一数据是已知原因的过失造成的，如加错试剂、滴定过量等，则这一数据必须舍去。如果不是这种情况，则对异常值不能随意取舍，特别是测定数据较少时，更应慎重对待。

　　统计学处理异常值的方法有多种，常用的为 $4\bar{D}$ 法、Q 检验法及格鲁布斯法。

1 样品的采集与处理

1.1 样品的采集

1.1.1 采样的意义及要求

食品分析的首项工作就是采样，即从整批被检食品中抽取一部分有代表性的样品，供分析化验用。

食品的种类繁多，且组成很不均匀。不管是制成品，还是未加工的原料，即使是同一种样品，其所含成分的分布也不会完全一致，如果采样方法不正确，试样不具有代表性，则无论操作如何细心、结果如何精密，分析都将毫无意义，甚至可能导致得出错误的结论。因此，采样的正确与否，是检验工作成败的关键。

采样时，必须按照以下要求进行。

（1）采样时，必须注意样品的代表性和均匀性，以确保所采样品能代表整个供试材料的平均组成。

（2）采样时，要认真填写采样记录，写明样品的生产日期、批号、采样条件、方法、数量、包装情况等。外地调入的食品还应结合运货单、商检机关和卫生部门的化验单、厂方化验单等，了解起运日期、来源地点、数量、品质及包装情况。同时注意其运输及保管条件，并填写检验目的、项目及采样人。

1.1.2 采样的数量和方法

1.1.2.1 样品的分类

样品一般分为检样、原始样品和平均样品三种。

从整批待测食品的各个部分所采取的少量样品称为检样。把质量相同的许多份检样综合在一起称为原始样品。原始样品经过处理再抽取其中一部分供分析检验用，称为平均样品。

1.1.2.2 采样的数量

采样的数量应能反映该批食品的卫生质量和满足检验项目对试样量的需要，一式三份供检验、复检和备查用，每份不少于 0.5kg。

1.1.2.3 采样的方法

（1）采样的一般方法　样品的采集通常采用随机抽样的方法。所谓随机抽样，是指不带主观框架，在抽样过程中保证整批食品中的每一个单位产品（为检验需要而划分的产品最小的基本单位）都有被抽取的机会。也就是说，抽取的样品必须均匀地分布在整批食品的各个部位。最常用的方法有简单随机抽样、分层随机抽样、系统随机抽样和阶段随机抽样。

① 简单随机抽样　整批待测食品中的所有单位产品都以相同的可能性被抽到的方法，叫简单随机抽样，又称单纯随机抽样。

② 系统随机抽样　实行简单随机抽样有困难或对样品随时间和空间的变化规律已经了解时，可采取每隔一定时间或空间间隔进行抽样，这种方法叫系统随机抽样。

③ 分层随机抽样　按样品的某些特征把整批样品划分为若干小批，这种小批叫做层。同一层内的产品质量应尽可能均匀一致，各层间特征界限应明显。在各层内分别随机抽取一定数量的单位产品，然后合在一起即构成所需采取的原始样品，这种方法称为分层随机抽样。

④ 分段随机抽样　当整批样品由许多群组成，而每群又由若干组构成时，可用前三种方法中的任何一种方法，以群作为单位抽取一定数量的群，再从抽出的群中，按随机抽样方法抽取一定数量的组，再从每组中抽取一定数量的单位产品组成原始样品，这种抽样方法称为分段随机抽样方法。

上述方法并无严格界线，采样时可结合起来使用，在保证代表性的前提下，还应注意抽样方式的可行性和抽样技术的先进性。

（2）具体样品的抽取方法　采样时，应根据具体情况和要求，按照相关的技术标准或操作规程所规定的方法进行。

① 有完整包装（桶、袋、箱等）的食品　首先根据下列公式确定取样件数：

$$n = \sqrt{N/2}$$

式中，n 为取样件数；N 为总件数。

从样品堆放的不同部位采取到所需的包装样品后，再按下述方法采样。

a. 固体食品　如粮食和粉状食品，用双套回转取样管插入包装中，回转 180°取出样品。每一包装须由上、中、下三层取出三份检样，把许多份检样综合起来成为原始样品，再按四分法缩分至所需数量。

b. 稠的半固体样品　如动物油脂、果酱等，启开包装后，用采样器从上、中、下三层分别取出检样，然后混合缩减至所需数量。

c. 液体样品　如鲜乳、酒或其他饮料、植物油等，充分混匀后采取一定量的样品混合。用大容器盛装不便混匀的，可采用虹吸法分层取样，每层各取 500mL左右，装入小口瓶中混匀后，再分取缩减至所需数量。

② 散装固体食品　可根据堆放的具体情况，先划分为若干等体积层，然后在每层的四角和中心分别用双套回转取样管采取一定数量的样品，混合后按四分法缩分至所需数量。

③ 肉类、水产、果品、蔬菜等组成不均匀的食品　视检验目的,可由被检物有代表性的各部位(肌肉、脂肪,或果蔬的根、茎、叶等)分别采样,经捣碎、混匀后,再缩减至所需数量。体积较小的样品,可随机抽取多个样品,切碎混匀后取样。有的项目还可在不同部位分别采样、分别测定。

④ 罐头、瓶装食品或其他小包装食品　根据批号连同包装一起采样。同一批号取样数量,250g 以上包装不得少于 3 个,250g 以下包装不得少于 6 个。

a. 罐头　如按生产班次取样,取样量为 1/3000,尾数超过 1000 罐者,增取 1 罐,但每班每个品种取样基数不得少于 3 罐。生产量较大时,当＞20000 罐时,取样量按 1/10000,尾数超过 1000 罐者,增取 1 罐。生产量过小时,同品种、同规格可合并班次取样,但并班后总罐数不超过 5000 罐,每生产班次取样量不少于 1 罐且并班后基数不少于 3 罐。

b. 袋、听装奶粉　按批号取样,自该批产品堆放的不同部位采取总数的 1‰,但不得少于 2 件,尾数超过 500 件的应加抽一件。

1.1.3　采样的注意事项

(1) 采样工具应该清洁,不应将任何有害物质带入样品中。例如,测定 3,4-苯并芘的样品不可用石蜡封口,因为有的石蜡中含有该种物质;测定锌的样品不能用含锌的橡皮膏封口;测定汞的样品不能用橡皮塞;需要进行微生物检验的食品,应采取无菌操作取样等。

(2) 样品在检测前,不得受到污染、发生变化。有些样品,如测定核黄素的样品要避免阳光、紫外灯照射等。

(3) 样品抽取后,应迅速送检测室进行分析。

(4) 在感官性质上差别很大的食品不允许混在一起,要分开包装,并注明其性质。

(5) 盛样容器可根据要求选用硬质玻璃或聚乙烯制品,容器上要贴上标签,并做好标记。

1.2　分析试样的制备及分解

1.2.1　样品的制备

样品的制备是指对所采取的样品进行分取、粉碎、混匀等过程。由于用一般方法取得的样品数量较多、颗粒过大且组成不均匀,因此必须对采集的样品加以适当的制备,以保证其能代表全部样品的情况并满足分析对样品的要求。

1.2.1.1　常规食品样品的制备

制备时,根据待测样品的性质和检验项目的要求,可以采取不同的方法进行,如摇动、搅拌、研磨、粉碎、捣碎、匀浆等。

（1）液体、浆体或悬浮液体　一般将样品充分摇匀或搅拌均匀即可。常用的搅拌工具有玻璃棒、搅拌器等。

（2）互不相溶的液体　如油和水的混合物，可分离后再分别取样测定。

（3）固体样品　可视情况采用切细、捣碎、粉碎、反复研磨等方法将样品研细并混合均匀。常用的工具有研钵、粉碎机、绞肉机、高速组织捣碎机等。需要注意的是，样品在制备前必须先除去不可食用部分，水果除去皮、核；鱼、肉禽类除去鳞、骨、毛、内脏等。固体试样的粒度应符合测定的要求，粒度的大小用试样通过的标准筛的筛号或筛孔直径表示，标准筛的筛号及筛孔直径的关系见表1-1。

表1-1　标准筛的筛号及孔径大小

筛号/目	3	6	10	20	40	60	80	100	120	140	200
筛孔直径/mm	6.72	3.36	2.00	0.83	0.42	0.25	0.177	0.149	0.125	0.105	0.074

（4）罐头　水果类罐头在捣碎前要先清除果核；鱼类罐头、肉禽罐头应先剔除骨头、鱼刺及调味品（葱、姜、辣椒等）后再捣碎、混匀。

制备过程中，还应注意防止易挥发性成分的逸散和避免样品组成及理化性质发生变化。

1.2.1.2　测定农药残留量时样品的制备

（1）粮食　充分混匀后用四分法取20g粉碎，全部过0.4mm筛。

（2）肉类　除去皮和骨，将肥瘦肉混合取样，每份样品在检测农药残留量的同时还应进行粗脂肪的测定，以便必要时分别计算脂肪与瘦肉中的农药残留量。

（3）蔬菜、水果　洗去泥砂并除去表面附着水，依当地食用习惯，取可食用部分沿纵轴剖开，各取1/4，然后切碎、混匀。

（4）蛋类　去壳后全部混匀。

（5）禽类　去毛及内脏，洗净并除去表面附着水，纵剖后将半只去骨的禽肉绞成肉泥状。检测农药残留量的同时应进行粗脂肪的测定。

（6）鱼　每份鱼样至少三条，去鳞、头、尾及内脏后，洗净并除去表面附着水，纵剖取每条的一半，去骨、刺后全部绞成肉泥状，混匀。

1.2.2　样品的预处理

食品的组成十分复杂，其中的杂质或某些组分（如蛋白质、脂肪、糖类等）对分析测定常常产生干扰，使反应达不到预期的目的。因此，在测定前必须对样品加以处理，以保证检验工作的顺利进行。此外，有些被测组分在样品中含量很低时，测定前还必须对样品进行浓缩，以便准确测出它们的含量。

样品处理时，可根据被测物质的理化性质以及食品的类型、特点，选用不同的方法。具体应用时，根据需要也可几种方法配合使用，以期收到较好的效果。

1.2.2.1 处理原则

总的原则是：①消除干扰因素，即干扰组分减少至不干扰被测组分的测定；②完整保留被测组分，即被测组分在分离过程中的损失要小至可忽略不计；③使被测组分浓缩，以便获得可靠的检测结果；④选用的分离富集方法应简便。

被测组分的损失可用回收率来衡量：

$$回收率(\%) = \frac{分离后测得的待测组分质量}{原来所含待测组分质量} \times 100$$

在实际工作中，常采用加入法来测回收率。对回收率的要求随被测组分的含量不同而不同，一般情况下，质量分数（w）大于 1% 的组分，回收率应大于 99.9%；w 为 0.01%～1% 的组分，回收率应大于 99%；w 低于 0.01% 的痕量组分，回收率为 90%～99%，有时允许更低。

1.2.2.2 常用的预处理方法

（1）有机物破坏法 食品中存在多种微量元素，其中有些是食品的正常成分，如 K、Na、Ca、P、Fe 等；有些则是在生产、运输或销售过程中由于污染引入的，如 Pb、As、Hg 等。这些金属离子常与食物中的蛋白质等有机物质结合成为难溶的或难于离解的有机金属化合物，使离子检测难以进行。因此在测定前，必须破坏有机结合体，使被测组分释放出来。分解有机质的方法，根据具体操作的不同，可分为干灰化法和湿消化法两大类。

① 干灰化法 干灰化法是将样品在高温下长时间灼烧，使有机质彻底氧化破坏，生成 CO_2 和 H_2O 逸出，而与有机物结合的金属部分则变成简单的无机化合物。灰化温度一般为 500～600℃，灰化时间以灰化完全为度，一般为 4～6h。

干灰化法的优点是破坏彻底、简便易行、消耗药品少，适用于除 Pb、As、Hg、Sb 以外的其他金属元素的测定。缺点是破坏温度高、操作时间长，易造成某些元素的损失。

② 湿消化法 湿消化法是向样品中加入强氧化剂（如 H_2SO_4、HNO_3、H_2O_2、$KMnO_4$ 等）并加热消煮，使有机物氧化破坏的方法。本法的优点是加热温度低，减少了低沸点元素挥发散失的机会。但在消化过程中产生大量酸雾和刺激性气体，对人体有害，因此整个消化过程必须在通风柜中进行。

湿消化法常用几种强酸的混合物作为溶剂与试样一同加热煮解，如硝酸-硫酸、硝酸-高氯酸、硝酸-高氯酸-硫酸、高氯酸（或过氧化氢）-硫酸等。

（2）溶剂提取法 利用混合物中各物质溶解度的不同，将混合物组分完全或部分分离的方法称为溶剂提取法。根据样品有关成分性质的不同，可采用以下几种提取方法。

① 浸提法 这是用液体溶剂浸泡固体样品以提取其中溶质的方法。该法对所采用的提取剂的要求是：既能大量溶解被测物质，又不破坏被提取物质的性质和组

成。常用的提取剂有：无机溶剂，如水、稀酸、稀碱等；有机溶剂，如乙醇、乙醚、氯仿、丙酮、石油醚等。在浸提过程中可以采用加热或回流的办法来提高浸提效率，常用的仪器是索氏抽提器。

②萃取法　利用被提取组分在两种互不相溶的溶剂中分配系数的不同而与其他成分分离的方法称为萃取法。萃取效率由选择的萃取溶剂和萃取的方法来决定。所选用的溶剂应与溶液中原溶剂互不相溶，且对被测物质有最大溶解度，而对杂质有最小溶解度。萃取一般采用分液漏斗，少量多次（通常萃取 4～5 次），以达到最佳分离效果。

（3）挥发和蒸馏分离法　挥发和蒸馏是利用物质的挥发性的差异进行分离的一种方法。可以用于除去干扰组分，也可以使被测组分定量分离出去后再测定。例如，测定食品中的微量砷时，可先用锌粒和稀硫酸将试样中的砷还原为砷化氢，经挥发和收集后，再用比色法进行测定。常用的蒸馏方法有三种。

①常压蒸馏　适用于被测组分受热不易分解的或沸点不太高的样品，加热方式可视情况选择水浴、油浴或直接加热。

②减压蒸馏　用于常压蒸馏容易使被测组分分解或沸点太高的样品。

③水蒸气蒸馏　可用于被测组分加热到沸点时可能发生分解；或被蒸馏组分沸点较高，直接加热蒸馏时，因受热不均易引起局部炭化的样品。

（4）色层分离法　色层分离法又称层析分离法或色谱分离法，是一种在载体上进行物质分离的一系列方法的总称。这种方法不仅分离效率高，能将各种性质极相似的组分彼此分离，而且分离过程往往也就是鉴定过程，尤其是对有机物质的分离测定具有独到之处。

色层分离法是一种物理化学分离方法，应用十分广泛。分离的过程是由一种流动相带着被分离的物质流经固定相，由于各组分的物理化学性质的差异，受到两相的作用力不同，从而以不同的速度移动，达到分离的目的。根据固定相所处的状态不同，色层分离法可分为柱层析法、纸层析法和薄层层析法。

（5）离子交换分离法　离子交换分离法是利用离子交换剂与溶液中的离子之间所发生的交换反应进行分离的方法。离子交换法也是基于物质在固相与液相之间的分配，因此也常将其归类于色层分离法。离子交换法分离效率高，不仅可用于带相反电荷的离子之间的分离，还可用于带相同电荷或性质相近的离子之间的分离，同时，这种方法还被广泛应用于微量组分的富集和高纯物质的制备等。离子交换剂的种类很多，主要分为无机离子交换剂和有机离子交换剂两大类。在分析时应用较多的是有机离子交换剂，即离子交换树脂。离子交换树脂按性能可分为七类：阳离子交换树脂、阴离子交换树脂、螯合树脂、大孔树脂、氧化还原树脂、萃淋树脂和纤维交换剂。离子交换树脂为具有网状结构的高聚物，在水、碱或酸中难溶，对化学试剂具有一定的稳定性，对热也较稳定。

（6）沉淀分离法　沉淀分离法是一种经典的分离方法，它是利用沉淀反应有选择地沉淀某些组分，而其他组分则留存于溶液中，从而达到分离的目的。

例如在测定还原糖时，在试样中加入碱性硫酸铜或中性乙酸铅可将蛋白质从水溶液中沉淀出来，从而消除蛋白质对测定的干扰；在测定蛋白质氮和非蛋白质氮时，也是采用沉淀分离的方法将两者分离后再分别测定。但在进行沉淀分离时，应注意所加入的沉淀剂不能干扰后面的分析，否则达不到分离的目的，同时还应注意温度及 pH 值的选择。

（7）皂化法和磺化法　这两种方法是处理油脂或含脂食品常用的分离方法。油脂被强碱皂化或被硫酸磺化后，由憎水性转变为亲水性。这样，油脂中那些要测定的非极性物质就能被适当的溶剂提取出来。磺化和皂化的反应式如下：

磺化　$CH_3(CH_2)_nCOOH \xrightarrow{\text{浓 } H_2SO_4} HO_3SCH_2(CH_2)_nCOOR$

皂化　$RCOOR' \xrightarrow{KOH} RCOOK + R'OH$

（8）浓缩　食品样品经提取、净化等处理后，有时试液的体积很大、待测组分的浓度很低，因此在测定前需进行浓缩，以提高被测组分的浓度，常用的浓缩方法有常压浓缩法和减压浓缩法。

① 常压浓缩法　主要用于待测组分为非挥发性的样品溶液的浓缩。通常采用蒸发皿直接挥发；如要回收溶剂可采用普通蒸馏装置或旋转蒸发器等。

② 减压浓缩法　主要用于待测组分为对热不稳定或易挥发的样品的浓缩。通常采用 K-D 浓缩器，水浴加热并抽气减压。此法特别适用于农药残留量分析中样品净化液的浓缩。

1.3　样品的保存

样品采集后应于当天分析，以防止其中水分或挥发性物质的散失以及待测组分含量的变化。如不能马上分析则应妥善保存，不能使样品出现受潮、挥发、风干、变质等现象，以保证测定结果的准确性。制备好的平均样品应装在洁净、密封的容器内（最好用玻璃瓶，切忌使用带橡皮垫的容器），必要时贮存于避光处，容易失去水分的样品应先取样测定水分。

容易腐败变质的样品可用以下方法保存，使用时可根据需要和测定要求选择。

（1）冷藏　短期保存温度一般以 0～5℃为宜。

（2）干藏　可根据样品的种类和要求采用风干、烘干、升华干燥等方法。其中升华干燥又称为冷冻干燥，它是在低温及高真空度的情况下对样品进行干燥（温度：−30～−10℃，压强：10～40Pa），所以食品的变化可以减至最小程度，保存时间也较长。

（3）罐藏　不能即时处理的鲜样，在允许的情况下可制成罐头贮藏。例如，将一定量的试样切碎后，放入乙醇（$\varphi=96\%$）中煮沸 30min（最终乙醇浓度应在 78%~82%的范围内），冷却后密封，可保存一年以上。

一般样品在检验结束后应保留一个月以备需要时复查，保留期从检验报告单签发之日起开始计算；易变质食品不予保留。保留样品加封存入适当的地方，并尽可能保持原状。

思考与习题

1. 简述食品分析的任务和作用。

2. 食品分析包含哪些主要内容？采用的分析方法有哪些？

3. 采样的定义及要求？采样时应注意什么？试举例说明谷物样品、果蔬样品、罐头食品如何采样？

4. 随机取样的方法有哪几种？

5. 说明预处理的目的和常用方法。进行处理时应遵循什么原则？

6. 指出干灰化法和湿消化法的特点和应用范围。

7. 样品如何保存？测定完毕后样品如何处置？

8. 食品分析中检验结果如何表示？

2　密度的测定

2.1　概　　述

密度是指物质的质量和其体积的比值，用符号 ρ 表示，常用单位有 $g \cdot cm^{-3}$、$kg \cdot m^{-3}$、$mg \cdot L^{-1}$ 等。由于物质具有热胀冷缩的性质（水在 4℃ 以下是反常的），因此密度随温度的改变而改变，表示密度时应标明测定时物质的温度，例如测定时温度为 20℃，则表示为 ρ_{20}。

相对密度是指在一定条件下，一种物质的密度与另一种参考物质的密度的比值，用符号 d 表示，通常使用的参考物质是纯水，表示相对密度时应注明测定时物质的温度和纯水的温度，即以 $d_{t_2}^{t_1}$ 表示，t_1 表示物质的温度，t_2 表示纯水的温度。

液体的相对密度一般是指液体在 20℃ 时的质量与同体积纯水在 4℃ 时的质量之比，用符号 d_4^{20} 表示。在实际工作中，用密度瓶或密度计测定液体的相对密度时，以同温度下测定较为方便（即 $t_1 = t_2$），通常情况下多在 20℃ 下进行测定，以符号 d_{20}^{20} 表示。对同一液体而言，$d_{20}^{20} > d_4^{20}$（因为水在 4℃ 时的密度比在其他温度时大）。$d_{t_2}^{t_1}$ 与 $d_4^{t_1}$ 之间的换算关系为：

$$d_4^{t_1} = d_{t_2}^{t_1} \times \rho_{t_2}$$

式中，ρ_{t_2} 表示温度为 t_2（℃）时水的密度。表 2-1 列出不同温度下水的密度值。

表 2-1　水的密度与温度的关系

$t/℃$	ρ	$t/℃$	ρ	$t/℃$	ρ
0	0.999868	11	0.999623	22	0.997797
1	0.999927	12	0.999525	23	0.997565
2	0.999968	13	0.999404	24	0.997323
3	0.999992	14	0.999271	25	0.997071
4	1.000000	15	0.999126	26	0.996810
5	0.999992	16	0.998970	27	0.996539
6	0.999968	17	0.998801	28	0.996259
7	0.999929	18	0.998628	29	0.995971
8	0.999876	19	0.998432	30	0.995673
9	0.999808	20	0.998230	31	0.995367
10	0.999727	21	0.998019	32	0.995052

相对密度是物质的重要物理常数，各种液态食品都有一定的相对密度，当其纯度发生改变时，相对密度也随之改变。因此测定相对密度可以了解食品的纯度、掺杂情况以及溶液的浓度等。

如制糖工业中，由溶液的相对密度可近似得出可溶性固形物含量；酿酒工业中，通过测定酒精的相对密度，可以了解乙醇的浓度；牛乳的相对密度与其脂肪、乳糖及矿物质的含量有关，脱脂乳的相对密度增高、掺水牛乳相对密度降低，因此在乳品工业中，可由密度法检查牛乳是否掺水或脱脂。检查牛乳是否掺水更好的方法是测定乳清的相对密度，因为乳清的相对密度较稳定，通常在 1.027～1.030 之间，若测定值降至 1.027 以下，则有掺水的嫌疑。

密度法也是检验油脂品质的重要指标之一，油脂的相对密度与其脂肪酸的组成和结构有密切关系，脂肪酸分子量愈大则相对密度愈小。对于同样碳原子数目的脂肪酸而言，不饱和程度愈高相对密度愈大，且共轭脂肪酸的相对密度大于非共轭脂肪酸。油脂酸败后相对密度将升高。不同类型植物油的相对密度（d_4^{20}）范围大致为：不干性植物油 0.913～0.925；半干性植物油 0.920～0.935；干性植物油 0.923～0.943。

2.2　相对密度的测定方法

测定液态食品的相对密度有密度瓶法、密度计法和密度天平法，较常用的为前两种方法。

2.2.1　密度瓶法

（1）原理　在一定温度下，利用同一密度瓶分别称取等体积的样品和纯水的质量，两者之比即为该样品的相对密度。

（2）仪器　密度瓶，有精密密度瓶与普通密度瓶之分，如图 2-1 所示。

（3）操作方法　将样品溶液注满干燥、洁净、已准确称量的密度瓶中，装上温度计，浸入 20℃ 恒温水浴中 0.5h，待内容物的温度达到 20℃，盖好瓶盖取出，用滤纸吸去侧管标线上的样品，立即盖上支管小帽。用滤纸将密度瓶外擦干后，置天平室内 0.5h，称量。将样品倾出，洗净后注满蒸馏水，按上述方法同样操作即得 20℃ 时水的质量。

（4）计算

$$d_{20}^{20}=\frac{m_2-m_0}{m_1-m_0} \tag{2-1}$$

$$d_4^{20}=\frac{m_2-m_0}{m_1-m_0}\times\rho_{20} \tag{2-2}$$

式中　d_{20}^{20}——样品的相对密度；

m_0——密度瓶的质量；

m_1——密度瓶和水的质量；

m_2——密度瓶和样品的质量。

如需将 d_{20}^{20} 换算成 d_4^{20}，则可按式（2-2）计算。ρ_{20} 表示 20℃时水的密度。

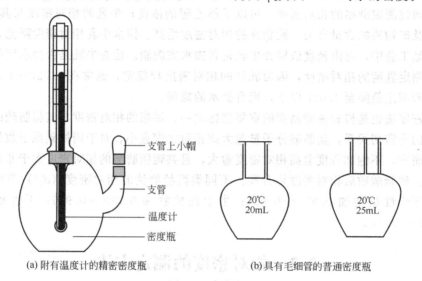

(a) 附有温度计的精密密度瓶   (b) 具有毛细管的普通密度瓶

图 2-1　密度瓶

（5）说明及注意事项

① 本方法适用于测定各种液态食品的相对密度。糖或其他黏稠液体的测定，宜采用具有毛细管的密度瓶。

② 瓶内不得有气泡，也不要用手直接接触密度瓶球部，以免液体受热流出。

2.2.2　密度计法

密度计法是测定液体密度的一种简单实用的方法，虽然准确度不如密度瓶法，但由于其操作简便，所以在实际工作中应用十分广泛。密度计是一封口的玻璃管，能浮在液体中，上部细管上有刻度，表示相对密度读数。下部球形内装有汞或铅块，使密度计能直立在液体中，测定时可以很方便地直接读出刻度。密度计如图2-2所示。

测定液体食品的密度有下列专用的密度计。

（1）波美计　适用于一般液体相对密度的测定。

① 仪器　波美计的刻度以 20℃为标准，在蒸馏水中为 0 度，在质量分数为 15％的食盐溶液中为 15 度，在纯硫酸（相对密度 1.8427）中为 66 度，其余刻度等分。刻度符号用°Be′表示。

② 操作方法　将温度为 20℃左右的均匀样品倒入适当容积的清洁量筒中，把洗净擦干的密度计缓缓沉入量筒，静置后再轻轻按下片刻，待其上升静止 1～3min

后，从水平位置观测其与液面相交处的刻度（一般以密度计与液面形成的弯月面的下缘为准；样品颜色较深，不易看清弯月面下缘时，则以弯月面的上缘为准）。注意密度计不可与量筒壁接触，不得有气泡。

③ 波美度与相对密度的换算　比水重的液体，换算时用式（2-3），比水轻的液体换算时用式（2-4）。

$$°Be' = 145 - \frac{145}{d_{20}^{20}} \qquad (2-3)$$

$$°Be' = \frac{145}{d_{20}^{20}} - 145 \qquad (2-4)$$

（2）锤度计　锤度计适用于糖液浓度的测定。锤度计的构造与一般密度计相似。其刻度是表示纯蔗糖溶液的质量分数（％），以 20℃ 为标准，在蒸馏水中为 0 度，在 1％ 蔗糖溶液中为 1 度（即 100g 糖液中含蔗糖 1g），刻度符号以 °Bx 表示。若测定温度不在 20℃ 时，则应查有关的温度校正表，把结果换算成标准温度下的锤度。常用的锤度计读数范围有：0～6°Bx，5～11°Bx，10～16°Bx，15～21°Bx。操作方法同波美计。

图 2-2　密度计

（3）乳稠计　乳稠计适用于牛乳相对密度的测定。乳稠计有 20℃/4℃ 及 15℃/15℃ 两种，后者较前者的测定结果（相对密度）高 0.002，即 $d_{15}^{15} = d_4^{20} + 0.002$。以 20℃/4℃ 为标准，测定范围（相对密度）为：1.015～1.045。

操作方法同波美计。但应注意倒入牛乳时要小心，避免产生泡沫。如果测定的温度不是 20℃，则应加以校正。与 20℃ 相比，温度每升高 1℃，要在测得的乳稠计读数上加 0.2 度，温度每降低 1℃，则需从测得结果中减去 0.2 度。更准确的校正应使用附录Ⅱ表Ⅱ-3《乳稠计读数换算表》。

相对密度与乳稠计读数的关系为：

乳稠计读数 =（相对密度 - 1.000）× 1000

当测得牛乳的脂肪百分含量后，则可近似计算出牛乳的固形物（除去水分后所剩余的物质）含量。这在生产上十分方便。公式为：

总固形物 = 0.25L + 1.2F + 0.14

式中　L ——乳稠计读数；

　　　F ——脂肪质量分数，％。

此外，测定酒精浓度可使用酒精计。

思考与习题

1. 密度的定义？测定液态食品的相对密度在食品工业中有何意义？

2. 密度和相对密度有何区别？

3. 简述测定液态食品的专用密度计的种类和适用对象。

4. 已知牛乳的脂肪质量分数 F，相对密度为 d，如何近似计算出牛乳的总固形物含量？

5. 波美度与相对密度之间如何换算？

6. 在 25℃，用 20℃/4℃ 乳稠计测定牛乳的相对密度为 29.8，则换算为 20℃ 时应为多少？

3 食品水分的测定

3.1 概　　述

　　水是人类及动植物生存不可缺少的物质之一，在大多数生物体内，水分含量超过任何一种成分，通常占体重的 70%～80%。水在生物体内具有重要的生理功能：水是体内化学作用的介质，绝大多数生物化学反应只有在水溶液中才能进行；水是许多有机物与无机物质的良好溶剂，水的存在有利于营养素的消化、吸收和代谢；水能调节体温恒定，对机体具有润滑作用。人体含水量约占体重的 2/3，成年人每年要消耗大约 400L 水，这些水由三个来源供给：液体食物、固态食物和代谢水（有机物在体内氧化产生的水）。

　　(1) 食品中的水分含量　水是食品的重要组成成分和食品生产的原料，水分含量的高低，直接影响到食品的感官性状、组成比例以及贮藏的稳定性等。各种食品的水分含量差别很大，几种主要食品的含水量见表 3-1。由于水分含量与食品的加工、贮藏有重要关系，所以食品质量标准对一般产品中的含水量都作了严格的规定，部分食品的水分含量标准如表 3-2 所示。

表 3-1　食品的水分含量（w）/%

食品名称	水分含量	食品名称	水分含量
蔬菜、水果	70～97	蛋　类	67～77
乳　类	87～89	谷类、豆类	12～16
鱼　类	67～81	菌类(鲜)	88～97
肉　类	43～76	植物油	0

表 3-2　部分食品标准对水分含量的规定（w）/%

食品名称	水分含量	食品名称	水分含量
大米(早籼米)	≤14.0	肉　松	≤20
大米(晚籼米)	≤14.5	糖果(硬糖)	≤3
面　粉	12～14	糖果(奶糖)	5～9
大　豆	13～14	巧克力(纯)	≤1
花生仁	8.0～9.0	鸡全蛋粉	≤4.5
方便面(油炸)	≤10.0	全脂乳粉(一级)	≤2.75
饼　干	2.5～4.5	脱脂乳粉(一级)	≤4.5

（2）测定水分的目的 水分是食品的重要检验项目之一。测定水分的目的主要有两个：①确定食品中的实际含水量（或干物质的含量），为加工和贮藏提供基础数据；②为了以全干物质为基础计算食品中其他组分的含量，以增加其他测定项目的可比性。

（3）水分的存在状态 食品中存在的水大致可以分为两类：游离水和结合水。

① 游离水（或称自由水） 是指组织、细胞中容易结冰、也能溶解溶质的这一部分水。因为只有游离水分才能被细菌、酶和化学反应所触及，因此，又将其称为有效水分，可用水分活度进行估量。系着这一部分水分的作用力是毛细管力，由于结合松散，所以很容易用干燥的方法从食品中分离出去。游离水大致可以分为三类：滞化水、毛细管水和自由流动水。

② 结合水（或称束缚水） 是以氢键与食品的有机成分相结合的水分，如葡萄糖、乳糖、柠檬酸等晶体中的结晶水或明胶、果胶所形成冻胶中的结合水。结合水与一般水不一样，在食品中结合水不易结冰（冰点－40℃）、不能作为溶质的溶剂，也不能被微生物所利用，但结合水对食品的风味起着重要的作用。

由于结合水的蒸气压比游离水低很多，因此结合水的沸点高于一般水，而冰点低于一般水，这种性质使得含有大量游离水的新鲜果蔬在冰冻时细胞结构容易被冰晶所破坏，而几乎不含游离水的植物种子和微生物孢子却能在很低的温度下保持其生命力。结合水较难分离，如果将其强行除去，则会改变食品的风味和质量。

（4）水分活度 在一定条件下，食品是否为微生物所感染，并不取决于食品中的水分总含量，而仅仅决定于食品中游离水的含量，因为只有游离水才能有效地支持微生物的生长与水解化学反应，因此用水分活度指示食品的腐败变质情况远比水分含量好。

水分活度的定义是：$A_w = p/p_0$，式中 A_w 是水分活度，p 是食物样品中的水蒸气分压，p_0 是在相同温度下纯水的蒸气压。水分活度和相对湿度在数值上存在着可以互换的关系：$A_w \times 100 =$ 相对湿度。纯水的 $A_w = 1$；鱼和水果等含水量高的食品 A_w 值为 0.98～0.99；谷类、豆类等含水量少的食品 A_w 值为 0.60～0.64。各种微生物得以繁殖的 A_w 条件为：细菌 0.94～0.99，酵母菌 0.88，霉菌 0.80。当水分活度保持在最低 A_w 值时（即水分主要以结合水存在时），食品具有最高的稳定性。

3.2 食品水分的测定方法

水分的测定方法有：加热干燥法、蒸馏法、卡尔·费休法、电测法、近红外分光光度法、气相色谱法、核磁共振法、干燥剂法等，其中加热干燥法是使用最普遍的方法。

3.2.1 加热干燥法

加热干燥法是适合于大多数食品测定的常用方法。按加热方式和设备的不同，可分为常压加热干燥法、减压加热干燥法、微波加热干燥法等。

3.2.1.1 常压加热干燥法

根据操作温度的不同，常压加热干燥法又分为105℃烘箱法和130℃烘箱法。

（1）原理　食品中的水分一般是指在100℃左右直接干燥的情况下，所失去物质的总量。

105℃烘箱法适用于测定在95～105℃下，不含或含其他挥发性物质甚微的食品，如谷物及其制品、淀粉及其制品、调味料、水产品、豆制品、乳制品、肉制品等；130℃烘箱法适用于谷类作物种子水分的测定。

（2）仪器　恒温干燥箱等。

（3）试剂

① 盐酸溶液 $[c(HCl) = 6mol \cdot L^{-1}]$：量取100mL浓盐酸，加水稀释至200mL。

② 氢氧化钠溶液 $[c(NaOH) = 6mol \cdot L^{-1}]$：称取24g氢氧化钠，加水溶解并稀释至100mL。

③ 海砂（或河砂）。

（4）操作方法

① 干燥条件

温度：100～135℃，多用100℃（±5℃）。

时间：以干燥至恒重为准。105℃烘箱法，一般干燥时间为4～5h；130℃烘箱法，干燥时间为1h。

② 样品质量　样品干燥后的残留物一般控制在2～4g。

称样大致范围：固体、半固体样品，2～10g；液体样品，10～20g。

③ 样品制备

a. 固体样品　先磨碎、过筛。谷类样品过18目筛，其他食品过30～40目筛。

b. 糖浆等浓稠样品　为防止物理栅的出现，一般要加水稀释，或加入干燥助剂（如石英砂、海砂等）。糖浆稀释液的固形物质量分数应控制在20％～30％，海砂量约为样品质量的1～2倍。

c. 液态样品　先在水浴上浓缩，然后用烘箱干燥。

d. 面包等水分含量大于16％的谷类食品　一般采用两步干燥法，即样品称重后，切成2～3mm薄片，风干15～20h后再次称重，然后磨碎、过筛，再用烘箱干燥、恒重。

e. 果蔬类样品　可切成薄片或长条，按上述方法进行两步干燥，或先用50～60℃低温烘3～4h，再升温至95～105℃，继续干燥至恒重。

④ 样品测定

a. 105℃烘箱法

固体样品：将处理好的样品放入预先干燥至恒重的玻璃或铝制称量皿中，置于95～105℃干燥箱中，盖斜支于瓶边，干燥 2～4h 后，盖好取出，置干燥器中冷却 0.5h 后称重，再放入同温度的烘箱中干燥 1h 左右，然后冷却、称量，并重复干燥至恒重。

半固体或液体样品：将 10g 洁净干燥的海砂及一根小玻璃棒放入蒸发皿中，在95～105℃下干燥至恒重。然后准确称取适量样品，置于蒸发皿中，用小玻璃棒搅匀后放在沸水浴中蒸干（注意中间要不时搅拌），擦干皿底后置于 95～105℃干燥箱中干燥 4h，按上述操作反复干燥至恒重。

b. 130℃烘箱法　将烘箱预热至 140～105℃，将试样放入烘箱内，关好箱门，使温度在 10min 内回升至 130℃，在 130℃±2℃下干燥 1h。

（5）计算

$$X = \frac{m_1 - m_2}{m_1 - m_0} \times 100$$

式中　X——样品中水分的质量分数，%；

　　　m_1——称量皿（或蒸发皿加海砂、玻璃棒）和样品的质量，g；

　　　m_2——称量皿（或蒸发皿加海砂、玻璃棒）和样品干燥后的质量，g；

　　　m_0——称量皿（或蒸发皿加海砂、玻璃棒）的质量，g。

两步干燥法按下式计算水分含量：

$$X = \frac{(m_3 - m_4) + m_4 Z}{m_4} \times 100$$

式中　X——样品中水分的质量分数，%；

　　　m_3——新鲜样品质量，g；

　　　m_4——风干样品质量，g；

　　　Z——风干样品的水分质量分数，%。

（6）说明及注意事项

① 水分测定的称量恒重是指前后两次称量的质量差不超过 2mg。

② 物理栅是食品物料表面收缩和封闭的一种特殊现象。在烘干过程中，有时样品内部的水分还来不及转移至物料表面，表面便形成一层干燥薄膜，以致于大部分水分留在食品内不能排除。例如在干燥糖浆、富含糖分的水果、富含糖分和淀粉的蔬菜等样品时，如不加以处理，样品表面极易结成干膜，妨碍水分从食品内部扩散到它的表层。

③ 糖类，特别是果糖，对热不稳定，当温度超过 70℃时会发生氧化分解。因此对含果糖比较高的样品，如蜂蜜、果酱、水果及其制品等，宜采用减压干燥法。

④ 含有较多氨基酸、蛋白质及羰基化合物的样品，长时间加热会发生羰氨反应析出水分：

$$H_2C-NH_2 \quad HO \qquad H_2C-HN$$
$$O=C \qquad + \qquad C=O \xrightarrow{\Delta} O=C \qquad C=O + 2H_2O$$
$$OH \quad H_2N-CH_2 \qquad NH-CH_2$$

因此，对于此类样品，宜采用其他方法测定水分。

⑤ 加入海砂（或河砂）可使样品分散、水分容易除去。海砂（或河砂）的处理方法：用水洗去泥土后，先用 $6mol \cdot L^{-1}$ 盐酸溶液煮沸 0.5h，用水洗至中性，再用氢氧化钠溶液 $6mol \cdot L^{-1}$ 煮沸 0.5h，用水洗至中性，经 105℃ 干燥备用。如无海砂，可用玻璃碎末代替或使用石英砂。

⑥ 本法不大适用于胶体或半胶体状态的食品。

⑦ 称量皿有玻璃称量瓶和铝质称量皿两种，前者适用于各种食品，后者导热性能好、质量轻，常用于减压干燥法。但铝质称量皿不耐酸碱，使用时应根据测定样品加以选择。称量皿的规格：以样品置于其中，平铺开后厚度不超过 1/3 为宜。

3.2.1.2 减压干燥法

（1）原理 在一定温度及压力下，将样品烘干至恒重，以烘干失重求得样品中的水分含量。

本法适用于测定在 100℃ 左右易挥发、分解、变质的样品，如味精、糖类、蜂蜜、果酱和高脂食品等。

（2）仪器 真空干燥箱。

（3）操作方法

① 干燥条件 温度：40～100℃，受热易变化的食品加热温度为 60～70℃（有时需要更低）。

② 压强 0.7～13.3kPa（5～100mmHg）。一般食品的具体操作条件见表 3-3。

表 3-3 减压加热干燥法操作条件

温度/℃	压强/kPa	食 品 种 类
98～100	3.33	谷类制品、蛋及蛋制品、淀粉、豆类
	13.33	种子类、肉类、鱼贝类、奶粉、炼乳、干酪
70	6.67	糕点、面包、蜂蜜、饴糖、豆瓣酱、酱油、饮料
	13.33	芋类、蔬菜、水果、果酱类、海藻类

③ 样品测定 将需要干燥的样品放入干燥箱内，连接好水泵或真空泵，抽出干燥箱内空气至所需压力，并同时加热至所需温度，关闭通向水泵或真空泵的活塞，停止抽气，使干燥箱内保持一定的温度与压力。经过一定时间后，打开活塞，使空气经干燥装置慢慢进入，待烘箱内压力恢复正常后再打开。取出样品，置于干燥器内 0.5h 后称重，重复以上操作至恒重。

（4）计算 同常压加热干燥法。

（5）说明及注意事项

① 减压干燥箱（或称真空干燥箱）内的真空是由于箱内气体被抽吸所造成的，一般用压强或真空度来表征真空的高低，采用真空表（计）测量。真空度和压强的物理意义是不同的，气体的压强越低，表示真空度越高；反之，压强越高，真空度就越低。

真空干燥箱常用的测量仪表为弹簧管式真空表，它测定的实际上是环境大气压与真空干燥箱中气体压强的差值。被测系统的绝对压强与外界大气压和读数之间的关系为：

$$绝对压强＝外界大气压－读数$$

② 国际单位制中规定压强的单位是帕斯卡（Pa），但在实际工作中经常使用的单位是托（Torr）或汞柱高度（mmHg），它们之间的关系为：1Torr＝1mmHg＝133.3Pa；1atm＝101.3kPa（760mmHg）。

③ 减压干燥法能加快水分的去除，且操作温度较低，大大减少了样品氧化或分解的影响，可得到较准确的结果。

3.2.2 蒸馏法

（1）原理 食品中的水分与有机溶剂共同蒸出，收集馏出液于接收管内，由于密度不同，馏出液在接收管中分层。根据馏出液中水的体积计算水分含量。

本法适用于测定含较多挥发性物质的食品，如干果、油脂、香辛料等。特别是香料，蒸馏法是惟一、公认的水分测定法。

蒸馏法操作简便、结果准确，样品在化学惰性气雾的保护下进行蒸馏，食品的组成及化学变化小，因此应用十分广泛。

（2）仪器 水分蒸馏装置如图 3-1 所示。

（3）试剂

① 试剂选择 蒸馏法中可使用的有机溶剂种类很多，表 3-4 中列出了部分可用于水分测定的有机溶剂，使用时，应根据测定样品的性质和要求加以选用。最常用的有机溶剂是苯、甲苯和二甲苯。

② 试剂处理 使用前将 2～3mL 水加到150mL 有机试剂里，按水分测定方法操作，蒸馏除去水分，残留溶剂备用。

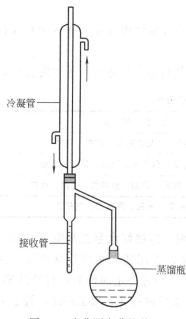

冷凝管

接收管

蒸馏瓶

图 3-1 水分测定蒸馏装置

表 3-4　水与溶剂的共沸混合物

| 有机溶剂 | 沸点/℃ | 共　沸　混　合　物 | | 20℃时在水中的溶解度 /g·(100g)$^{-1}$ |
		沸点/℃	水分(w)/%	
苯	80.1	69.3	8.8	0.05
甲苯	110.7	84.1	19.6	0.05
m-二甲苯	139	92	35.8	0.04
四氯化碳	76.8	66	4.1	0.01

（4）操作方法

① 样品质量　称取的试样量应适当，控制其含水量为 2～5mL。

一般谷类、豆类约 20g；鱼、肉、蛋、乳制品 5～10g；水果、蔬菜约 5g。

② 测定　称取适量样品放入 250mL 蒸馏瓶中，加入新蒸馏的甲苯（或苯、二甲苯）75mL，连接好冷凝管，从冷凝管上端注入甲苯，装满刻度管。加热蒸馏，馏出速度约为 2 滴/s，当大部分水分馏出后，速度可加快至 4 滴/s。待刻度管中水分体积不再增加时，从冷凝管上端加入甲苯冲洗，如有水滴附在冷凝管内壁，可用附有小橡皮头的铜丝擦下。再蒸馏 5～10min 至无水滴附着管壁为止，读取刻度中水层的体积。蒸馏时间大约 2～3h。

（5）计算

$$X=\frac{V}{m}\times100$$

式中　X ——样品中的水分含量，mL·(100g)$^{-1}$；

　　　V ——刻度管内水的体积，mL；

　　　m ——样品的质量，g。

（6）说明及注意事项

① 蒸馏法是利用所加入的有机溶剂与水分形成共沸混合物而降低沸点，样品性质是选择溶剂的重要依据，对热不稳定的样品，一般不用二甲苯。对于一些含有糖分、可分解释放出水分的样品，如某些脱水蔬菜（洋葱、大蒜）等，宜选用低沸点的苯作溶剂，但蒸馏时间将延长。

② 馏出液若为乳浊液，可添加少量戊醇、异丁醇。

③ 对富含糖分或蛋白质的样品，适宜的方法是将样品分散涂布于硅藻土上；对热不稳定的食品，除选用低沸点的溶剂外，也可将样品分散涂布于硅藻土上。

3.2.3　卡尔·费休法

卡尔·费休（Karl Fisher）法是一种快速、准确测定水分的滴定分析方法，被广泛应用于多个领域。在食品分析中，凡是用常压干燥法会得到异常结果的样品，或是以减压干燥法测定的样品，都可用本法进行测定。

（1）原理　食品中的水分可与卡尔·费休试剂（简称 KF 试剂）中的 I_2 和 SO_2 发生氧化还原反应：

$$2H_2O + I_2 + SO_2 \Longleftrightarrow 2HI + H_2SO_4$$

试剂中加入吡啶和甲醇，可使这一可逆反应进行完全：

$$C_5H_5N \cdot I_2 + C_5H_5N \cdot SO_2 + C_5H_5N + H_2O \longrightarrow 2C_5H_5N \cdot HI + C_5H_5N \cdot SO_3$$
$$C_5H_5N \cdot SO_3 + CH_3OH \longrightarrow C_5H_5NHSO_4CH_3$$

整个滴定操作在氮气流中进行，终点常用"永停法"确定（永停滴定法也叫双指示电极安培滴定法，滴定至微安表指针偏转至一定刻度并保持 1min 不变，即为终点），此种方法更适宜于测定深色样品及微量、痕量水分时采用；也可采用试剂本身所含的 I_2 作为指示剂，当溶液颜色由淡黄色转变为棕黄色时即为终点。

（2）仪器　卡尔·费休水分测定仪：主要部件包括反应瓶、自动注入式滴定管、磁力搅拌器、氮气瓶以及适合于永停法测定终点的电位测定装置等。

（3）试剂

① 无水甲醇　要求其含水量在 0.05% 以下，无水甲醇的脱水方法：用 3A 分子筛脱水，分子筛干燥后可再次使用；量取甲醇 200mL，置于干燥烧瓶中，加表面光洁的镁条 15g、碘 0.5g，加热回流至金属镁开始转变为白色絮状的甲醇镁时，再加入甲醇 800mL，继续回流至镁条溶解。分馏，收集 64～65℃ 馏分，用干燥的吸滤瓶作接受器。冷凝管顶端和接受器支管上要装置氯化钙干燥管。

② 无水吡啶　其含水量应控制在 0.1% 以下。脱水方法：取吡啶 200mL，置于烧瓶中，加苯 40mL，加热蒸馏，收集 110～116℃ 馏出的吡啶。

③ 碘　将碘置于硫酸干燥器内放置 48h 以上。

卡尔·费休试剂，由碘、吡啶、二氧化硫组成，三者的比例为：

$$I_2 : SO_2 : C_5H_5N = 1 : 3 : 10$$

新配制的卡尔·费休试剂不太稳定，混匀后需放置一段时间后再用，且每次用前均需标定。

配制方法：取无水吡啶 133mL，碘 42.33g，置于具塞烧瓶中，注意冷却。摇动烧瓶至碘全部溶解，再加无水甲醇 333mL，称重。待烧瓶充分冷却（可置冰盐浴中）后，通入干燥的二氧化硫至质量增加 32g，然后，加塞、摇匀。在暗处放置 24h 后再标定。

配制好的试剂应避光、密封、置于阴凉干燥处保存，以防止水分吸入。

（4）测定方法

① 卡尔·费休试剂的标定　KF 试剂可用重蒸馏水进行标定也可采用水合盐中的结晶水标定。常用的有二水合酒石酸钠（$Na_2C_4H_4O_6 \cdot 2H_2O$），其理论含水量（$w = 15.66\%$）；三水合醋酸钠（$CH_3COONa \cdot 3H_2O$），其理论含水量（$w = 39.72\%$）。

a. 用水合盐标定　准确称取水合乙酸钠（120℃干燥 4h）约 0.4g，放入预先干燥好的 50mL 圆底烧瓶中，加入 40mL 无水甲醇并立即加塞，摇动内容物直至样品完全溶解。吸取此溶液 10mL 进行滴定，另取 10mL 甲醇进行同样操作，做空白校正。

b. 用重蒸馏水标定　准确称取重蒸馏水约 30mg，放入干燥的反应瓶中，加入无水甲醇 2～5mL，不断搅拌，用卡尔·费休试剂滴定至终点。另做空白校正。

② 水分测定　准确称取适量样品（约含水 100mg），放入预先干燥好的 50mL 圆底烧瓶中，加入 40mL 无水甲醇，立即装好冷凝管并加热，让瓶中的内容物徐徐沸腾 15min 后停止加热。静置 15min，取下冷凝管并加盖。吸取 10mL 萃取液到反应瓶中，不断搅拌，用卡尔·费休试剂滴定至终点。

另取 40mL 甲醇，按上述操作进行回流后，吸取 10mL 进行滴定，做空白试验。

（5）计算

① 卡尔·费休试剂对水的滴定度

a. 用水合盐标定

$$F = \frac{mX(10/40)}{V_1 - V_2}$$

式中　F——卡尔·费休试剂对水的滴定度，即每毫升试剂相当于水的毫克数；

m——水合乙酸钠的质量，mg；

X——乙酸钠水分的质量分数，%；

V_1——标定消耗滴定剂的体积，mL；

V_2——空白消耗滴定剂的体积，mL。

b. 用重蒸馏水标定

$$F = \frac{W}{V_1 - V_2}$$

式中　W——称取重蒸馏水的质量，mg；

V_1——标定消耗滴定剂的体积，mL；

V_2——空白消耗滴定剂的体积，mL。

② 样品中的水分含量

$$X = \frac{0.4F(V_1 - V_0)}{m}$$

式中　X——样品中水分的质量分数，%；

F——卡尔·费休试剂对水的滴定度；

V_1——样品萃取液消耗试剂的体积，mL；

V_0——空白消耗试剂的体积，mL；

m ——样品质量，g；

0.4 ——换算因素（分取倍数×10^{-3}×10^2）。

（6）说明及注意事项

① 滴定操作过程中，借通入的惰性气体（N_2 或 CO_2）保持很小的正压，以驱除空气。

② 卡尔·费休法适用于测定脱水蔬菜、乳制品、油脂、巧克力、糖果、香料等样品。但水分含量高且不均匀的食品不宜使用该法测定。

③ 冷凝管在使用前要用无水甲醇回流处理，具体操作为：加热回流 15min，然后移开热源静置 15min，使冷凝管内壁附着的液体流下来。

④ 样品细度约为 40 目，一般不用研磨机而采用破碎机处理，以免水分损失。

⑤ 含维生素 C 等强还原性组分的样品不宜使用此法。

⑥ 滴定操作要求迅速，加试剂的间隔时间应尽可能短。

3.2.4 水分活度值的测定

水分活度的测定方法有：蒸汽压力法、电湿度计法、溶剂萃取法、扩散法、A_w 测定仪法等，下面介绍的是国家标准推荐的方法——扩散法。

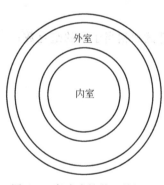
图 3-2 康威式扩散皿俯视图

（1）原理 样品在康威式（Conway）微量扩散皿的密封和恒温的条件下，分别在 A_w 较高和较低的标准饱和溶液中扩散平衡后，根据样品质量增加（在 A_w 较高的标准饱和溶液中扩散平衡后）和减少（在 A_w 较低的标准饱和溶液中扩散平衡后）的量，计算出 A_w 值。

（2）仪器 康威式扩散皿：玻璃质，分内室和外室，外室直径 70mm，内室直径 30mm，外室深度 13mm，内室深度 5mm，外室壁厚 5mm，内室壁厚 4mm，加磨砂厚玻璃盖。构造如图 3-2 所示。

（3）试剂 标准水分活度试剂，见表 3-5。

表 3-5 标准水分活度试剂及其在 25℃ 时的 A_w 值

试 剂 名 称	A_w	试 剂 名 称	A_w
重铬酸钾（$K_2Cr_2O_7 \cdot 2H_2O$）	0.986	溴化钠（$NaBr \cdot 2H_2O$）	0.577
硝酸钾（KNO_3）	0.924	硝酸镁［$Mg(NO_3)_2 \cdot 6H_2O$］	0.528
氯化钡（$BaCl_2 \cdot 2H_2O$）	0.901	硝酸锂（$LiNO_3 \cdot 3H_2O$）	0.476
氯化钾（KCl）	0.842	碳酸钾（$K_2CO_3 \cdot 2H_2O$）	0.427
溴化钾（KBr）	0.807	氯化镁（$MgCl_2 \cdot 6H_2O$）	0.330
氯化钠（$NaCl$）	0.752	乙酸钾（$KAc \cdot H_2O$）	0.225
硝酸钠（$NaNO_3$）	0.737	氯化锂（$LiCl \cdot H_2O$）	0.110
氯化锶（$SrCl_3 \cdot 6H_2O$）	0.708	氢氧化钠（$NaOH \cdot H_2O$）	0.070

（4）测定　在已准确称量过的铝皿或玻璃皿（$\phi 25mm$）中，准确称取约 1.00g 均匀切碎样品，迅速放入康威式皿内室中，在康威式皿的外室预先放入标准饱和试剂 5mL（或表 3-5 中所示标准盐 5.0g，用少量水润湿）。一般在进行操作时选择 2～4 份标准饱和试剂（每只皿装一种），其中 1～2 份的 A_w 值大于（或小于）试样的 A_w 值。然后在扩散皿磨口边缘均匀涂上一层真空脂或凡士林，在 25℃±0.5℃ 温度下放置 2h±0.5h，然后取出铝皿或玻璃皿，用分析天平迅速称量。以各种标准饱和溶液在 25℃±0.5℃ 温度下的 A_w 值为横坐标，以每克样品的质量增减数为纵坐标绘图，将各点连接成一条直线，此线与横轴的交点即为所测样品的水分活度值。

（5）说明及注意事项

① 大多数样品 A_w 的测定，可在 2h 内完成，但米饭、油脂类、油浸烟熏鱼类的测定则需 4d 左右才能完成。为此，需加入样品量 0.2％ 的山梨酸作为防腐剂，并用山梨酸水溶液做空白校正。

② 试样的大小和形状对测定结果影响不大。取食品的固体或液体部分样品平衡后结果没有差异。

③ 取样要在同一条件下进行，操作要迅速。

3.2.5　其他测定方法简介

（1）红外线干燥法　适用于水分的快速测定，一般测定时间为 10～30min。这种方法是用红外线灯管作为加热源，利用红外线的辐射热与直射热加热样品，能高效地使水分蒸发，根据干燥减量测定水分。

简易红外线水分测定仪主要由红外线灯管和盘式天平组成。一般以调节灯管高低或增减灯管电压来决定干燥时间。

（2）近红外线分光光度法　适用于水分含量较低的干菜等干制品中水分含量的测定，也可用于咖啡、可可、谷物、花生等样品水分的测定。这种方法是利用不同水分含量的样品在二甲基甲酰胺存在的情况下对近红外线有不同的吸光度的原理进行测定。

（3）微波干燥法　微波法适用于多种食品样品的干燥。微波是指频率范围为 10^3～3×10^5 MHz 的电磁波，微波能够深入到物料的内部引起物质分子偶极子的摆动而产生热效应，而不是只靠物料本身的热传导，因此具有干燥速度快、干燥时间短的特点，同时微波加热比较均匀，可避免一般加热过程中所出现的表面硬化和内外干燥不均的现象。当微波通过含水试样时，由于水分引起的能量损耗远远大于干物质引起的损耗，所以通过测定微波的能量损耗就可求出样品含水量。

（4）化学干燥法　这种方法是将某种对水蒸气具有强烈吸附作用的化学试剂（干燥剂）与含水样品装在同一个干燥容器中，通过等温扩散和吸附作用而使样品达到干燥恒重，然后根据样品的失重求出水分含量。常用的干燥剂及干燥效率如表

3-6所示。

表3-6　干燥剂干燥空气的效果

干燥剂名称	水蒸气含量/g·m^{-3}	干燥剂名称	水蒸气含量/g·m^{-3}
五氧化二磷(P_2O_5)	2×10^{-5}	氧化钙(CaO)	2×10^{-1}
氧化钡(BaO)	6.5×10^{-4}	硫酸(95.1%)	3×10^{-1}
高氯酸镁[$Mg(ClO_4)_2$]	5×10^{-4}	氯化钙(熔融 $CaCl_2$)	3.6×10^{-1}
二水合高氯酸镁[$Mg(ClO_4)_2\cdot2H_2O$]	2×10^{-3}	氧化铝(Al_2O_3)	3×10^{-3}
氢氧化钾(熔融 KOH)	2×10^{-3}	硫酸钙($CaSO_4$)	4×10^{-3}
浓硫酸(100%)	3×10^{-5}	氧化镁(MgO)	8×10^{-3}
氢氧化钠(熔融 NaOH)	1.6×10^{-1}	硅　胶	3×10^{-2}

化学干燥法适用于对热不稳定及含有易挥发组分的样品，如茶叶、香料等水分的测定，但干燥需要较长时间才能完成（数天甚至数月）。

思考与习题

1. 测定食品中水分的目的和意义？

2. 食品中水分的存在形式？干燥过程主要除去的是哪一类水分？

3. 如何选择测定水分的方法？

4. 什么叫物理栅？如何预防？

5. 下列样品分别采用什么方法进行干燥，为什么？①含果糖较高的蜂蜜、水果样品；②香料样品；③谷物样品。

6. 卡尔·费休法适用于测定什么样品？滴定反应属于什么类型？

7. 水分活度与水分总含量有何区别？食品的腐败变质主要与食品中的哪一部分水分有关，为什么？

8. 用蒸馏法测定水分含量时，最常用的有机溶剂有哪些，如何选择？如果馏出液浑浊，如何处理？

9. 简述红外线干燥法和微波干燥法测定水分的原理。

10. 说明常压干燥法、减压干燥法和蒸馏法测定水分的原理和适用范围。

4 食品灰分的测定

4.1 食品灰分及其测定意义

食品经高温灼烧后所残留的无机物质称为灰分。灰分采用重量法测定。

灼烧过程中，水分及其挥发物以气态方式放出；C、H、N 等元素与 O_2 结合生成 CO_2、H_2O 和氮的氧化物而散失；碳酸盐增加；有机 P、S 等生成磷酸盐和硫酸盐，质量有所变化；而且不能完全排除混入的泥砂、尘埃及未燃尽的碳粒等。因此灼烧后的残留物称为粗灰分。

食品的灰分中含有丰富的矿物质元素，大量元素有 Ca、Mg、P、Na、K、Cl、S；微量元素有 Fe、Cu、Zn、Cr、I、F、Co、Mn、Mo、Se 等。这些元素在维持机体的正常生理功能、保障人体健康等方面具有特殊重要的意义。

灰分的测定项目主要包括以下内容。

① 总灰分：主要是金属氧化物和无机盐类，以及一些其他杂质。

② 水溶性灰分：大部分为钾、钠、钙、镁等元素的氧化物及可溶性盐类。

③ 水不溶性灰分：铁、铝等金属的氧化物、碱土金属的碱式磷酸盐，以及由于污染混入产品的泥砂等机械性物质。

④ 酸不溶性灰分：大部分为污染渗入的泥砂，另外还包括存在于食品组织中的微量二氧化硅。

各种食品具有不同范围的灰分，部分食品的灰分含量如表 4-1 所示。

表 4-1 部分食品灰分含量（w）/％

样　品	含　量	样　品	含　量
鲜　肉	0.5～1.2	蛋　黄	1.6
鲜鱼(可食部分)	0.8～2.0	新鲜水果	0.2～1.2
牛　乳	0.6～0.7	蔬　菜	0.2～1.2
淡炼乳	1.6～1.7	小　麦	1.6
甜炼乳	1.9～2.1	小麦胚乳	0.5
全脂乳粉	5.0～5.7	精制糖、糖果	痕量～1.8
脱脂乳粉	7.8～8.2	糖浆、蜂蜜	痕量～1.8
蛋　白	0.6	纯油脂	0

植物性原料的灰分组成和含量与自然条件、成熟度等因素密切相关，因此，通过测定作物在生长过程中的灰分含量及其变动情况，可以掌握适时的采摘期并弄清环境、气候、施肥等因素对作物的影响。对于食品行业来说，灰分是一项重要的质量指标。例如，在面粉加工中，常以总灰分含量评定面粉等级，因为小麦麸皮的灰分含量比胚乳高 20 倍左右，因此，面粉的加工精度越高，灰分含量越低；在生产果胶、明胶等胶质产品时，总灰分可说明这些制品的胶冻性能；水溶性灰分则在很大程度上表明果酱、果冻等水果制品中的水果含量；而酸不溶性灰分的增加则预示着污染和掺杂。这对保证食品质量是十分重要的。

4.2　总灰分的测定

（1）原理　总灰分采取简便、快速的干灰化法测定。即先将样品的水分去掉，然后在尽可能低的温度下将样品小心地加热炭化和灼烧，除尽有机质，称取残留的无机物，即可求出总灰分的含量。本方法适用于各类食品中灰分含量的测定。

（2）仪器

① 高温电炉（马弗炉）。

② 坩埚：测定食品中的灰分含量时，通常采用瓷坩埚（30mL），它能耐 1200℃的高温，理化性质稳定且价格低廉，但它的抗碱能力较差。

（3）操作条件的选择

① 灼烧温度　一般为 500～600℃，多数样品以 525℃±25℃为宜。温度过高易造成无机物的损失。对于不同类型的食品，灰化温度大致如下：

水果及其制品、肉及肉制品、糖及糖制品、蔬菜制品≤525℃

谷类食品、乳制品（奶油除外，奶油≤500℃）　　　　≤550℃

鱼、海产品、酒类　　　　　　　　　　　　　　　　≤550℃

② 灼烧时间　以样品灰化完全为度，即重复灼烧至灰分呈白色或灰白色并达到恒重（前后两次称量相差不超过 0.5mg）为止，一般需 2～5h。例外的是对于谷类饲料和茎秆饲料，灰化时间规定为：600℃灼烧 2h。

（4）加速灰化的方法

① 有时样品经高温长时间灼烧后，灰分中仍有炭粒遗留，其原因是钾、钠的硅酸盐或磷酸盐熔融包裹在炭粒表面，隔绝了炭粒与氧气的接触。遇到这种情况，可将坩埚取出，冷却后加入少量水溶解盐膜，使被包住的炭粒重新游离出来后，小心蒸去水分，干燥后再进行灼烧。

② 添加惰性不溶物，如 MgO、$CaCO_3$ 等，使炭粒不被覆盖。但加入量应做空白试验从灰分中扣除。

③ 加入碳酸铵、双氧水、乙醇、硝酸等可加速灰化。这类物质在灼烧后完全消失，不会增加灰分含量。在样品中加入碳酸铵可起疏松作用。

（5）操作方法

① 样品的预处理

a. 样品的质量　以灰分量 10～100mg 来决定试样的采取量。通常奶粉、大豆粉、调味料、鱼类及海产品等取 1～2g；谷类食品、肉及肉制品、糕点、牛乳取 3～5g；蔬菜及其制品、糖及糖制品、淀粉及其制品、奶油、蜂蜜等取 5～10g；水果及其制品取 20g；油脂取 50g。

b. 样品的处理　谷物、豆类等含水量较少的固体试样，粉碎均匀备用；液体样品须先在沸水浴上蒸干；果蔬等含水分较多的样品则采用先低温（60～70℃）后高温（95～105℃）的方法烘干，或采用测定水分后的残留物作样品；高脂肪样品可先提取脂肪后再进行分析。

② 测定　将洗净并已烘干的瓷坩埚放入高温电炉中，在 600℃ 灼烧 0.5h。取出，冷却至 200℃ 以下时，移入干燥器内冷却至室温后称量。重复灼烧至恒重。

称取适量样品于坩埚中，在电炉上小心加热，使样品充分炭化至无烟。然后将坩埚移至高温电炉中，在 500～600℃ 灼烧至无炭粒（即灰化完全）。冷却到 200℃ 以下时，移入干燥器中冷却至室温后称量，重复灼烧至前后两次称量相差不超过 0.5mg 为恒重。

（6）计算

$$X_1 = \frac{m_1 - m_0}{m_2 - m_0} \times 100$$

式中　X_1——样品灰分的质量分数，%；

m_0——坩埚的质量，g；

m_1——坩埚和总灰分的质量，g；

m_2——坩埚和样品的质量，g。

（7）特殊的灰化方法　对于含 S、P、Cl 等酸性元素较多的样品，例如种子类及其加工品，为了防止高温下这些元素的散失，灰化时必须添加一定量的镁盐或钙盐作为固定剂，使酸性元素与加入的碱性金属元素形成高熔点的盐类固定下来。同时做空白试验，以校正测定结果。

例如：元素磷在高温灼烧时可能以含氧酸的形式挥发散失，与硫酸盐共存时损失更多。对于含磷较高的种子类样品，可先加入一定量的 $Mg(NO_3)_2$ 或 $Mg(Ac)_2$ 乙醇溶液后再进行灰化，这时即使温度高达 800℃，也不致于引起磷的损失。

因 $Mg(NO_3)_2$ 容易导致爆燃，故通常使用 $Mg(Ac)_2$ 乙醇溶液。如测定面粉、面包等样品时，于 3～5g 样品中加入 5mL $Mg(Ac)_2$ 乙醇溶液，蒸干后，再进行炭化和灼烧。

$Mg(Ac)_2$ 乙醇溶液的配制方法：称取 4.054g $Mg(Ac)_2 \cdot 4H_2O$，溶于 50mL 水中，用乙醇稀释至 1L。

若要测定食品中的氟,在处理样品时加入氢氧化钠和硝酸镁可防止氟的挥发损失。

对于需要测定总砷的样品,通常加入氧化镁和硝酸镁作为助灰化剂,使砷转化为焦砷酸镁,以固定砷的高价氧化物。

(8) 说明及注意事项

① 炭化时,应避免样品明火燃烧而导致微粒喷出,只有在炭化完全,即不冒烟后才能放入高温电炉中。且灼烧空坩埚与灼烧样品的条件应尽量一致,以消除系统误差。

② 对于含糖分、淀粉、蛋白质较高的样品,为防止其发泡溢出,炭化前可加数滴纯植物油。

③ 灼烧温度不能超过 600℃,否则会造成钾、钠、氯等易挥发成分的损失。

④ 反复灼烧至恒重是判断灰化是否完全最可靠的方法。因为有些样品即使灰化完全,残灰也不一定是白色或灰白色,例如铁含量高的食品,残灰呈褐色;锰、铜含量高的食品,残灰呈蓝绿色;有时即使灰的表面呈白色或灰白色,但内部仍有炭粒存留。

⑤ 新坩埚在使用前须在盐酸溶液 (1+4) 中煮沸 1~2h,然后用自来水和蒸馏水分别冲洗干净并烘干。用过的旧坩埚经初步清洗后,可用废盐酸浸泡 20min 左右,再用水冲洗干净。

⑥ 坩埚及盖使用前要编号,用质量分数为 1% 的 $FeCl_3$ 溶液与等量的蓝黑墨水混合,编写号码,灼烧后会留下不易脱落的红色 Fe_2O_3 痕迹。

4.3 水溶性灰分与水不溶性灰分的测定

在总灰分中加水约 25mL,盖上表面皿,加热至近沸。用无灰滤纸过滤,以 25mL 热水洗涤,将滤纸和残渣置于原坩埚中,按上述方法再行干燥、炭化、灼烧、冷却、称量。以下式计算水溶性灰分与水不溶性灰分含量:

$$X_2 = \frac{m_3 - m_0}{m_2 - m_0} \times 100$$

水溶性灰分(%)=总灰分(%)-水不溶性灰分(%)

式中 X_2 ——样品中水不溶性灰分的质量分数,%;

     m_3 ——坩埚和水不溶性灰分的质量,g;

     m_2 ——坩埚和样品的质量,g;

     m_0 ——坩埚的质量,g。

4.4 酸溶性灰分与酸不溶性灰分的测定

于水不溶性灰分(或测定总灰分的残留物)中,加入盐酸 (1+9) 25mL,盖上表面皿，小火加热煮沸 5min。用无灰滤纸过滤，用热水洗涤至滤液无 Cl^- 反应为止。将残留物和滤纸一同放入原坩埚中进行干燥、炭化、灼烧、冷却、称量如前。

$$X_3 = \frac{m_4 - m_0}{m_2 - m_0} \times 100$$

$$酸溶性灰分（\%）＝总灰分（\%）－酸不溶性灰分（\%）$$

式中　X_3——样品中酸不溶性灰分的质量分数，%；

　　　m_4——坩埚和酸不溶性灰分的质量，g；

　　　m_2——坩埚和样品的质量，g；

　　　m_0——坩埚的质量，g。

说明：检查滤液有无氯离子，可取几滴滤液于试管中，用硝酸 $[c(HNO_3)＝6mol \cdot L^{-1}]$ 酸化，加 1～2 滴硝酸银试剂，如无白色沉淀析出，表明已洗涤干净。

思考与习题

1. 简述灰分的定义及测定意义。
2. 总灰分、水不溶性灰分和酸不溶性灰分中主要含有什么成分？
3. 样品在高温灼烧前，为什么要先炭化至无烟？
4. 样品经长时间灼烧后，灰分中仍有炭粒遗留的主要原因是什么？如何处理？
5. 对于含磷较高的样品，如何处理？
6. 含糖分、蛋白质较高的样品，炭化时如何防止其发泡溢出？
7. 对于难挥发的样品可采用什么方法加速灰化？
8. 简述食品中总灰分测定的操作要点。
9. 如何判断样品是否灰化完全？
10. 要测定样品中的氟或砷，如何处理才能防止损失？

5 食品酸度的测定

5.1 食品中的有机酸及其测定意义

有机酸是果蔬特有的酸味物质，在果蔬组织中以游离态或酸式盐的形式存在。对于新鲜果蔬来说，有机酸的种类和含量因品种、成熟度、生长条件等不同而异，它们对食品的风味、颜色及其质量有着直接的影响。

（1）测定食品酸度的意义 在食品加工行业中，测定原料和成品的有机酸含量有着十分重要的意义。

① 通过测定果蔬中糖和酸的含量，可以判断果蔬的成熟度、确定加工产品的配方并可通过调整糖酸比获得风味极佳的产品（风味是一组复杂的质量集合体，它包括甜味、酸味、芳香味和涩味等）。

② 通过测定酸度，可对某些食品的质量进行鉴定。例如，挥发酸含量的高低，是衡量水果发酵制品质量好坏的一项重要技术指标，如果产品中乙酸的质量分数超过 0.1%，就说明制品已经腐败；在油脂工业中，通过测定油脂中游离脂肪酸的含量，可以鉴别油脂的品质和精炼程度；对鲜肉中有效酸度的测定有助于评定肉的品质（新鲜度）；牛乳及其制品中乳酸含量高时，说明已变质。

③ 食品的 pH 值对其稳定性和色泽有一定影响，降低 pH 值可抑制酶的活性和微生物的生长，例如，果蔬加工中控制 pH 值≤3 可防止褐变；pH 值也是果蔬罐头杀菌条件的重要依据。

（2）食品中的主要有机酸 果蔬中主要的有机酸为柠檬酸、苹果酸和酒石酸，通常也称为果酸。另外，还含有少量的草酸、乙酸、苯甲酸、水杨酸、琥珀酸、延胡索酸等。

① 柠檬酸（$C_6H_8O_7$） 柠檬酸为三元酸，是果蔬中分布最广的有机酸。在柑橘类及浆果类果实中含量最多，尤其是在柠檬中可达干重的 6%～8%、石榴中高达 9%。蔬菜中以番茄中含量较多。

柠檬酸是食品加工中使用最多的酸味剂，通常使用量为 0.1%～1.0%。

② 苹果酸（$C_4H_6O_5$） 苹果酸为二元酸，几乎存在一切果实中，尤以仁果类的苹果、梨，核果类的桃、杏、樱桃等含量较多。蔬菜中以莴苣、番茄含量较多。苹果酸大都与柠檬酸共存。

③ 酒石酸（$C_4H_6O_6$）　酒石酸为二元酸，存在于许多水果中，尤以葡萄中含量最多。在葡萄中除少量呈游离状态外，大部分以酒石酸氢钾（酒石）的形式存在。

酒石酸的酸味比柠檬酸、苹果酸都强，但口感稍有涩味，多与其他酸并用，加工中使用量一般为 $0.1\% \sim 0.2\%$。

④ 草酸（$H_2C_2O_4$）　草酸是果蔬中普遍存在的一种有机酸，以钾盐和钙盐的形式存在。在菠菜、竹笋等蔬菜中含量较多，而果实中含量很少。

另外，在未成熟的水果（如樱桃）、低等植物（如蘑菇）中，存在有琥珀酸（$C_4H_6O_4$）及延胡索酸（$C_4H_4O_4$）。

苯甲酸以游离态形式存在于李子、蔓越橘等水果中。水杨酸则常以酯态或葡萄糖苷的形式存在于草莓等浆果中。

在同一个样品中，往往几种有机酸同时存在，但在分析有机酸含量时，是以主要酸为计算标准。通常仁果类、核果类及大部分浆果类以苹果酸计算；葡萄以酒石酸计算；柑橘类以柠檬酸计算；肉、鱼、乳、酱油等以乳酸计算；饮料以柠檬酸计算；酒类及调味品以乙酸计算；若为山上野果则可用草酸计算。部分果蔬样品中柠檬酸和苹果酸的大致含量如表 5-1 所示。

表 5-1　果蔬中苹果酸、柠檬酸的大致含量（w）/%

水果名称	苹果酸	柠檬酸	蔬菜名称	苹果酸	柠檬酸
苹果	0.27～1.02	0.03	芦笋	0.10	0.11
香蕉	0.50	0.15	白菜	0.10	0.14
橙子	0.18	0.92	芹菜	0.17	0.01
柚子	0.08	1.33	黄瓜	0.24	0.01
葡萄	0.31	0.02	菠菜	0.09	0.08
柠檬	0.29	6.08	番茄	0.05	0.47
草莓	0.16	1.08	茄子	0.17	
菠萝	0.12	0.77	莴苣	0.17	0.02
杏	0.33	1.06	洋葱	0.17	0.22
李	0.92	0.03	土豆		0.15
梅	1.44		南瓜	0.32	0.04
桃	0.69	0.05	胡萝卜	0.24	0.09
梨	0.16	0.42	白萝卜	0.23	

5.2　总酸度的测定

酸度（或称有效酸度）与总酸度在概念上是不相同的。

酸度是指溶液中 H^+ 的浓度，准确地说是指 H^+ 的活度，常用 pH 值表示，可用酸度计测量。

总酸度是指食品中所有酸性成分的总量，通常用所含主要酸的质量分数来表示，其大小可用滴定法来确定。

（1）原理　食品中的有机酸，以酚酞为指示剂，用 NaOH 标准溶液滴定至终点，根据标准溶液的消耗量即可求出样品中的酸含量。

本法可用于所有食品。

（2）试剂

① 氢氧化钠标准溶液[$c(NaOH)=0.1mol \cdot L^{-1}$]。

② 酚酞指示剂（$10g \cdot L^{-1}$）：配制方法参见附录 I。

（3）操作方法

① 样品处理

固态样品：果蔬原料及其制品，去除非可食部分后置于组织捣碎机中捣碎备用。

液态样品：牛乳、果汁等直接取样；碳酸饮料需事先于40℃水浴中驱除 CO_2。

② 样品测定

固态样品：称取捣碎并混合均匀的样品 20.00～25.00g 于小烧杯中，用 150mL 刚煮沸并冷却的蒸馏水分数次将样品转入 250mL 容量瓶中。充分振摇后加水至刻度，摇匀后用干燥滤纸过滤。准确吸取 50mL 滤液于锥形瓶中，加入酚酞指示剂 2～3 滴，用 NaOH 标准溶液[$c(NaOH)=0.1mol \cdot L^{-1}$]滴定至终点。

液态样品：准确吸取样品 50mL （必要时减量或加水稀释）于 250mL 容量瓶中，以下步骤同固态样品。

（4）计算

$$X = \frac{VcKF}{m} \times 100$$

式中　X——样品中总酸的质量分数，%[或 $g \cdot (100mL)^{-1}$]；

V——滴定消耗标准溶液的体积，mL；

c——NaOH 标准溶液的浓度，$mol \cdot L^{-1}$；

F——稀释倍数，按上述操作，$F=5$；

m——样品质量（或体积），g（mL）；

K——折算系数。苹果酸 0.067，酒石酸 0.075，乙酸 0.060，草酸 0.045，乳酸 0.090，柠檬酸 0.064，一水合柠檬酸 0.070。

（5）说明及注意事项

① 咖啡样品的提取液采用下述方法制备：称取 10g 粉碎并过 40 目筛的样品，加入 75mL 乙醇（$\varphi=80\%$），加塞放置 16h，并不时摇动，然后过滤。

② 若样液颜色过深或浑浊，终点不易判断时，可采用电位滴定法。对于酱油类深色样品也可制备成脱色酱油测定：取样品 25mL 置于 100mL 容量瓶中，加水至刻度。用此稀释液加活性炭脱色，加热到 50～60℃微温过滤。取此滤液 10mL

于三角瓶中，加水 50mL 测定，计算时换算为原样品量。

③ CO_2 对测定有影响，驱除 CO_2 的方法：将蒸馏水煮沸 15min，冷却后立即使用。

5.3 乳及乳制品酸度的测定

测定乳及乳制品的酸度，可以了解它们的新鲜程度和品质情况。

正常牛乳的酸度一般在 16～18°T 之间，乳酸含量为 0.15%～0.20%。如果牛乳放置时间过长，则会因细菌的繁殖使酸度明显增高。当鲜乳的酸度超过 18°T，或乳酸含量超过 0.20%，则可认为是不新鲜的牛乳。

乳及乳制品的酸度，根据测定的样品不同，可采用以下表示方法：酸度（°T）；乳酸的质量分数（%）；复原乳酸度（°T）。

5.3.1 酸度(°T)的测定

(1) 原理　以酚酞为指示剂，中和 100g（mL）样品所需 $0.1000mol \cdot L^{-1}$ NaOH 的毫升数，即为样品的酸度。

新鲜牛乳、消毒牛乳、酸牛乳、炼乳、奶油等样品多用酸度（°T）来表示。

(2) 试剂

① 酚酞指示剂（$10g \cdot L^{-1}$）。

② 氢氧化钠标准溶液 $[c(NaOH) = 0.1000mol \cdot L^{-1}]$。

③ 中性乙醇-乙醚混合液（1+1）：将乙醇、乙醚等体积混合，加几滴酚酞指示剂，用 $0.1mol \cdot L^{-1}$ 氢氧化钠溶液滴定至出现微红色。

(3) 操作方法

① 牛乳　吸取 10.0mL 样品于锥形瓶中，加入 20mL 新煮沸并已冷却的蒸馏水及 3～5 滴酚酞指示剂，混匀，用 NaOH 标准溶液滴定至终点，记录体积 V。

② 酸牛乳　称取已搅拌均匀的样品 5.00g 于锥形瓶中，加入 40mL 新煮沸并已冷却至约 40℃ 的蒸馏水及 4～5 滴酚酞指示剂，混匀，用 NaOH 标准溶液滴定至终点。

③ 炼乳　吸取 10.0mL（或称取 10.00g）样品于锥形瓶中，加入 60mL 新煮沸并已冷却的蒸馏水及数滴酚酞指示剂，混匀，用 NaOH 标准溶液滴定至终点。

④ 奶油　称取 10.00g 样品于锥形瓶中，加入中性乙醇-乙醚（1+1）混合液 30mL 及 2～3 滴酚酞指示剂，混匀，用 NaOH 标准溶液滴定至终点。

(4) 计算

$$°T = 10V \tag{5-1}$$

$$°T = 20V \tag{5-2}$$

一般样品采用式（5-1）计算；酸牛乳采用式（5-2）计算。

式中，V 为滴定样品消耗氢氧化钠标准溶液的体积，mL。

（5）说明　面包酸度的单位也常以°T 表示，面包的酸度范围一般为 3～9°T。

5.3.2　乳酸含量的测定

炼乳、酸奶等样品的酸度除用°T 表示外，还常以乳酸的质量分数（％）表示。其测定原理和方法同上，将测得的酸度°T 乘上换算系数即得到乳酸的百分含量：

$$乳酸（％）＝°T×0.009$$

式中，0.009 为乳酸换算系数，即 1mL 氢氧化钠标准溶液 $[c(NaOH)=0.1000mol \cdot L^{-1}]$ 相当于 0.009g 乳酸。

5.3.3　复原乳酸度（°T）的测定

复原乳是指含干物质 12％（质量分数）的乳汁。此法适用于乳粉中酸度的测定。

（1）原理　同酸度（°T）的测定。

（2）试剂　同酸度（°T）的测定。

（3）操作方法　准确称取约 4g 样品于小烧杯中，用 100mL 新煮沸并已冷却的蒸馏水分数次将样品溶解，转入 250mL 锥形瓶中。加入酚酞指示剂 3～5 滴，摇匀后用 NaOH 标准溶液滴定至终点。

（4）计算

$$复原乳酸度（°T）＝\frac{Vc×10×12}{m(100-A-B)}×100$$

式中　V——样品消耗 NaOH 标准溶液的体积，mL；

　　　c——NaOH 标准溶液的浓度，mol·L^{-1}；

　　　m——样品的质量，g；

　　　A——样品中水分的质量分数，％；

　　　B——加糖乳粉中蔗糖的质量分数，％；

　　　12——12g 干燥乳粉相当于鲜乳 100mL。

5.4　挥发酸的测定

挥发酸是指食品中易挥发的有机酸，主要是指乙酸和微量甲酸、丁酸等，由果蔬中的糖发酵产生，主要原因是加工或贮藏不当所造成。

测定挥发酸含量的方法有两种：直接法和间接法。测定时可根据具体情况选用。直接法是通过蒸馏或萃取等方法将挥发酸分离出来，然后用标准碱滴定。间接法则是先将挥发酸蒸馏除去，滴定残留的不挥发酸，然后从总酸度中减去不挥发酸，即可求得挥发酸含量。

总挥发酸包括游离态和结合态两部分。游离态挥发酸可用水蒸气蒸馏得到，而结合态挥发酸的蒸馏比较困难，测定时，可加入磷酸（$\rho=10\%$）使结合态挥发酸析出后再行蒸馏。

以直接测定法为例。

（1）原理　用水蒸气蒸馏样品时，加入磷酸，使总挥发酸与水蒸气一同自溶液中蒸馏出来。用 NaOH 标准溶液滴定馏出液，即可得出挥发酸的含量。

（2）仪器　水蒸气蒸馏装置，如图 5-1 所示。

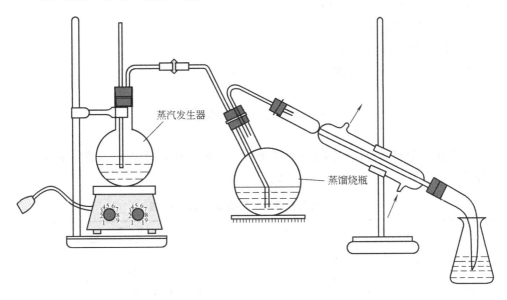

蒸汽发生器

蒸馏烧瓶

图 5-1　水蒸气蒸馏装置

（3）试剂

① 酚酞指示剂（$10g \cdot L^{-1}$）。

② 氢氧化钠标准溶液[$c(NaOH)=0.01mol \cdot L^{-1}$]。

③ 磷酸溶液（$\rho=10\%$）：称取 10.0g 磷酸，用无 CO_2 的蒸馏水溶解并稀释至 100mL。

（4）操作方法　准确称取混合均匀的样品 2～3g，用 50mL 新煮沸并已冷却的蒸馏水将样品洗入 250mL 圆底烧瓶中，加入磷酸（$\rho=10\%$）1mL，连接好冷凝管及水蒸气蒸馏装置。加热蒸馏，至馏出液达 300mL 时为止。在同样条件下做一空白试验。

加热馏出液至 60～65℃，以酚酞为指示剂，用 $0.01mol \cdot L^{-1}$ NaOH 标准液滴定至终点。

（5）计算

$$X = \frac{c(V_1 - V_0) \times 0.06}{m} \times 100$$

式中　X——样品中挥发酸的质量分数，%；

c——NaOH 标准溶液的浓度，mol·L^{-1}；

V_1——样品溶液消耗 NaOH 标准溶液的体积，mL；

V_0——空白溶液消耗 NaOH 标准溶液的体积，mL；

m——样品质量，g；

0.06——换算为乙酸的系数。

（6）说明及注意事项

① 蒸汽发生器内的水在蒸馏前须预先煮沸。

② 整个蒸馏时间内要维持烧瓶内液面一定。

5.5　有效酸度的测定

食品由于原料品种、成熟度及加工方法的不同，有效酸度（pH 值）的变动范围很大，常见食品的 pH 值参见表 5-2。

表 5-2　某些食品原料及部分果蔬的 pH 值

名　称	pH 值	名　称	pH 值	名　称	pH 值
牛肉	5.1~6.2	苹果	3.0~5.0	甜橙	3.5~4.9
羊肉	5.4~6.7	梨	3.2~4.0	甜樱桃	3.5~4.1
猪肉	5.3~6.9	杏	3.4~4.0	青椒	5.4
鸡肉	6.2~6.4	桃	3.2~3.9	甘蓝	5.2
鱼肉	6.6~6.8	李	2.8~4.1	南瓜	5.0
蟹肉	7.0	葡萄	2.5~4.5	菠菜	5.7
牛乳	6.5~7.0	草莓	3.8~4.4	番茄	4.1~4.8
鲜蛋	8.2~8.4	西瓜	6.0~6.4	胡萝卜	5.0
小虾肉	6.8~7.0	柠檬	2.2~3.5	豌豆	6.1

测定 pH 值的方法有试纸法、比色法和电位法等，其中以电位法（pH 计法）的操作简便且结果准确，是最常使用的方法。

（1）原理　以玻璃电极为指示电极，饱和甘汞电极为参比电极，插入待测溶液中组成原电池，该电池的电动势大小与溶液的氢离子浓度，亦即与 pH 值有直接关系：

$$E = E^{\ominus} + 0.059 \lg[H^+] = E^{\ominus} - 0.059 \text{pH} \quad (25℃)$$

（2）仪器

① 酸度计。

② 玻璃电极和甘汞电极（或复合电极）。

③ 电磁搅拌器。

④ 高速组织捣碎机。

（3）试剂

① pH 值为 4.01 标准缓冲溶液（20℃）：准确称取在 110～120℃ 下烘干 2～3h 的优级纯邻苯二甲酸氢钾（$KHC_8H_4O_4$）10.12g 溶于不含 CO_2 的水中，稀释至 1000mL，摇匀。

② pH 值为 6.88 标准缓冲溶液（20℃）：准确称取在 110～120℃ 下烘干 2～3h 的优级纯磷酸二氢钾（KH_2PO_4）3.39g 和优级纯无水磷酸氢二钠（Na_2HPO_4）3.53g 溶于水中，稀释至 1000mL，摇匀。

（4）操作方法

① 样品处理

a. 果蔬类样品：将样品榨汁后，取其汁液直接测定。

b. 肉类样品：称取 10.00g 已除去油脂并绞碎的样品，加 100mL 新煮沸并冷却的蒸馏水，浸泡 15min（随时摇动），然后干过滤，测定滤液的 pH 值。

c. 一般液体样品，如牛乳、果汁等，直接取样测定。

d. 含二氧化碳的液体样品，如碳酸饮料、啤酒等，在 40℃ 水浴上加热 30min 以除去二氧化碳，冷却后测定。

② 样品测定

酸度计经预热并用标准缓冲溶液校正后，将电极插入待测溶液中进行测定。

（5）说明及注意事项

① 由于样品的 pH 值可能会因吸收 CO_2 等因素而改变，因此试液制备后应立即测定。

② 新的和久置不用的玻璃电极使用前应在蒸馏水中浸泡 24h 以上。

③ 玻璃电极的玻璃球膜易损坏，操作时应特别小心。如果玻璃膜沾有油污，可先浸入乙醇，然后浸入乙醚或四氯化碳中，最后再浸入乙醇中浸泡后，用蒸馏水冲洗干净。

④ 使用甘汞电极时，应将电极上部加氯化钾溶液处的小橡皮塞拔去，让极少量的 KCl 溶液从毛细管流出，以免样品溶液进入毛细管而使测定结果不准。电极使用完后应把上下两个橡皮套套上，以免电极内溶液流失。

⑤ 甘汞电极中的氯化钾溶液应经常保持饱和，且在弯管内不应有气泡存在，否则将使溶液隔断。如甘汞电极内溶液流失过多时，应及时补加 KCl 饱和溶液。

（6）电极经长期使用后，如发现梯度略有降低，可把电极下端浸泡在 4% 氢氟酸溶液中 3～5s，用蒸馏水洗净，然后在氯化钾溶液中浸泡，使之复新。

思考与习题

1. 简述食品酸度的测定意义、表示方法及测定原理。

2. 食品中的主要有机酸有哪些？计算时如何选择折算系数？

3. 什么叫复原乳？新鲜牛乳酸度（°T）范围为多少？若称取 5.00g 酸牛乳，用 $0.1020\text{mol} \cdot \text{L}^{-1}$ 氢氧化钠标准溶液滴定，消耗 4.52mL，则其酸度（°T）为多少？

4. 挥发酸产生的主要原因？总挥发酸包括哪两部分？要测定结合态挥发酸，应如何处理？

5. 什么是有效酸度，如何测定？

6. 对于颜色较深的样品，测定总酸度时终点不易观察，如何处理？

7. 测定食品酸度时，如何消除二氧化碳对测定的影响？

8. 电位法测定溶液 pH 值的根据是什么？操作上应特别注意哪些问题？

6 脂肪及脂肪酸的测定

6.1 概 述

食品中的脂类（Lipids）主要包括脂肪和类脂化合物。脂肪是甘油与脂肪酸所生成的酯，也称为真脂（True fats）或中性脂肪，是食品中的重要营养成分之一，大多数动物性食品和许多植物性食品都含有脂肪。类脂（Lipoids）是脂肪的伴随物质，包括脂肪酸、磷脂、糖脂、固醇、蜡等。

（1）脂肪的作用及测定意义 脂肪的生物学功能主要表现在它是体内能量贮存最紧凑的形式，每克脂肪提供的热能比碳水化合物或蛋白质要多一倍以上。在人及动物体内，脂肪还有润滑、保护、保温的功能。因此，脂肪含量高的食品具有较高的生理价值。类脂在细胞的生命功能上起重要作用，但在食品营养上重要性不如脂肪。

油脂是人们膳食组成中的一个非常重要的成分，食品中含适量脂肪，有助于人体健康，但若过量摄入脂肪，则会对健康产生不利影响。从营养学的观点来看，膳食中脂肪供给量占整个热能需要的 15％～25％较为适宜。因此，食品中的脂肪含量是一项非常重要的卫生指标。同时，脂肪含量也是食品生产过程中的一项重要的质量控制指标。例如，蔬菜中的脂肪含量较低，在生产蔬菜罐头时，添加适量的脂肪可以改善产品风味；而面包等焙烤食品中的脂肪，尤其是卵磷脂等组分，对于面包的柔软度、体积及结构都有直接的影响。

（2）食品中的脂肪含量及分类 植物脂肪在常温下一般为液态，称之为油，动物脂肪在常温下一般为固态，称之为脂。二者都以其来源名称命名。按食品中脂肪含量的高低，可大致将其分为三类。

① 高脂食品：脂肪含量较高的动物性食品和油脂等，如植物油（茶油、豆油、菜子油等）和动物性脂肪（猪脂、牛脂、鲸脂等）脂肪含量接近100％；奶油80％～82％；核桃仁 63％～69％；芝麻 50％～57％；花生仁 30％～39％；全脂乳粉 25％～32％等。

② 低脂食品：脂肪含量较低的植物性食品，如小麦粉的脂肪含量为 0.5％～1.5％；稻米 0.4％～3.2％；脱脂乳粉 1％～1.5％；蛋糕 2％～3％；果蔬样品的脂肪含量多在 1.1％以下。

③ 无脂食品：蔗糖、蜂蜜、南瓜、西瓜等样品不含脂肪。

（3）脂肪的存在形式及测定方法 食品中的脂肪有两种存在形式：游离态和结合态。

游离态脂肪可用乙醚、石油醚等有机溶剂提取，而结合态脂肪则必须首先破坏脂类与其他非脂成分的结合，然后用有机溶剂提取。习惯上，食品的脂肪含量用乙醚提取物（或称粗脂肪）来表示，它包括脂肪及类脂等一大类物质。

脂肪含量的测定方法很多，常用的方法有：索氏抽提法、酸性乙醚法、碱性乙醚法、酸水解法、氯仿-甲醇法、巴布科克氏法和盖勃氏法等。

不同种类的食品，采用不同的测定方法。如分析种仁中的油脂含量时，由于其脂类部分主要由甘油三酸酯组成，所以采用索氏抽提法测定可获得满意的结果；若以湿的乳制点心为试样，其中除有甘油三酸酯外，尚有大量作为乳化剂存在的甘油二酸酯和甘油一酸酯，以及对热与酸敏感的糖，因此需要采用完全不同的技术，如采用碱性乙醚提取法；对于富含蛋白质、磷脂等类脂物的食品，则以氯仿-甲醇法的提取率最高，而且提取后的残留物可作为脂肪类型鉴别的起始原料。

（4）脂肪及脂肪酸的结构和性质 脂肪即甘油三酸酯的形成及结构如下：

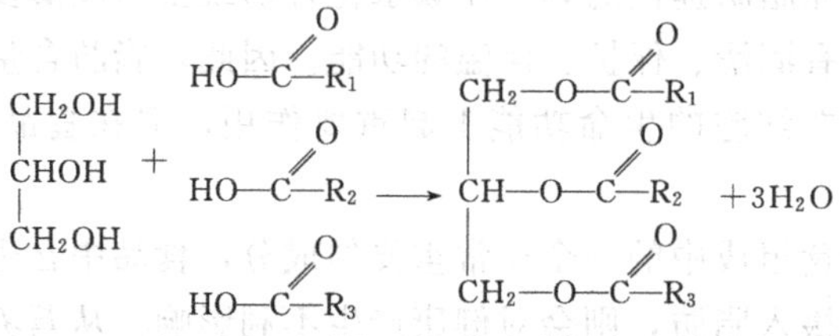

$$
\begin{array}{c}
\text{CH}_2\text{OH} \\
| \\
\text{CHOH} \\
| \\
\text{CH}_2\text{OH}
\end{array}
+
\begin{array}{c}
\text{HO}-\overset{\displaystyle O}{\overset{\|}{\text{C}}}-\text{R}_1 \\
\text{HO}-\overset{\displaystyle O}{\overset{\|}{\text{C}}}-\text{R}_2 \\
\text{HO}-\overset{\displaystyle O}{\overset{\|}{\text{C}}}-\text{R}_3
\end{array}
\longrightarrow
\begin{array}{c}
\text{CH}_2-\text{O}-\overset{\displaystyle O}{\overset{\|}{\text{C}}}-\text{R}_1 \\
| \\
\text{CH}-\text{O}-\overset{\displaystyle O}{\overset{\|}{\text{C}}}-\text{R}_2 \\
| \\
\text{CH}_2-\text{O}-\overset{\displaystyle O}{\overset{\|}{\text{C}}}-\text{R}_3
\end{array}
+3\text{H}_2\text{O}
$$

甘油　　　　脂肪酸　　　　　甘油酯

如果构成甘油酯的三个脂肪酸相同，则该甘油酯称为单纯甘油酯，否则称为混合甘油酯。

由于在甘油三酸酯中，脂肪酸的量约占分子量的 $94\%\sim96\%$，因此油脂的性质及营养价值在很大程度上由其分子组成中的脂肪酸决定。

已知存在于天然脂肪中的脂肪酸有 80 余种，大多数是偶数碳原子的直链脂肪酸。这些脂肪酸可分为两大类：

① 饱和脂肪酸，如月桂酸（C_{12}）、软脂酸（C_{16}）、硬脂酸（C_{18}）、花生酸（C_{20}）等；

② 不饱和脂肪酸，如十八碳烯-[9]-酸（油酸）、十八碳二烯-[9,12]-酸（亚油酸）、十八碳三烯-[9,12,15]-酸（亚麻酸）等。

陆上动植物脂肪中以 C_{16}、C_{18} 脂肪酸，尤以 C_{18} 脂肪酸最多，水产动物脂肪中则以 C_{20} 和 C_{22} 脂肪酸居多。在不饱和脂肪酸中，亚油酸、亚麻酸和花生四烯酸为人体必需脂肪酸（即正常生长所需，但在人体内又不能合成，必须由食物提供脂肪酸）。

世界卫生组织和联合国粮农组织推荐的膳食脂肪酸的合理组成为：饱和脂肪酸：单不饱和脂肪酸：多不饱和脂肪酸＝1：1：1。

脂肪及脂肪酸的主要化学性质如下。

① 水解和皂化　脂肪可在酸、碱、酶或高温高压条件下水解为甘油和相应的脂肪酸，在碱性溶液中水解出的脂肪酸与碱结合成为脂肪酸的盐（习惯上称为皂）。碱与脂肪酸及脂肪的作用情况可用表征脂肪特点的两项重要指标——酸价和皂化价来反映。

② 加成反应　不饱和脂肪酸可在催化剂（铂或镍）的存在下，在不饱和键上加氢，用此方法可使液态的植物油经氢化成为固态的“人造奶油”；不饱和脂肪酸也可与卤素发生加成反应，吸收卤素的量可反映不饱和双键的多少。通常用碘价来表示脂肪及脂肪酸的不饱和程度。

③ 氧化和酸败　油脂或含脂食品贮存过久或贮存条件不当，会因为空气中的氧气、日光、微生物、酶等作用而出现酸臭和口味变苦的现象，称为酸败。脂肪酸败有三种类型。

a. 水解型酸败　在酶的作用下，含低级脂肪酸较多的油脂水解出游离低级脂肪酸，如丁酸、己酸、辛酸等，使油脂具有特殊的汗臭味和苦涩滋味。

b. 酮型酸败　在微生物的作用下油脂水解产生甘油和脂肪酸，游离饱和脂肪酸在一系列酶的催化作用下生成 β-酮酸，最后脱羧成为具有苦味和臭味的低级酮类。

c. 氧化型酸败　此种类型酸败是由于油脂中的不饱和脂肪酸在空气中发生自动氧化，生成氢过氧化物或过氧化物，进而分解产生低级的醛、酮和羧酸等，从而使油脂产生涩味和令人不快的气味。氧化酸败是含脂食品变质最普遍的原因。酸败的程度可用酸价、过氧化值、羰基价、碘价等综合衡量。

6.2　脂肪提取剂的选择

提取脂肪时，一般选择低沸点的非极性溶剂作为提取剂。分析中常用的提取剂主要有两种：无水乙醚（沸点 34.6℃）及石油醚（沸程 30～60℃）。

乙醚沸点低，溶解油脂的能力比石油醚强，目前食品脂肪含量的标准分析法几乎都采用乙醚作为提取剂。但乙醚能饱和大约 2% 的水分，含水的乙醚在抽提脂肪的同时也会抽出糖分等水溶性非脂类物质，并使提取油脂的效率降低（因水分会阻止乙醚渗入到食品的组织内部）。为避免误差，操作时必须用无水乙醚作为溶剂，被测样品也须事先干燥。

石油醚（主要是戊烷和己烷的混合物），沸程一般有 30～60℃、60～90℃ 等。测定脂肪含量时，采用前一种。石油醚溶解油脂的效果不如乙醚，但它允许样品含有少量水分，不会夹带胶态淀粉、蛋白质等物质，因此其抽出物比较接近于真实脂类。

需要注意的是：乙醚、石油醚都只适合于提取样品中的游离态脂肪，如要提取结合态脂肪，则测定前须进行必要的处理（如采用酸或碱），以破坏脂类与其他非脂成分的结合，然后再用乙醚或石油醚进行提取。在有些样品测定中，可采用加入醇类的办法，常用的有乙醇和正丁醇，它可以使结合态脂肪与其他非脂成分分离，待结合态脂肪析出后，再用有机溶剂提取便可以取得较为满意的效果。

氯仿-甲醇是另一种有效的提取剂，它对于脂蛋白、磷脂等的提取效率很高，尤其适用于鱼、肉、家禽等样品的测定。

而以水饱和的正丁醇是谷类食品的有效提取剂，但由于正丁醇无法抽提出样品中的全部脂类且具有令人不快的臭味，因此其应用受到限制。

6.3　样品的预处理

用溶剂提取食品中的脂类时，需要根据样品本身的性质和选用的测定方法，对待检样品进行适当处理，以确保获得准确的结果。

用乙醚、石油醚作提取剂时，样品须烘干、磨细，因水分会降低提取剂的提取效率，但干燥方法和温度要适当，以免脂肪发生降解或氧化。对于易结块的样品，可加入4～6倍量的海砂；而含水量较高的样品，可加入适量无水硫酸钠，使样品呈散粒状。

对于面粉及其焙烤制品，如面包、点心等，由于乙醚不易渗入样品颗粒内部，或由于脂类与蛋白质、碳水化合物形成结合脂类，直接用乙醚提取效果不佳，可采取在样品中加入一定量的强酸（如硫酸、盐酸等），在加热的条件下使非脂成分水解，脂肪以游离态析出后再用乙醚抽提。酸水解法还可用于干酪、蛋及蛋制品、鱼及鱼制品等多种食品。

牛乳中的脂类以脂肪球的形式存在，它的周围有一层膜，使脂肪球得以在乳中保持乳浊液的稳定状态。采用一定浓度的硫酸或浓氨水，可以使非脂成分溶解，牛乳中的酪蛋白钙盐转变为可溶性的重硫酸酪蛋白或酪蛋白铵盐，脂肪球膜被软化破坏，脂肪即可游离出来。

6.4　脂肪含量的测定方法

6.4.1　索氏抽提法

本法可用于各类食品中脂肪含量的测定，特别适用于脂肪含量较高而结合态脂类含量少、易烘干磨细、不易潮解结块的样品。此法对大多数样品测定结果准确，是一种经典分析方法，但操作费时，而且溶剂消耗量大。

（1）原理　利用脂肪能溶于有机溶剂的性质，在索氏提取器中将样品用无水乙醚或石油醚等溶剂反复萃取，提取样品中的脂肪后，蒸去溶剂所得的物质即为脂肪或称粗脂肪。因为提取物中除脂肪外，还含有色素及挥发油、蜡、树脂、游离脂肪酸等物质。

索氏抽提法所测得的脂肪为游离态脂肪。

（2）仪器

① 索氏提取器，如图 6-1 所示。

② 电热鼓风干燥箱。

（3）试剂

① 无水乙醚（不含过氧化物）或石油醚（沸程30～60℃）。

② 纯海砂：粒度 0.65～0.85mm，二氧化硅的质量分数不低于 99%。

③ 滤纸筒。

（4）操作方法

① 样品处理

a. 固体样品　准确称取 2～5g 均匀样品（可取测定水分后的样品），必要时拌以海砂，装入滤纸筒内。

b. 液体或半固体样品　准确称取 5～10g 样品，置于蒸发皿中，加入海砂约20g，搅匀后于沸水浴上蒸干，然后在 95～105℃ 下干燥。研细后全部转入滤纸筒内，用沾有乙醚的脱脂棉擦净所用器皿，并将棉花也放入滤纸筒内。

② 索氏提取器的清洗　将索氏提取器各部位充分洗涤并用蒸馏水清洗后烘干。脂肪烧瓶在 103℃±2℃ 的烘箱内干燥至恒重（前后两次称量差不超过 2mg）。

③ 测定　将滤纸筒放入索氏提取器的抽提筒内，连接已干燥至恒重的脂肪烧瓶，由抽提器冷凝管上端加入乙醚或石油醚至瓶内容积的 2/3 处，通入冷凝水，将底瓶浸没在水浴中加热，用一小团脱脂棉轻轻塞入冷凝管上口。

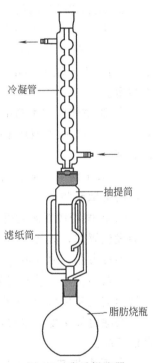

冷凝管

抽提筒

滤纸筒

脂肪烧瓶

图 6-1　索氏提取器

水浴温度应控制在使提取液每 6～8min 回流一次，提取时间视试样中粗脂肪含量而定：一般样品提取 6～12h，坚果样品提取约 16h。提取结束时，用毛玻璃板接取一滴提取液，如无油斑则表明提取完毕。

取下脂肪烧瓶，回收乙醚或石油醚。待烧瓶内乙醚仅剩下 1～2mL 时，在水浴上赶尽残留的溶剂，于 95～105℃ 下干燥 2h 后，置于干燥器中冷却至室温，称量。继续干燥 30min 后冷却称量，反复干燥至恒重。

（5）计算

$$X = \frac{m_1 - m_0}{m} \times 100$$

式中　X——食品中粗脂肪的质量分数，%；

　　m_1——脂肪和脂肪烧瓶的总量，g；

　　m_0——脂肪烧瓶的质量，g；

　　m——样品的质量，g。

（6）说明及注意事项

① 索氏抽提器是利用溶剂回流和虹吸原理，使固体物质每一次都被纯的溶剂所萃取，而固体物质中的可溶物则富集于脂肪烧瓶中。

② 乙醚是易燃、易爆物质，实验室要注意通风并且不能有火源。挥发乙醚时不能直火加热，应采用水浴。

③ 样品滤纸包高度不能超过虹吸管，否则上部脂肪不能提尽而造成误差。

④ 样品和醚浸出物在烘箱中干燥时，时间不能过长，以防止极不饱和的脂肪酸受热氧化而增加质量。一般在真空干燥箱中于 70～75℃干燥 1h；普通干燥箱中于 95～105℃干燥 1～2h，冷却称重后，再于同样温度下干燥 0.5h，如此反复干燥至恒重。

⑤ 脂肪烧瓶在烘箱中干燥时，瓶口侧放，以利空气流通。而且先不要关上烘箱门，于 90℃以下鼓风干燥 10～20min，驱尽残余溶剂后再将烘箱门关紧，升至所需温度。

⑥ 对于糖类、碳水化合物含量较高的样品，可先用冷水处理以除去糖分，干燥后再提取脂肪。

⑦ 乙醚若放置时间过长，会产生过氧化物。过氧化物不稳定，当蒸馏或干燥时会发生爆炸，故使用前应严格检查，并除去过氧化物。

检查方法：取 5mL 乙醚于试管中，加 100 g·L^{-1} KI 溶液 1mL，充分振摇 1min。静置分层。若有过氧化物则放出游离碘，水层呈黄色（或加 4 滴 5g·L^{-1} 淀粉指示剂显蓝色），则该乙醚需处理后使用。

去除过氧化物的方法：将乙醚倒入蒸馏瓶中，加一段无锈铁丝或铝丝，收集重蒸馏乙醚。

⑧ 反复加热可能会因脂类氧化而增重，质量增加时，以增重前的质量作为恒重。

6.4.2　碱性乙醚法

本法也称哥特里-罗紫法，适用于乳、乳制品及冰淇淋中脂肪含量的测定，是乳及乳制品脂类测定的国际标准方法。采用湿法提取，重量法定量。

（1）原理　利用氨液使乳中酪蛋白钙盐变成可溶解的铵盐，加入乙醇使溶解于氨水的蛋白质沉淀析出，然后用乙醚提取试样中的脂肪。

（2）仪器 抽脂瓶：内径 $2.0\sim2.5cm$，容积 $100mL$，如图 6-2 所示，或采用 $100mL$ 具塞刻度量筒；也可使用分液漏斗。

（3）试剂

① 氨水。

② 乙醇。

③ 乙醚，无过氧化物。

④ 石油醚，沸程 $30\sim60℃$。

（4）操作方法 准确称取 $1\sim1.2g$ 样品，加 $10mL$ 水溶解（液体样品直接吸取 $10.00mL$），置于抽脂瓶中，加入浓氨水 $1.25mL$，盖好后充分混匀，置 $60℃$ 水浴中加热 $5min$，振摇 $2min$。加入乙醇 $10mL$，充分混合，于冷水中冷却后，加入 $25mL$ 乙醚，用塞子塞好后振摇 $0.5min$。再加入 $25mL$ 石油醚，振摇 $0.5min$，小心开塞，放出气体。

静置 $30min$，待上层液澄清后，读取醚层总体积❶。放出醚层至一已恒重的烧瓶中，记录放出的体积。蒸馏回收乙醚后，烧瓶放在水浴上赶尽残留的溶剂，置 $102℃\pm2℃$ 干燥箱中干燥 $2h$，取出放干燥器内冷却 $0.5h$ 后称重，反复干燥至恒重（前后两次质量差不超过 $1mg$）。

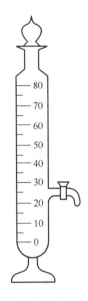

图 6-2 抽脂瓶

（5）计算

$$X=\frac{m_1-m_0}{m(V_1/V_0)}\times100$$

式中 X——样品中脂肪的质量分数（或质量浓度），%[或 $g\cdot(100mL)^{-1}$]；

m_1——烧瓶加脂肪的质量，g；

m_0——烧瓶质量，g；

m——样品质量（或体积），g（或 mL）；

V_0——乙醚层的总体积，mL；

V_1——放出乙醚层体积，mL。

（6）说明及注意事项

① 操作时加入石油醚，可减少抽出液中的水分，使乙醚不与水混溶，大大减少了可溶性非脂成分的抽出，石油醚还可使分层清晰。

② 如使用具塞量筒，澄清液可从管口倒出，或装上吹管将上层清液吹出，但要小心不要搅动下层液体。

---

❶ 采用分液漏斗时，待上层液澄清后，将装废液的小烧杯置于漏斗下，并将瓶盖打开，旋开活塞，让下部水层慢慢流出（注意不要搅动上层液体！），水层完全放出后，关上活塞，从瓶口将澄清透明的脂肪层倾入已恒重的干燥烧瓶中。用 $5\sim10mL$ 乙醚洗涤分液漏斗 $2\sim3$ 次，洗液一并倒入烧瓶中，按以上方法回收乙醚并干燥。

③ 此法除可用于各种液态乳及乳制品中脂肪的测定外，还可用于豆乳或加水呈乳状的食品。

6.4.3 酸水解法

本法测定的脂肪为总脂肪，适用于加工食品和结块食品以及不易除去水分的样品，但酸水解法不宜用于磷脂含量较高的食品。

（1）原理　利用强酸破坏蛋白质、纤维素等组织，使结合或包藏在食品组织中的脂肪游离析出，然后用乙醚提取，除去溶剂即得脂肪含量。

（2）主要仪器　100mL 具塞量筒。

（3）试剂

① 盐酸。

② 乙醇（$\varphi=95\%$）。

③ 乙醚。

④ 石油醚。

（4）操作方法

① 样品处理

a. 固体样品　准确称取样品约 2g，置于 50mL 试管中，加水 8mL，混匀后再加盐酸 10mL。

b. 液体样品　称取样品 10.00g，置于 50mL 试管中，加盐酸 10mL。

② 测定　将试管放入 70～80℃ 水浴中，每隔 5～10min 用玻璃棒搅拌一次，至样品消化完全，消化时间约 40～50min。

取出试管，加入 10mL 乙醇，混匀。冷却后将混合物移入 100mL 具塞量筒中，以 25mL 乙醚分数次清洗试管，洗液一并倒入量筒中。加塞振摇 1min，小心开塞放气，再加塞静置 12min。用乙醚-石油醚（1＋1）混合液冲洗塞子和筒口附着的脂肪，静置 10～20min。

待上部液体澄清后，吸取上层清液于已恒重的烧瓶内。再加 5～10mL 混合溶剂于量筒内，重复提取残留液中的脂肪。合并提取液，回收乙醚后将烧瓶置水浴上蒸干，然后置 102℃±2℃ 烘箱中干燥 2h，取出放干燥器中冷却 0.5h 后称量，反复操作至恒重。

（5）计算　计算方法同索氏抽提法。

（6）说明及注意事项

① 在用强酸处理样品时，一些本来溶于乙醚的碱性有机物质与酸结合生成不溶于乙醚的盐类，同时在处理过程中产生的有些物质也会进入乙醚，因此最后需要用石油醚处理抽提物。

② 固体样品应充分磨细，液体样品要混合均匀，否则会因消化不完全而使结果偏低。

③ 挥干溶剂后，若残留物中有黑色焦油状杂质（系分解物与水一同混入所致），可用等量的乙醚和石油醚溶解后过滤，再挥干溶剂，否则会导致测定结果偏高。

④ 由于磷脂在酸水解条件下会分解，故对于磷脂含量高的食品，如鱼、肉、蛋及其制品，大豆及其制品等不宜采用此法。对于含糖量高的食品，由于糖遇强酸易炭化而影响测定结果，因此也不适宜采用此法。

6.4.4　氯仿-甲醇提取法

本法适用于各种类型的、需要进一步测定其脂肪特性的食品。尤其是对于富含蛋白质和脂蛋白、磷脂等类脂物的样品，用此法的提取率最高。

(1) 原理　将样品分散于氯仿-甲醇混合液中，在水浴中轻微沸腾，氯仿、甲醇和试样中的水分形成三元抽取体系，能有效地将样品中脂类（包括结合态脂类）全部提取出来。经过滤除去非脂成分，回收溶剂，残留脂类用石油醚提取，然后蒸馏除去石油醚，在100℃左右的烘箱中干燥，残留物即为脂肪。

(2) 仪器

① 具塞离心管。

② 砂芯坩埚：G3。

③ 离心机：3000r/min。

(3) 试剂

① 氯仿。

② 甲醇。

③ 氯仿-甲醇混合液（2+1）。

④ 石油醚。

⑤ 无水硫酸钠：在120～135℃烘箱中干燥2h，贮于聚乙烯瓶中备用。

(4) 操作方法　准确称取样品约5g，置于200mL具塞锥形瓶中（高水分样品可加适量硅藻土使其分散，而干燥样品要加入2～3mL水以使组织膨润），加60mL氯仿-甲醇混合液，连接回流装置，于65℃水浴中加热，从微沸开始计时提取1h。取下锥形瓶，用玻璃砂芯坩埚（G3）过滤，滤液收集于另一具塞锥形瓶中，用40～50mL氯仿-甲醇混合液分次洗涤原锥形瓶、过滤器及试样残渣（边洗边用玻璃棒搅拌残渣），洗液与滤液合并，将锥形瓶置于65～70℃水浴中蒸馏回收溶剂，至瓶内物料呈浓稠状（不能使其干涸）。冷却后加入25mL石油醚溶解内容物，再加入15g无水硫酸钠，立即加塞振荡1min，将醚层移入具塞离心管中，以3000r/min速度离心5min。用移液管迅速吸取10.0mL澄清的石油醚于预先已恒重的称量瓶中，蒸发除去石油醚后于100～105℃烘箱中干燥30min，置于干燥条件下放置45min后称量。

(5) 计算

$$X = \frac{m_1 - m_0}{m(10/25)} \times 100$$

式中　X——样品中脂类的质量分数，%；

m_1——称量瓶加脂类的质量，g；

m_0——称量瓶质量，g；

m——样品质量，g；

10/25——分取倍数（由 25mL 石油醚中吸取 10mL 进行干燥）。

（6）说明及注意事项

① 过滤时不能使用滤纸，因为磷脂会被吸收到纸上。

② 蒸馏回收溶剂时不能完全干涸，否则脂类难以溶解于石油醚而使结果偏低。

③ 无水硫酸钠必须在石油醚之后加入，以免影响石油醚对脂肪的溶解。

6.4.5 其他测定方法简介

脂肪的测定方法还有很多，下面介绍几种较为简便的方法，需要时可参考有关食品分析书籍。

（1）盖勃氏法　本法适用于鲜乳中脂肪的测定。

牛乳与硫酸按一定比例混合后，牛乳中的全部成分除脂肪外均留在硫酸中，再加异戊醇使脂肪游离，乳脂瓶口的读数即为牛乳脂肪的质量分数。

本法所用的仪器主要有：乳脂离心机、盖勃氏乳脂瓶（如图 6-3 所示）。

（2）巴布科克氏法　本法适用于鲜乳中脂肪的测定。

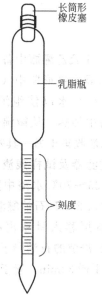

图 6-3　盖勃氏乳脂瓶

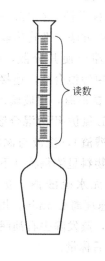

图 6-4　巴布科克氏乳脂瓶

利用硫酸溶解乳中的蛋白质和乳糖，使脂肪迅速而完全地分离出来，直接读取脂肪层读数即可得到脂肪的质量分数。

本法所用的主要仪器有：乳脂离心机、巴布科克氏乳脂瓶（如图 6-4 所示）。

以上两种方法均为湿法提取，样品不需事先干燥。用容量法定量，操作较为方便，是乳及乳制品的常规分析方法。

（3）伊尼霍夫氏碱法　在碱性溶液中，牛乳中的酪蛋白钙盐转变为可溶性的钠盐，再以醇混合液使脂肪球游离并密集成层，测出其容积，即表示脂肪含量，本法适用于鲜乳中脂肪含量的测定，所用仪器为盖勃氏乳脂瓶。

（4）折射率法　具有高折射率的溶剂溶解油脂后，混合液的折射率与纯溶剂相比将会明显降低，降低的数值与油脂的含量成正比。而且溶剂的折射率与被测样品的折射率相差越大，测定的误差就越小。因此多采用具有高折射率的 α-溴代萘（25℃折射率为 1.6571）作为溶剂。

本法可用来测定油料中的含油量，也可用于测定蔬菜制品、罐藏肉制品、鱼及鱼制品、巧克力、面食制品中的脂肪含量。

利用折射率测定食品中的脂肪含量，简便快速，适合于在生产上应用，但此法的准确性较差。

6.5　油脂酸价的测定

酸价是指中和 1g 油脂中游离脂肪酸所需氢氧化钾的毫克数。

成熟、新鲜的油料中所榨取的油脂，几乎全是甘油三酸酯，用碱液检查时呈中性。但油脂中由于解脂酶的存在，以及细菌、霉菌、环境条件的影响，则会水解产生一定量的游离脂肪酸，从而使油脂的品质变劣，严重时甚至发生酸败而不能食用。酸价是反应油脂质量的主要技术指标之一。

（1）原理　油脂中的游离脂肪酸与 KOH 发生中和反应，由 KOH 标准溶液的消耗量可计算出油脂的酸价。反应式如下：

$$RCOOH + KOH \longrightarrow RCOOK + H_2O$$

（2）试剂
① 酚酞指示剂（10g·L^{-1}）。
② 氢氧化钾标准溶液[$c(KOH) = 0.1mol·L^{-1}$]。
③ 中性乙醇-乙醚（1+2）：临用前以酚酞为指示剂，用所配的 KOH 溶液中和至刚呈淡红色，且 30s 内不退色为止。

（3）操作方法　准确称取 3～5g 均匀样品置于锥形瓶中，加入 50mL 中性乙醇-乙醚混合溶剂，振摇使样品溶解，加入 2～3 滴酚酞指示剂，用氢氧化钾标准溶液[$c(KOH) = 0.1mol·L^{-1}$]滴定至出现微红色 30s 不消失即为终点。

（4）计算

$$酸价 = \frac{Vc \times 56.11}{m}$$

式中　V——样品消耗 KOH 标准溶液的体积，mL；

　　　c——KOH 标准溶液的浓度，mol·L^{-1}；

　　　m——样品质量，g。

（5）说明及注意事项

① 中国"食用植物油卫生标准"规定：酸价，花生油、菜子油、大豆油≤4，棉子油≤1。油脂的酸价越高，说明其质量越差、越不新鲜。

② 在没有氢氧化钾标准溶液的情况下，实验时也可用氢氧化钠溶液代替，但计算公式不变，即仍以氢氧化钾的摩尔质量（56.11）参与计算。

③ 实验中加入乙醇，可防止反应中生成的脂肪酸钾盐离解，乙醇的浓度最好大于 40%。

④ 如果油样颜色过深，终点判断困难时，可减少试样用量或适当增加混合溶剂的用量。也可将指示剂改为百里酚酞（1%乙醇溶液）终点由无色→蓝色。

⑤ 酸价较高的油脂可适当减少称样质量。

⑥ 油脂中游离脂肪酸以百分含量表示时，可按下式换算：

$$游离脂肪酸(\%) = 酸价 \times f$$

式中，f 为不同脂肪酸的换算系数，常见油脂的换算系数：油酸 0.503；软脂酸 0.456；月桂酸 0.356；芥酸 0.602。

计算游离脂肪酸含量时，以测定样品中的主要脂肪酸计，一般样品以油酸计；棕榈油以软脂酸计；椰子油以月桂酸计；菜子油以芥酸计。

6.6　油脂碘价的测定

碘价是 100g 油脂所吸收的氯化碘或溴化碘，换算成碘的克数。碘价的高低表示油脂中脂肪酸的不饱和程度。

（1）原理　在溴化碘的酸性溶液中，溴化碘与不饱和的脂肪酸起加成反应，游离的碘可用硫代硫酸钠溶液滴定，从而计算出被测样品所吸收的溴化碘的克数。

（2）仪器　碘价瓶：250mL。

（3）试剂

① 硫代硫酸钠标准溶液[$c(Na_2S_2O_3) = 0.1$mol·L^{-1}]：配制及标定方法参见附录 I。

② 溴化碘乙酸溶液：溶解 13.2g 碘于 1000mL 冰乙酸中，冷却至 25℃时，取出 20mL，用硫代硫酸钠溶液[$c(Na_2S_2O_3) = 0.1$mol·L^{-1}]测定其含碘量。按

126.1g 碘相当于 79.92g 溴，溴的密度约为 $3.1g \cdot cm^{-3}$，计算溴的加入量（注意溴有毒！）。加入溴后，再用硫代硫酸钠溶液$[c(Na_2S_2O_3) = 0.1mol \cdot L^{-1}]$滴定并校正溴的加入量，使加溴后的滴定体积刚好为加溴前的 2 倍。

③ 碘化钾溶液（$150g \cdot L^{-1}$）。

④ 淀粉溶液（$10g \cdot L^{-1}$）。

（4）操作方法　准确称取油样 0.1～0.25g，置于干燥碘价瓶中，加入 10mL 氯仿溶解。准确加入溴化碘乙酸溶液 25mL，加塞，于暗处放置 30min（碘价高于 130 者放置 60min），不时振摇。然后加入碘化钾溶液 20mL，塞严，用力振摇。以 100mL 新煮沸后冷却的蒸馏水将瓶口和瓶塞上的游离碘洗入瓶内，混匀。用硫代硫酸钠标准溶液滴至淡黄色时，加入淀粉指示剂 1mL，继续滴定至蓝色消失为终点（近终点时用力振摇，使溶于氯仿的碘析出）。

在相同条件下做一空白试验。

（5）计算

$$碘价 = \frac{c(V_1 - V_2) \times 0.1269}{m} \times 100$$

式中　c——硫代硫酸钠标准溶液的浓度，$mol \cdot L^{-1}$；

V_1——空白滴定时硫代硫酸钠标准溶液的用量，mL；

V_2——样品滴定时硫代硫酸钠标准溶液的用量，mL；

m——样品质量，g。

（6）说明及注意事项

① 根据碘价的大小，习惯上将油脂分为干性油（碘价＞130）、半干性油（碘价 100～130）、不干性油（碘价＜100），将干性油涂成薄层暴露在空气中会逐渐变黏稠，最后形成坚韧的膜。

② 加成反应的时间在 30～60min，根据碘价的大小决定。碘价低于 130 的油脂样品，放置 30min，碘价高于 130 的样品，需放置 60min，以使加成反应进行完全。

常见油脂的碘价为：大豆油 120～141；棉子油 99～113；花生油 84～100；菜子油 97～103；芝麻油 103～116；葵花子油 125～135；茶子油 80～90；核桃油 140～152；棕榈油 44～54；可可脂 35～40；牛脂 40～48；猪油 52～77。碘价大的脂肪，说明其组成中不饱和脂肪酸含量高或不饱和程度高。

6.7　油脂皂化价的测定

皂化价（皂化值）是指 1g 油脂完全皂化时所需氢氧化钾的毫克数。用以鉴定油脂中所含脂肪酸的性质，并估计油脂中杂质的含量。

（1）原理 油脂与氢氧化钾乙醇溶液共热时，发生皂化反应（生成钾肥皂），剩余的碱可用标准酸滴定，从而可计算出中和油脂所需氢氧化钾的毫克数。

（2）试剂

① 中性乙醇（$\varphi=95\%$）：以酚酞为指示剂，用 $0.1mol \cdot L^{-1}$ 氢氧化钾溶液中和至中性。

② 氢氧化钾乙醇溶液[$c(KOH)=0.5mol \cdot L^{-1}$]：称取氢氧化钾 30g，溶于乙醇（$\varphi=95\%$），并定容至 1000mL，摇匀，静置 24h 后倾出上层清液，贮于装有苏打石灰球管的玻璃瓶中。

③ 盐酸标准溶液[$c(HCl)=0.5mol \cdot L^{-1}$]。

④ 酚酞指示剂（$10g \cdot L^{-1}$）。

（3）测定 准确称取混匀试样 2g，注入锥形瓶中，加入 25.0mL 0.5mol·L^{-1} 氢氧化钾乙醇溶液，接上冷凝管，在水浴上煮沸约 30min（不时摇动），煮至溶液清澈透明后，停止加热。取下锥形瓶，用 10mL 中性乙醇冲洗冷凝管下端，加酚酞指示剂 5～6 滴，趁热用 0.5mol·L^{-1} 盐酸标准溶液滴定至红色消失为止。

在同样条件下做一空白试验。

（4）计算

$$皂化价 = \frac{c(V_1-V_2) \times 56.1}{m}$$

式中 c——盐酸标准溶液的浓度，mol·L^{-1}；

V_1——空白滴定消耗盐酸标准溶液的体积，mL；

V_2——样品滴定消耗盐酸标准溶液的体积，mL；

m——样品质量，g。

（5）说明及注意事项

① 脂肪的皂化价反映组成油脂的各种脂肪酸混合物的平均分子量大小，皂化价越大，脂肪酸混合物的平均分子量就越小，反之亦然。一般油脂的皂化价在 200 左右，皂化价较大的食用脂肪熔点较低，消化率较高。常见油脂的皂化价为：棉子油 189～198；花生油 188～195；大豆油 190～195；菜子油 170～180；芝麻油 188～195；葵花子油 188～194；茶子油 188～196；核桃油 189～198；棕榈油 195～205；可可脂 190～200；牛脂 190～199；猪油 190～202。

② 所使用的乙醇必要时须精制，精制方法：称取硝酸银 2g，加水 3mL，注入 1000mL 乙醇中，用力振荡。另取氢氧化钠 3g，溶于 15mL 热乙醇中，冷却后注入主液，充分摇动，静置 1～2 周，待澄清后吸取清液蒸馏。

③ 皂化时，氢氧化钾中和的是油脂中的全部脂肪酸，包括游离脂肪酸和结合脂肪酸（甘油酯在碱性条件下水解）。

④ 根据所测定的皂化价和酸价可计算油脂的酯价，酯价即皂化 1g 油脂中的酯

所需氢氧化钾的毫克数，酯价＝皂化价－酸价。

6.8 油脂过氧化值的测定

定量测定油脂的过氧化值（或称过氧化价）可以了解油脂自动氧化进行的程度。过氧化值有各种不同的表示方法，一般用碘的百分数表示，也可采用每千克样品中含过氧化物的毫摩尔数表示。

（1）原理 油脂氧化过程中产生过氧化物，当与碘化氢反应时析出碘，用硫代硫酸钠标准溶液滴定，计算过氧化值。反应式如下：

$$CH_3COOH + KI \longrightarrow CH_3COOK + HI$$

$$2HI + \begin{matrix} R_1-CH-CH-R_2 \\ | \quad | \\ O-O \end{matrix} \longrightarrow \begin{matrix} R_1CH-CHR_2 \\ \diagdown O \diagup \end{matrix} + H_2O + I_2$$

$$I_2 + 2Na_2S_2O_3 \longrightarrow 2NaI + Na_2S_4O_6$$

（2）仪器 碘价瓶：250mL。

（3）试剂

① 饱和碘化钾溶液：称取 14g 碘化钾，加 10mL 水溶解，必要时微热使其溶解，冷却后贮于棕色瓶，临用时配制。

② 三氯甲烷-冰乙酸混合液：量取 40mL 三氯甲烷，加 60mL 冰乙酸，混匀。

③ 硫代硫酸钠标准溶液[$c(Na_2S_2O_3) = 0.002 mol \cdot L^{-1}$]。

④ 淀粉指示剂（$10g \cdot L^{-1}$）。

（4）操作方法 准确称取 2～3g 混匀样品（必要时过滤），置于碘价瓶中，加 30mL 三氯甲烷-冰乙酸混合液，立即摇动使样品完全溶解。加入 1.00mL 饱和 KI 溶液，加塞后轻轻振摇 0.5min，放置暗处 3min。取出加 100mL 水，摇匀，立即用硫代硫酸钠标准溶液滴定，至淡黄色时，加入 1mL 淀粉指示剂，继续滴定至蓝色消失为终点。同时做一空白试验。

（5）计算

$$X = \frac{c(V_1 - V_2) \times 126.9}{1000m} \times 100$$

式中 X——样品中过氧化值的质量分数，%；

$\quad V_1$——样品消耗硫代硫酸钠标准溶液的体积，mL；

$\quad V_2$——试剂空白消耗硫代硫酸钠标准溶液的体积，mL；

$\quad c$——硫代硫酸钠标准溶液的浓度，$mol \cdot L^{-1}$；

$\quad m$——样品质量，g；

$\quad 126.9$——与 1.00mL 硫代硫酸钠标准溶液[$c(Na_2S_2O_3) = 1.000 mol \cdot L^{-1}$]相当

的碘的克数。

（6）说明及注意事项

① 中国"食用植物油卫生标准（GB 2716—85）"规定：过氧化物值（出厂）≤0.15％。

部分食品卫生标准对产品中过氧化值的限量规定（单位 mmol·kg⁻¹）为，花生油、火腿（一级鲜度）≤20；猪油≤16；人造奶油≤12；方便面（油炸，以脂肪计）≤0.25；糕点、饼干、面包（以脂肪计）≤0.25。

② 过氧化值若采用 mmol·kg⁻¹ 表示时，可按下式换算：$X(\%)×78.8$。

③ 加入碘化钾后，静置时间长短以及加水量的多少，对测定结果均有影响。

④ 当过氧化值较高时，可减少取样量，或改用浓度稍大的硫代硫酸钠溶液滴定，以使滴定体积处于最佳范围。过氧化值较低时，可用微量滴定管进行滴定。

⑤ 固态油样可微热溶解，并适当多加一些溶剂。

⑥ 三氯甲烷不得含有光气等氧化物，否则应进行处理。

检查方法：量取 10mL 三氯甲烷，加 25mL 新煮沸过的水，振摇 3min，静置分层后，取 10mL 水液，加入数滴碘化钾溶液（$\rho=15\%$）和淀粉指示剂，振摇后应不显蓝色。

处理方法：于三氯甲烷中加入 1/10～1/120 体积的硫代硫酸钠溶液（$\rho=20\%$）洗涤，再用水洗后加入少量无水氯化钙脱水后进行蒸馏。弃去最初和最后的 1/10 馏出液，收集中间馏出液备用。

6.9 油脂羰基价的测定

羰基价，即每千克样品中含醛类物质的毫摩尔数，可反映油脂的酸败程度。食品中羰基价的测定方法为 2,4-二硝基苯肼比色法。

（1）原理 油脂氧化所生成的过氧化物进一步分解为含羰基的化合物，羰基化合物能与 2,4-二硝基苯肼反应生成腙，生成物再与氢氧化钾共热则转变为具有褐红色或酒红色的醌型结构。在最大波长 440nm 处测定吸光度，计算油样中的羰基价。

反应式如下：

（2）仪器 分光光度计。

（3）试剂

① 精制乙醇：取 1000mL 无水乙醇，置于 2000mL 圆底烧瓶中，加入 5g 铝粉、10gKOH，接好标准接口的回流冷凝管，在水浴上加热回流 1h。然后用全玻璃蒸馏装置蒸馏，收集馏液。

② 精制苯：取 500mL 苯，置于 1000mL 分液漏斗中，加入 50mL 硫酸，小心振摇 5min，开始振摇时注意放气。静置分层后弃去硫酸层，再加 50mL 硫酸重复处理一次。将苯层移入另一分液漏斗中，用水洗涤三次，然后经无水硫酸钠脱水，用全玻璃蒸馏装置蒸馏，收集馏液。

③ 2，4-二硝基苯肼溶液：称取 50mg 2，4-二硝基苯肼，溶于 100mL 精制苯中。

④ 三氯乙酸溶液：称取 4.3g 固体三氯乙酸，加 100mL 精制苯溶解。

⑤ 氢氧化钾-乙醇溶液：称取 4g 氢氧化钾，加 100mL 精制乙醇使其溶解，置冷暗处过夜，取上部澄清液使用。如果溶液变黄褐色则应重新配制。

（4）操作方法 准确称取 0.025～0.5g 样品，置于 25mL 容量瓶中，加苯溶解并定容至刻度。吸取 5.0mL，置于 25mL 具塞试管中，加三氯乙酸 3mL、2，4-二硝基苯肼溶液 5mL，仔细振摇均匀，在 60℃水浴中加热 30min。冷却后，沿管壁慢慢加入 10mL 氢氧化钾-乙醇溶液，使成为二液层，加塞，剧烈振摇均匀，放置 10min。以 1cm 比色皿，用试剂空白调零，于波长 440nm 处测定吸光度。

（5）计算

$$X = \frac{A}{854m(V_2/V_1)} \times 1000$$

式中 X——样品的羰基价，$mmol \cdot kg^{-1}$；

A——测定时样液吸光度；

m——样品质量，g；

V_1——样品稀释后的总体积，mL；

V_2——测定用样品稀释液的体积，mL；

854——各种醛的毫摩尔吸光系数的平均值。

（6）说明及注意事项

① 三氯乙酸是较强的有机酸，提供酸性环境，同时对生成腙有催化作用。

② 经反复煎炸过的油脂，羰基化合物增加，品质下降。对食用油脂中羰基价的规定为：食用植物油≤20mmol·kg⁻¹；食用煎炸油≤50mmol·kg⁻¹。

③ 由于油脂氧化过程中生成的羰基化合物是多种醛类的混合物，组成不确定，因此计算时采用各种醛的毫摩尔吸光系数的平均值进行计算，以求得样品的羰基价。

思考与习题

1. 说明脂肪的主要生物学功能及合理的膳食中脂肪的摄入量和组成。

2. 为什么乙醚提取物只能称为粗脂肪？粗脂肪中主要包含哪些组分？

3. 简述食品中脂肪的主要存在形式。如何选择脂肪提取溶剂以及使用乙醚时应注意的事项有哪些？

4. 牛乳中脂肪的存在方式？用有机溶剂提取前应如何处理，为什么？

5. 说明索氏抽提器的提取原理及应用范围。

6. 潮湿的样品可否采用乙醚直接提取，为什么？

7. 油脂酸价的定义？酸价的高低对油脂品质有何影响？油脂中游离脂肪酸与酸价的关系？测定酸价时加入乙醇有何目的？

8. 取花生油 4.37g，按上述实验方法测定酸价，消耗 0.1037mol·L^{-1}氢氧化钾标准溶液 2.78mL，该油脂的酸价为多少？是否符合国家食品卫生标准？

9. 说明皂化价的定义以及酸价、皂化价和酯价之间有何关系。

10. 哪些指标可以表明脂肪的特点，它们表明了脂肪哪些方面的特点？

11. 简述碘价的定义和测定原理。

12. 简述过氧化值和羰基价的测定意义和测定原理。

7 糖类的测定

糖类又称碳水化合物，是生物界三大基础物质之一，也是人类生命活动所需能量的主要供给源，在自然界分布很广。

人类膳食中的糖类主要来自植物性原料，即谷物食品和水果、蔬菜等。由于受代谢过程的影响，动物性食品除蜂蜜外，一般含糖甚微。现代营养学观点认为：合理的膳食组成中来自糖类的能量应占总热能需要量的 50%～70%。

食品中的糖类以多种形态存在，但从代谢和供给人热能的意义上来说并不是同样等效的。据此可将总碳水化合物分为两大类。

① 有效碳水化合物：包括单糖、双糖、糊精、淀粉和糖原（动物性淀粉）。

② 无效碳水化合物：包括天然存在的纤维素、半纤维素、木质素、果胶以及因工艺需要加入到食物中的微量多糖（如琼脂、海藻胶等）。

构成植物细胞壁的无效碳水化合物又称膳食纤维，膳食纤维虽然不能被人体消化吸收，但它在维护人体健康方面所起的作用并不亚于其他营养素。

7.1　食品中的糖

食品中糖类的含量是标志食品营养价值的一个重要指标，因此对食品中糖含量的测定在营养学上具有十分重要的意义。

食品中的糖类包括单糖、低聚糖和多糖，它们在一定条件下可以相互转化，即简单的碳水化合物可以缩合为高分子的复杂碳水化合物，缩合物水解后又可生成简单的碳水化合物。利用这种性质，分析中可以采用适当条件，将某些低聚糖和多糖水解为单糖后，利用单糖的还原性质进行测定：

$$\text{低聚糖、多糖} \xrightarrow{\text{酸或酶}} \text{单糖}$$

单糖是指用水解方法不能加以分解的碳水化合物，如葡萄糖、果糖等。单糖易溶于水、有甜味、具有旋光性，尤为重要的是所有的单糖都具有还原性，能被一些弱的氧化剂所氧化。目前几乎所有测定食品中还原糖的标准分析法都是以单糖与费林试剂的反应为基础的。

低聚糖是指聚合度（单糖残基数）≤10 的复杂碳水化合物，生物学上和食品分析中最重要的低聚糖是双糖。食物中天然存在的双糖类有蔗糖、乳糖、麦芽糖等，它们的通式为 $C_{12}H_{22}O_{11}$。双糖在酸或酶的作用下可水解为它们的初始形成物。例如，食品中大量存在并在加工中广泛使用的蔗糖，水解产物是等分子量的葡萄糖和果糖（又称转化糖）。人及其他哺乳类动物的乳汁中所含的乳糖，水解产物为葡萄糖和半乳糖。而饴糖的主要组分麦芽糖则水解产生葡萄糖。

多糖（高聚糖）是由许多单糖或其衍生物用糖苷键结合而成的高分子化合物，如淀粉、纤维素、果胶、琼脂、糖原等。根据其水解后生成相同或不相同的单糖又可将其分为均一多糖及混合多糖。多糖一般难溶于水或在水中呈胶态，无甜味，无还原性。多糖可在一定条件下水解成单糖。例如重要的多糖：通式为 $(C_6H_{10}O_5)_n$ 的淀粉和纤维素，水解后均生成葡萄糖；琼脂的水解产物为半乳糖；而果胶则水解产生半乳糖醛酸。糖原是动物体内贮藏糖类的一种形式，它可以存在于肝脏及肌肉中。糖原的结构与支链淀粉相似，也是由 α-D-葡萄糖以糖苷键相连而成。

食品中糖类的含量差别很大，粮豆及其加工品含有大量淀粉，稻米、小麦中淀粉含量约为 70%，干燥豆类约为 36%～47%；动物肌肉组织中糖原含量一般低于 1%，而肝脏中一般为 1.4%～4%。

水果是单糖和双糖的丰富来源，鲜果中含葡萄糖 0.96%～5.82%，果糖 0.85%～6.53%。大多数水果中蔗糖含量较低，但西瓜、菠萝中含量较高，分别达 4% 和 7.9% 左右。

7.2 还原糖的测定

7.2.1 糖类的提取和澄清

还原糖最常用的提取方法是温水（40～50℃）提取。例如糖及糖制品、果蔬及果蔬制品等通常都是用水作提取剂。但对于淀粉、菊糖含量较高的干果类，如板栗、菊芋、豆类及干燥植物样品，用水提取时会使部分淀粉、糊精等进入溶液而影响分析结果，故一般采用乙醇溶液 [φ（乙醇）= 75%～85%] 作为这类样品的提取剂（若样品含水量高，可适当提高乙醇溶液的浓度，使混合后的最终浓度落在上述范围）。

在糖类提取液中，除了所需测定的糖分外，还可能含有蛋白质、氨基酸、多糖、色素、有机酸等干扰物质，这些物质的存在将影响糖类的测定并使下一步的过滤产生困难。因此，需要在提取液中加入澄清剂以除去这些干扰物质。而对于水果等有机酸含量较高的样品，提取时还应调节 pH 值至近中性，因为有机酸的存在会造成部分双糖的水解。

澄清剂的种类很多，使用时应根据提取液的性质、干扰物质的种类与含量以及采取的测定方法等加以选择。总的原则是：能完全除去干扰物质，但不会吸附糖类，也不会改变糖液的性质。

常用的澄清剂有以下几种。

（1）中性醋酸铅溶液［Pb（CH_3COO）$_2$·$3H_2O$］ 醋酸铅溶液适用于植物性样品、果蔬及其果蔬制品、焙烤食品、浅色糖及其糖浆制品等，是食品分析中应用最广泛也是使用最安全的一种澄清剂（一般配制成 ρ 为 10％或者 20％的浓度使用）。但中性醋酸铅不能用于深色糖液的澄清，同时还应避免澄清剂过量，否则当样品溶液在测定过程中进行加热时，残余的铅将与糖类发生反应生成铅糖，从而使测定产生误差。

有效的防止办法是在澄清作用完全后加入除铅剂，常用的除铅剂有 Na_2SO_4、$Na_2C_2O_4$ 等。

（2）醋酸锌溶液和亚铁氰化钾溶液 醋酸锌溶液：称取 21.9g 醋酸锌［Zn（CH_3COO）$_2$·$2H_2O$］溶于少量水中，加入 3mL 冰乙酸，加水稀释至 100mL。

亚铁氰化钾溶液：称取 10.6g 亚铁氰化钾［K_4Fe（CN）$_6$·$3H_2O$］，用水溶解并稀释至 100mL。

使用前取两者等量混合。这种混合试剂的澄清效果好，适用于富含蛋白质的浅色溶液，如乳及乳制品等。

（3）碱性硫酸铜溶液 硫酸铜溶液：34.6g 硫酸铜晶体溶解于水中，并稀释至500mL，用精制石棉过滤备用。

氢氧化钠溶液：称取 20gNaOH，加水稀释至 500mL。

硫酸铜-氢氧化钠（10＋4）溶液可作为牛乳等样品的澄清剂。

（4）活性炭 用活性炭可除去样品中的色素，选用动物性活性炭对糖类的吸附较少。

除以上澄清剂外，食品分析中常用的澄清剂还有碱性醋酸铅、氢氧化铝、钨酸钠等。

澄清剂的选择应根据具体样品和测定方法确定。例如，果蔬类样品可采用中性醋酸铅溶液作为澄清剂；乳制品则采用醋酸锌-亚铁氰化钾溶液或碱性硫酸铜溶液。兰-埃农法或直接滴定法不能用碱性硫酸铜作澄清剂，以免引入 Cu^{2+}，而选用高锰酸钾滴定法时不能用醋酸锌-亚铁氰化钾溶液作澄清剂，以免引入 Fe^{2+} 而影响测定结果。

7.2.2 还原糖的测定

还原糖的测定方法很多，如比色法、旋光法、比重法、滴定分析法等。选择时应根据样品中糖类物质的含量以及测定的目的和要求来确定。

7.2.2.1 兰-埃农（Lane Eynon）法

适用于各类食品中还原糖的测定。

国际食糖分析方法统一委员会将此方法定为还原糖标准分析方法之一。

（1）原理 样品除去蛋白质后，以亚甲蓝为指示剂，用样液直接滴定标定过的费林试液，达到终点时，稍微过量的还原糖即可将蓝色的亚甲蓝指示剂还原成无色，而显出氧化亚铜的鲜红色。

反应式如下：

$$CuSO_4 + 2NaOH \longrightarrow Cu(OH)_2 + Na_2SO_4 \tag{7-1}$$

$$\mathop{Cu}\limits_{OH}^{OH} + \begin{matrix} HO-CHCOONa \\ | \\ HO-CHCOOK \end{matrix} \longrightarrow Cu \begin{matrix} O-CHCOONa \\ | \\ O-CHCOOK \end{matrix} + 2H_2O \tag{7-2}$$

（A）   （B）

酒石酸钾钠铜（深蓝色）

$$2B + RC\mathop{}\limits^{O}_{H} + 2H_2O \longrightarrow Cu_2O\downarrow + 2A + RCOOH \tag{7-3}$$

还原糖   氧化亚铜（砖红色）

（2）试剂

① 费林甲液：称取 34.639g $CuSO_4 \cdot 5H_2O$，加适量水溶解，加 0.5mL 硫酸，用水稀释至 500mL，用精制石棉过滤。

② 费林乙液：称取 173g 酒石酸钾钠和 50gNaOH 于适量水中溶解，用水稀释至 500mL，用精制石棉过滤。

③ 精制石棉：石棉先用盐酸[$c(HCl)=3mol \cdot L^{-1}$]浸泡 2~3d，用水洗净，再用氢氧化钠溶液（100g $\cdot L^{-1}$）浸泡 2~3d，倾去溶液，再用热的费林乙液浸泡数小时，用水洗净。再以盐酸[$c(HCl)=3mol \cdot L^{-1}$]浸泡数小时，以水洗至不呈酸性。然后加水振摇，使成细微的浆状软纤维，用水浸泡并贮存于玻璃瓶中。处理后的石棉用于填充古氏坩埚。

④ 亚甲蓝（次甲基蓝）指示剂：10g $\cdot L^{-1}$，水溶液。

⑤ 标准葡萄糖溶液：准确称取经 105℃ 干燥过的葡萄糖 0.5g，置于小烧杯中，加水溶解后，转入 100mL 容量瓶中，用水稀释至刻度。此标准溶液浓度为 5 mg $\cdot mL^{-1}$。

⑥ 澄清剂：根据样品和测定方法选择。

（3）操作方法

① 样品处理

a. 新鲜果蔬样品 将样品洗净、擦干，并除去不可食部分。准确称取平均样品 10~25g，研磨成浆状（对于多汁的果蔬样品，如西瓜、葡萄、柑橘等，可直接榨取果汁后，吸取 10.0~25.0mL 汁液），用约 100mL 水分数次将样品转入 250mL 容量瓶中。然后用 Na_2CO_3 溶液（150g $\cdot L^{-1}$）调整样液至微酸性，置于 80℃ 水浴中加热 30min。

冷却后滴加中性 Pb（Ac）$_2$ 溶液（100g $\cdot L^{-1}$）沉淀蛋白质等干扰物质，加至不再产生雾状沉淀为止。再加入同浓度的 Na_2SO_4 溶液以除去多余的铅盐。摇匀，用水定容至刻度，静置 15～20min 后，用干燥滤纸过滤，滤液备用。

b. 干果类样品　准确称取经干燥、粉碎过的均匀样品 5～10g，置于 250mL 锥形瓶中，加入乙醇（$\varphi=82\%$）50mL，在 50℃ 水浴上加热 30min（浸提过程中注意经常搅拌）。将上层清液过滤于干燥烧杯中，残渣留在锥形瓶内。再用乙醇同上法重复提取 2～3 次。再用少量 50℃ 乙醇（$\varphi=82\%$）洗涤残渣，洗液合并于烧杯中。残渣可保留供测定淀粉用。

在水浴上蒸去提取液中的乙醇，然后加热水将提取物洗入 250mL 容量瓶中。冷却后定容至刻度，用干燥滤纸过滤，滤液备用。用乙醇溶液作提取剂时，因蛋白质溶出量很少，所以提取液不必除蛋白质。

c. 乳及乳制品、含蛋白质的冷食类　准确称取 2.5～5g 固体样品（或吸取 25.0～50.0mL 液体样品），用 50mL 水分数次溶解样品并洗入 250mL 容量瓶中。摇匀后慢慢加入 5mL 醋酸锌溶液和 5mL 亚铁氰化钾溶液，加水至刻度。摇匀，静置 30min。用干燥滤纸过滤，弃去初滤液，滤液备用。

d. 汽水等含二氧化碳的饮料　吸取样品 100.0mL 置于蒸发皿中，在水浴上除去 CO_2 后，移入 250mL 容量瓶中，用水洗涤蒸发皿，洗液并入容量瓶中。加水至刻度，混匀后备用。

e. 酒精性饮料　吸取样品 100.0mL 置于蒸发皿中，用氢氧化钠溶液 [c(NaOH)＝1mol·L^{-1}] 中和至中性，在水浴上蒸发至原体积的 1/4 后，移入 250mL 容量瓶中，加 50mL 水，混匀。下按 c 自"慢慢加入 5mL 醋酸锌溶液"起依法操作。

② 测定

a. 标定费林试液　吸取费林甲液、乙液各 5.0mL，置于 150mL 锥形瓶中，加 10mL 水，加入玻璃珠 2 粒，从滴定管加入标准葡萄糖液约 9.5mL，用电炉加热，控制在 2min 内沸腾，加亚甲蓝指示剂 2～3 滴，趁热以每两秒 1 滴的速度继续滴定至蓝色刚好退去为终点。记录消耗葡萄糖标准溶液的体积（V_0）。

每 10mL 费林试液相当于还原糖的量 f（mg）：$f=5V_0$。

b. 粗滴定　吸取费林甲液、乙液各 5.0mL，置于 150mL 锥形瓶中，加 10mL 水，加入玻璃珠 2 粒，控制在 2min 内沸腾，趁沸以先快后慢的速度滴加样品溶液，待颜色变浅时，加入亚甲蓝指示剂 2～3 滴，趁沸以每 2 秒 1 滴的速度继续滴定至蓝色刚好退去为止。记录样液消耗体积。

c. 精密滴定　吸取费林甲液、乙液各 5.0mL，置于 150mL 锥形瓶中，加 10mL 水，加入玻璃珠 2 粒，从滴定管加入比粗滴定约少 0.5～1mL 的样品溶液，加热使之在 2min 内沸腾，并维持沸腾 2min。加入亚甲蓝指示剂 2～3 滴，趁沸以每 2 秒 1 滴的速度继续滴定至蓝色刚好退去为止，记录样液消耗的体积。

（4）计算

$$X = \frac{f \times 250}{mV \times 1000} \times 100$$

式中 X ——样品中还原糖（以葡萄糖计）的质量分数，% 〔或质量浓度，g·
$(100mL)^{-1}$〕；

f ——还原糖因素，即与 10mL 费林试液相当的还原糖量，mg；

250——样品处理后的总体积，mL；

V ——样品试液滴定量，mL；

m ——样品质量（或体积），g（或 mL）。

（5）说明及注意事项

① 还原糖与费林试剂的反应十分复杂，还原糖的氧化产物和反应程度取决于
试剂浓度、碱浓度、加热温度、加热时间等。因此，测定时必须严格按照操作规程
进行，并力求平行测定条件一致。实验要求控制在 2min 内至沸，可使用调压电炉
先调节好火力，同时注意控制总沸腾时间为 3min。

② 滴定过程中，当亚甲蓝被还原糖还原至无色时，表示到达终点。但当无色
的亚甲蓝隐色体与空气接触后又会恢复原来的蓝色，因此整个滴定过程必须在沸腾
的溶液中进行，液面覆盖着水蒸气，以避免亚甲蓝与空气接触。

③ 费林试液宜采用标准葡萄糖液加以标定，但若允许有 1% 左右的误差时，则
可省去标定步骤，从专用的还原糖检索表中查出相应的还原糖因素 f 值（参见附
录Ⅱ表Ⅱ-1）。

④ 若溶液煮沸后不呈蓝色，表明样液中含糖量过高，可减少样品量重做。

⑤ 单糖在碱性条件下不稳定，易发生异构化和分解反应，因此调整果蔬样品
提取液的酸度时，若加入碱溶液过量，应立即用盐酸回调至微酸性。

⑥ 除果糖外，其他单糖在稀酸溶液中相当稳定。但若长时间加热时，即使在
酸性介质中单糖也将逐渐被破坏，与蛋白质、氨基酸共存时，破坏作用更甚，因
此，糖提取液应除尽蛋白质。

⑦ 对含淀粉量多的食品，也可用下法处理：准确称取 10～20g 样品于 250mL
容量瓶中，加 200mL 水，在 45℃ 水浴上加热 1h，并经常振摇。冷后加水至刻度，
摇匀后静置。吸取 200mL 上清液于另一 250mL 容量瓶中，以下按（3）①c 自"慢
慢加入 5mL 醋酸锌溶液"起依法操作。

⑧ 含脂肪高的样品，如乳酪、巧克力、蛋黄酱等，可先用乙醚或石油醚处理
几次，脱脂后再用水提取。

⑨ 水果类样品在加入醋酸铅沉淀蛋白质和随后除去多余铅盐的操作中，有时
白色沉淀较多，很难观察出是否已沉淀完全，此时可采取以下方法解决：先加入
10mL 中性醋酸铅（$\rho = 10\%$）溶液，摇匀，蛋白质沉淀后，再加入等量的硫酸钠
溶液，以沉淀多余的铅盐。

⑩ 费林甲液、乙液需分开贮存，使用时再等量混合，以免酒石酸钾钠铜络合

物在碱性条件下慢慢分解析出氧化亚铜沉淀，使有效浓度降低。

7.2.2.2　高锰酸钾滴定法

本法适用于各类食品还原糖含量的测定，由于操作时需要使用抽滤装置，因而操作较为复杂。

（1）原理　样品溶液经除去蛋白质后，与过量的费林试液反应。将生成物 Cu_2O 过滤出来，用酸性 $Fe_2(SO_4)_3$ 处理，生成硫酸铜和硫酸亚铁。以 $KMnO_4$ 标准溶液滴定生成的亚铁盐，根据高锰酸钾溶液的消耗量计算出氧化亚铜含量，再查表求得还原糖含量。

反应式如下：

与费林试液的反应同直接滴定法，见反应式（7-1）、（7-2）、（7-3）。

$$Cu_2O + Fe_2(SO_4)_3 + H_2SO_4 \longrightarrow 2CuSO_4 + 2FeSO_4 + H_2O \qquad (7\text{-}4)$$

$$10FeSO_4 + 2KMnO_4 + 8H_2SO_4 \longrightarrow 5Fe_2(SO_4)_3 + 2MnSO_4 + K_2SO_4 + 8H_2O$$

$$(7\text{-}5)$$

（2）试剂

① 费林甲液、乙液，精制石棉：配制和处理方法同直接滴定法。

② $KMnO_4$ 标准溶液 $[c(1/5KMnO_4)=0.1\,mol \cdot L^{-1}]$：配制及标定方法参见附录Ⅰ。

③ 氢氧化钠溶液 $[c(NaOH)=1\,mol \cdot L^{-1}]$。

④ $Fe_2(SO_4)_3$ 溶液 $(50g \cdot L^{-1})$：称取50g硫酸铁，加入200mL水溶解后，慢慢加入100mL浓硫酸，冷却后加水稀释至1000mL。

⑤ 盐酸溶液 $[c(HCl)=3\,mol \cdot L^{-1}]$：量取30mL浓盐酸，加水稀释至120mL。

（3）主要仪器

① 25mL古氏坩埚或G4垂融坩埚。

② 抽滤装置。

（4）操作方法

① 样品处理　按兰-埃农法操作，但将各项中"慢慢加入5mL醋酸锌溶液及5mL亚铁氰化钾溶液"改为"加入10mL碱性硫酸铜溶液（费林甲液）和4mL氢氧化钠溶液 $[c(NaOH)=1\,mol \cdot L^{-1}]$"。

② 测定　吸取50.0mL处理后的样品溶液于400mL烧杯内，加入费林甲液、乙液各25.0mL，烧杯上盖一表面皿，加热，控制在4min内沸腾，再准确煮沸2min（加热时间必须准确，允许±15s的误差）。趁热用铺好石棉的古氏坩埚或G4垂融坩埚抽滤，并用60℃热水洗涤烧杯及沉淀，至洗液不呈碱性为止。将坩埚放回原烧杯中，加25mL硫酸铁溶液及25mL水，用玻棒搅拌使 Cu_2O 完全溶解，用

$KMnO_4$ 标准溶液滴定至微红色为终点。

同时吸取 50.0mL 水代替样品溶液，按样品测定同样的方法操作做空白试验。

（5）计算

$$X_1 = (V_1 - V_0) \times c \times 71.54$$

式中　X_1——相当于样品中还原糖质量的 Cu_2O 质量，mg；

　　　V_1——样品消耗 $KMnO_4$ 标准溶液的体积，mL；

　　　V_0——空白消耗 $KMnO_4$ 标准溶液的体积，mL；

　　　c——高锰酸钾标准溶液 $[c(1/5KMnO_4)]$ 的浓度，mol·L^{-1}。

由所得的氧化亚铜质量，查附录Ⅱ表Ⅱ-4可得到相当的还原糖量，然后按下式计算出还原糖的质量分数：

$$X_2 = \frac{m_0}{m(V/250) \times 1000} \times 100$$

式中　X_2——样品中还原糖的质量分数，%［或质量浓度，g·$(100mL)^{-1}$］；

　　　m_0——查表得到的还原糖质量，mg；

　　　m——样品质量（或体积），g（或 mL）；

　　　V——测定用样品溶液的体积，mL；

　　　250——样品处理后的总体积，mL。

（6）说明及注意事项

①煮沸时间必须控制在 4min 内，可先取 50mL 水按样品测定方法操作，调节好火力后再处理样品。

②煮沸后溶液若不呈蓝色，表示提取液中含糖量过高，可减少样品量或稀释后重做。

③在过滤和洗涤氧化亚铜沉淀时，应使沉淀始终处于液面下，以免被空气中的氧所氧化。

7.2.2.3　肖氏法

本法适用于各类食品还原糖的测定，尤其是果蔬及植物性样品。由于肖氏法不需要在沸腾的条件下进行滴定，所以操作较易掌握。

（1）原理

以过量的费林试液氧化还原糖后，剩余的费林试液中的 Cu^{2+} 用 KI 还原，然后用 $Na_2S_2O_3$ 标准溶液滴定析出的 I_2，根据试样与空白所消耗的标准溶液的体积可计算出铜重，再查表（附录Ⅱ表Ⅱ-2）求得还原糖含量。

化学反应式如下：

与费林试液的反应同兰-埃农法，参见反应式（7-1）、（7-2）、（7-3）。

$$2CuSO_4 + 4KI \longrightarrow 2CuI\downarrow + 2K_2SO_4 + I_2 \qquad (7-6)$$

$$I_2 + 2Na_2S_2O_3 \Longrightarrow 2NaI + Na_2S_4O_6 \tag{7-7}$$

（2）试剂

① 费林甲液：溶解 20g 分析纯 $CuSO_4 \cdot 5H_2O$ 于煮沸过的水中，稀释至 500mL。

② 费林乙液：溶解 100g 分析纯酒石酸钾钠及 75g 分析纯 NaOH 于煮沸过的水中，稀释至 500mL。

③ 硫酸溶液[$c(1/2H_2SO_4) = 5mol \cdot L^{-1}$]：14mL 浓硫酸溶于 100mL 水中。

④ KI 溶液（$200g \cdot L^{-1}$）。

⑤ HCl（1+1）。

⑥ 淀粉指示剂（$10g \cdot L^{-1}$）。

⑦ 硫代硫酸钠标准溶液[$c(Na_2S_2O_3) = 0.1mol \cdot L^{-1}$]：配制和标定方法参见附录Ⅰ。

（3）操作方法

① 样品处理　样品处理同直接滴定法，制得的提取液含糖量控制在 0.5% 左右。

② 还原糖的测定　吸取费林甲液、乙液各 10.0mL 于 150mL 锥形瓶中，混合后准确加入还原糖提取液 10mL，摇匀，在电炉上加热至沸，准确煮沸 3min。取下锥形瓶迅速冷却后，加入 $5mL200g \cdot L^{-1}$ 的 KI 溶液、10mL 硫酸溶液[$c(1/2H_2SO_4) = 5mol \cdot L^{-1}$]，立即用硫代硫酸钠标准溶液[$c(Na_2S_2O_3) = 0.1mol \cdot L^{-1}$]进行滴定，至溶液呈淡黄色时，加入淀粉指示剂 1mL，继续滴定至蓝色消失，记录消耗 $Na_2S_2O_3$ 溶液的体积（V_1）。

用 10mL 蒸馏水代替提取液，在同样条件下做空白试验，记录空白消耗的 $Na_2S_2O_3$ 溶液的体积（V_0）。

（4）计算

① 先计算氧化 10mL 提取液中还原糖所相当的铜的毫克数（n）：

$$n = (V_0 - V_1) \times c(Na_2S_2O_3) \times 63.54$$

② 再根据铜重 n 查附录Ⅱ表Ⅱ-2，得到相当的还原糖毫克数 m，按下式计算样品中还原糖的质量分数：

$$w(还原糖，\%) = \frac{m_0}{m(V/250) \times 1000} \times 100$$

式中各项的意义同高锰酸钾法。

7.2.2.4　直接滴定法

（1）原理　样品经除蛋白质后，在加热条件下，直接滴定标定过的碱性酒石酸铜溶液，以次甲基蓝作指示剂，根据样品液消耗的体积，计算还原糖量。

本法适用于各类食品中还原糖的测定。

（2）试剂

① 碱性酒石酸铜溶液：称取 15g 硫酸铜（$CuSO_4 \cdot 5H_2O$）及 0.05g 次甲基蓝，溶于水中并稀释至 1000mL。

② 碱性酒石酸铜乙液：称取 50g 酒石酸钾钠及 75g 氢氧化钠，溶于水中，再加入 4g 亚铁氰化钾，完全溶解后，用水稀释至 1000mL，贮存于具橡皮塞的玻璃瓶内。

③ 澄清剂：醋酸锌溶液和亚铁氰化钾溶液，参见 7.2.1。

④ 盐酸。

⑤ 葡萄糖标准溶液：精密称取 1.000g 经过 98～100℃ 干燥至恒量的纯葡萄糖，加水溶解后加入 5mL 盐酸，并以水稀释至 1000mL。

（3）操作方法

① 样品处理　同兰-埃农法。

② 标定碱性酒石酸铜溶液　吸取 5.0mL 碱性酒石酸铜甲液及 5.0mL 乙液，置于 150mL 锥形瓶中，以下同兰-埃农法操作，只是不需另加指示剂。

计算 10mL（甲液、乙液各 5.0mL）碱性硫酸铜溶液相当于葡萄糖的质量（mg）。

③ 样品溶液预测和测定　同兰-埃农法。

（4）计算　同兰-埃农法。

（5）说明及注意事项

① 本法为国家标准分析方法，是在兰-埃农法的基础上发展起来的，其特点是试剂用量少、终点较容易观察（由于在碱性酒石酸铜乙液中加入了少量亚铁氰化钾，使其与氧化亚铜生成可溶性的无色络合物，而不再析出红色沉淀），反应式如下：

$$Cu_2O \downarrow + K_4Fe(CN)_6 + H_2O = K_2Cu_2Fe(CN)_6 + 2KOH$$

② 配制葡萄糖溶液时加入 5mL 盐酸，是为了防止微生物生长。

③ 色泽较深的样品对终点的观察有影响。

7.3　蔗糖含量的测定

蔗糖在植物界中分布极广，常大量存在于植物的根、茎、叶、花、果实及种子内，在人类营养上起很大作用。蔗糖也是食品工业中最重要的含能甜味剂，使用十分广泛。

蔗糖与酸共热或在酶的作用下，水解生成葡萄糖和果糖的等量混合物（转化糖）。转化后即可按还原糖的方法进行测定。

$$C_{12}H_{22}O_{11} + H_2O \longrightarrow C_6H_{12}O_6 + C_6H_{12}O_6$$

蔗糖（M＝342）　　　　转化糖（M＝180＋180）

7.3.1　转化方法的选择

（1）酶转化　蔗糖可用 β-果糖苷酶（转化酶）进行水解，这种方法选择性强，不受其他物质的干扰，但酶的制备和操作过程较繁杂，一般不太采用。

（2）酸转化　用盐酸溶液水解蔗糖是目前应用最广泛的一种方法，这种方法选择性虽然较酶法差，但操作简便，准确度也能满足一般分析的要求。

吸取 50.0mL 按还原糖方法制备的无铅提取液于 100mL 容量瓶中，加 HCl（1＋1）5mL，摇匀后置 68～70℃ 水浴中加热 15min，取出，置流动水中迅速冷却至室温，加甲基红指示剂（$1g \cdot L^{-1}$）2 滴，用 NaOH 溶液（ρ＝20%）中和至近中性，加水定容至刻度，混匀备用。

此外，水解还可采用 5%HCl 水解法、浓 HCl 水解法、60℃水解法、室温水解法等。

7.3.2　蔗糖的测定

（1）原理　样品除去蛋白质后，其中的蔗糖经盐酸水解为还原糖，再按还原糖同样的方法测定。根据水解前后还原糖的差值，可计算出蔗糖含量。

（2）操作方法　准确吸取无铅滤液 2 份分别置于 100mL 容量瓶，一份加盐酸溶液进行转化，冷却、中和后定容至 100mL，测定其中还原糖总量；一份不经转化，直接用水定容后测定其中的还原糖，两者的差值即为蔗糖所转化的还原糖量。

（3）计算

$$X = (w_2 - w_1) \times 0.95$$

式中　X——样品中蔗糖的质量分数，%；

　　　w_2——样品溶液经水解处理后的还原糖质量分数，%；

　　　w_1——样品溶液不经水解处理的还原糖质量分数，%；

　　　0.95——还原糖（以葡萄糖计）换算成蔗糖的系数。

7.3.3　乳粉中乳糖及蔗糖的测定

（1）乳粉中糖类的提取和澄清　准确称取 3g 左右的样品于小烧杯中，用 100mL 水分数次溶解并洗入 250mL 容量瓶，徐徐加入醋酸锌溶液和亚铁氰化钾溶液各 5mL，轻轻摇动容量瓶。加水至刻度，静置数分钟后以干燥滤纸过滤，滤液备用。

（2）乳糖的测定和计算

① 测定：按兰-埃农法操作。

② 计算

$$每100mL 样液中乳糖的毫克数(L)=\frac{F}{V}\times100$$

式中　F ——乳糖因子，即与滴定量相对应的乳糖质量，$mg\cdot mL^{-1}$，可自附录Ⅱ
　　　　表Ⅱ-5 中查到；

　　　　V ——滴定体积，mL。

若蔗糖含量与乳糖含量之比超过 3∶1 时，则应在滴定量中加上附录Ⅱ表Ⅱ-6
中的校正值后再进行计算（一般甜炼乳需校正）。

$$乳糖(\%)=\frac{L\times2.5}{m\times1000}\times100$$

式中　m ——样品的质量，g；

　　　　2.5——换算系数，即 250/100。

（3）蔗糖的测定和计算

① 转化前转化糖的计算　利用测定乳糖时的滴定量，从附录Ⅱ表Ⅱ-5 中查出
相对应的转化糖因子，即可计算出转化前转化糖量：

$$每100mL 样液中转化糖的毫克数(L_1)=\frac{F_1}{V}\times100$$

$$转化前转化糖\ w_1(\%)=\frac{L_1\times2.5}{m\times1000}\times100$$

式中　F_1 ——转化糖因子，即与滴定量相对应的转化糖质量，$mg\cdot mL^{-1}$，可自
　　　　附录Ⅱ表Ⅱ-5 中查到；

　　　　V ——测定乳糖时的滴定体积，mL；

　　　　m ——样品的质量，g。

② 样品溶液的转化和滴定　吸取糖提取液 50mL，置于 100mL 容量瓶中，加
$6mol\cdot L^{-1}$溶液 5mL，在 68～70℃水浴中加热 15min。冷却后加甲基红指示剂 2
滴，用 20％NaOH 溶液中和至微酸性，加水至刻度，混匀。

滴定方法与乳糖测定相同。由滴定数可计算出转化后转化糖量。

$$每100mL 样液中转化糖的毫克数(L_2)=\frac{F_2}{V}\times100$$

$$转化后转化糖\ w_2(\%)=\frac{L_2\times5}{m\times1000}\times100$$

③ 蔗糖含量的计算

$$w(蔗糖,\%)=(w_2-w_1)\times0.95$$

7.4 淀粉含量的测定

7.4.1 淀粉的结构和性质

淀粉是由 D-葡萄糖以 α-糖苷键连接的高分子物质,在植物中分布极广。淀粉是供给人体热量的主要来源,也是食品工业中的重要原料和添加剂,在食品加工中广泛用作增稠剂、乳化剂、保潮剂、黏合剂等。

淀粉在植物细胞内以淀粉粒的形态存在,天然淀粉有两种结构:即直链淀粉和支链淀粉。它们之间的比例一般为 15%~25% 比 75%~85%,因品种、生长期等不同而异,例如,木薯、大米含直链淀粉约为 17%,小麦约为 24%,马铃薯约为 23%,但糯玉米、糯大米几乎不含直链淀粉,全部为支链淀粉。

直链淀粉不溶于冷水,可溶于热水形成淀粉胶体溶液,而支链淀粉仅能分散于冷水中。两种结构的淀粉均不溶于 $\varphi>30\%$ 的乙醇。

淀粉很容易水解,与无机酸共热时,可彻底水解为 D-葡萄糖。淀粉与碘发生非常灵敏的颜色反应,直链淀粉呈深蓝色,支链淀粉呈蓝紫色。

在适当的温度下(一般为 60~80℃),淀粉可在水中溶胀、分裂,形成均匀的糊状溶液,这就是淀粉的糊化。糊化过程通常可分为三个阶段。

第一阶段:可逆吸水阶段,体积略有膨胀。

第二阶段:不可逆吸水阶段,当升高至一定温度时(约为 65℃),淀粉不可逆的大量吸水,体积膨胀至原来的 60~100 倍。

第三阶段:在更高的温度下完成,淀粉粒最后解体,淀粉分子全部进入溶液。

7.4.2 淀粉的测定

7.4.2.1 酶水解法

(1) 原理 样品经除去脂肪及可溶性糖分后,其中的淀粉用淀粉酶水解为双糖,再用盐酸将双糖水解成单糖,最后按还原糖进行测定,并折算成淀粉。

水解反应如下:

$$(C_6H_{10}O_5)_n + nH_2O \xrightarrow{\text{酸,酶}} nC_6H_{12}O_6$$

(2) 试剂

① 淀粉酶溶液 $(5g \cdot L^{-1})$:称取淀粉酶 0.5g,加 100mL 水溶解,加入数滴甲苯或氯仿防止生霉,贮于冰箱中。

② 碘溶液:称取 3.6g 碘化钾溶于 20mL 水中,再加入 1.3g 碘,溶解后加水稀释至 100mL。

③ 乙醚。

④ 乙醇（$\varphi=85\%$）。

其他试剂同"蔗糖的测定"。

（3）操作方法

① 样品处理　准确称取干燥样品 2～5g，置于放有折叠滤纸的漏斗中，先用 50mL 乙醚分 5 次洗去脂肪，再用乙醇（$\varphi=85\%$）约 100mL 分 3～4 次洗去可溶性糖分。将残留物移入 250mL 烧杯内，用 50mL 水分数次洗涤滤纸和漏斗，洗液并入烧杯中。将烧杯置沸水浴上加热 15min，使淀粉糊化。放冷至 60℃，加淀粉酶溶液 20mL，在 55～60℃下保温 1h，并时时搅拌。取 1 滴试液加 1 滴碘溶液检查应不显蓝色。若呈蓝色，再加热糊化并加淀粉酶溶液 20mL，继续保温，直至加碘不显蓝色为止。

取出小火加热至沸，冷却后洗入 250mL 容量瓶中，加水至刻度。摇匀，过滤（弃去初滤液）。取 50mL 滤液，置于 250mL 锥形瓶中，加盐酸（1+1）5mL，装上回流冷凝管，在沸水浴中回流 1h。冷却后加 2 滴甲基红指示剂，用 NaOH（$\rho=20\%$）溶液中和至近中性后转入 100mL 容量瓶中。洗涤锥形瓶，洗液并入容量瓶中。用水定容至刻度，摇匀备用。

② 测定　按还原糖测定方法进行定量。同时量取 50mL 水及与样品处理时等量的淀粉酶溶液，按同一方法做试剂空白试验。

（4）计算

$$X=\frac{(m_1-m_2)\times 0.9}{m(V/500)\times 1000}\times 100$$

式中　X——样品中淀粉的质量分数，%；

$\quad m_1$——所测样品中还原糖的质量（以葡萄糖计），mg；

$\quad m_2$——试剂空白中还原糖的质量（以葡萄糖计），mg；

$\quad m$——样品质量，g；

$\quad 0.9$——还原糖（以葡萄糖计）换算成淀粉的换算系数，即 162/180；

$\quad V$——测定用样品处理液的体积，mL；

$\quad 500$——样品稀释液的总体积，mL。

（5）注意事项

① 常用的淀粉酶是麦芽淀粉酶，它是 α-淀粉酶和 β-淀粉酶的混合物。淀粉酶使淀粉水解为麦芽糖，具有专一性，所得结果比较准确。市售淀粉酶可按说明书使用，通常的糖化能力为 1：25 或 1：50，当有酸碱存在时或温度超过 85℃时将失去活性，长期贮存，活性降低，配制成酶溶液后活性降低更快。因此，应在临用前配制，并贮于冰箱内保存。使用前还应对其糖化能力进行测定，以确定酶的用量。

检测方法：用已知量的可溶性淀粉，加不同量的淀粉酶溶液，置 55～60℃水浴中保温 1h，用碘液检查是否存在淀粉，以确定酶的活力及水解样品时需加入的酶量。

②采用麦芽淀粉酶处理样品时，水解产物主要是麦芽糖，因此还要用酸将其水解为单糖。与蔗糖相比，麦芽糖水解所需温度更高，时间更长。

③当样品中含有蔗糖等可溶性糖分时，经酸长时间水解后，蔗糖转化，果糖迅速分解，使测定造成误差。因此，一般样品要求事先除去可溶性糖分。

④除可溶性糖分时，为防止糊精也一同被洗掉，样品加入乙醇后，混合液中乙醇的体积分数应在80%以上，但如果要求测定结果中不包含糊精，则可用乙醇（$\varphi=10\%$）洗涤。

⑤由于脂类的存在会妨碍酶对淀粉粒的作用，因此采用酶水解法测定淀粉时，应预先用乙醚或石油醚脱脂。若样品脂肪含量较少则可省略此步骤。

⑥淀粉粒具有晶体结构，淀粉酶难以作用，需先加热使淀粉糊化，以破坏淀粉粒的晶体结构，使其易于被淀粉酶作用。

7.4.2.2 酸水解法

（1）原理 样品经除去脂肪和可溶性糖类后，其中的淀粉用酸水解成具有还原性的单糖，然后按还原糖测定，并折算成淀粉。

（2）试剂

①乙醚。

②乙醇溶液（$\varphi=85\%$）。

③HCl溶液（1+1）。

④NaOH溶液：配制的质量浓度分别为10%和40%。

⑤甲基红指示剂（$2g \cdot L^{-1}$）：配制方法参见附录Ⅰ。

⑥Pb（Ac）$_2$溶液（$200g \cdot L^{-1}$）。

⑦Na$_2$SO$_4$溶液（$100g \cdot L^{-1}$）。

⑧精密pH试纸。

（3）仪器

①水浴锅。

②高速组织捣碎机：$1200r \cdot min^{-1}$。

③皂化装置并附250mL锥形瓶。

（4）操作方法

①样品处理

a. 粮食、豆类、糕点、饼干等较干燥的样品 准确称取2~5g磨碎、过40目筛的样品，置于放有慢速滤纸的漏斗中，用30mL乙醚分三次洗去样品中的脂肪，弃去乙醚。再用乙醇溶液（$\varphi=85\%$）约150mL分数次洗涤残渣，以除去可溶性糖类。滤干乙醇溶液后用100mL水将残渣转入250mL锥形瓶中，加入盐酸（1+1）30mL，连接好冷凝管，置沸水浴中回流2h。

回流完毕后，立即置流动水中冷却至室温，加入2滴甲基红指示剂，将水解液调至近中性〔先用 $\rho=40\%$ NaOH 溶液调至黄色，再用盐酸（1+1）校正至水解液刚变红色为宜；若水解液颜色深，可用精密 pH 试纸测试，调至 pH 值约为 7〕。加中性 Pb（Ac）$_2$ 溶液（200g · L^{-1}）20mL，摇匀。放置 10min，使蛋白质等干扰物质沉淀完全。再加等量的 Na$_2$SO$_4$ 溶液（100g · L^{-1}），以除去多余的铅盐。摇匀后将全部溶液及残渣转入 500mL 容量瓶中，用水洗涤锥形瓶，洗液合并于容量瓶中。用水定容至刻度，混匀、过滤（初滤液弃去）。

b. 蔬菜、水果、各种粮豆含水熟食制品　将干净样品（果蔬取可食部分），按 1∶1 加水，在组织捣碎机中捣成匀浆。称取匀浆 5.00～10.00g（液体样品直接量取），置于 250mL 锥形瓶中，加 30mL 乙醚振摇提取脂肪，用滤纸过滤除去乙醚，再用 30mL 乙醚淋洗两次，弃去乙醚。以下按（4）①a 自"再用乙醇溶液（$\varphi=85\%$）约 150mL"起操作。

② 测定　按还原糖的测定方法操作。

（5）计算　同酶水解法。

（6）说明及注意事项

① 酸水解法简便易行，能一次将淀粉水解成葡萄糖，免去了使用淀粉酶的繁杂操作，且盐酸价廉易得、容易保存，因此使用十分广泛。但盐酸水解淀粉的专一性不如淀粉酶，它不仅能水解淀粉，也能水解半纤维素（水解产物为具有还原性的物质：木糖、阿拉伯糖、糖醛等），使测定结果偏高。因而，对于含半纤维素较高的样品，如麸皮、高粱糖等，或含壳皮较高的食物，不宜采用此法。

② 若样品为液体，则采用分液漏斗振摇后，静置分层，弃去乙醚层。

③ 因水解时间较长，应采用回流装置，以避免水解过程中由于水分蒸发而使盐酸浓度发生较大改变。

7.4.2.3　肉类制品中淀粉含量的测定

以午餐肉罐头为例。

（1）原理　用碱溶液与淀粉作用，使生成醇不溶性络合物，从而使淀粉与其他物质分离。分离出来的淀粉用酸水解成还原糖，再按还原糖测定，并折算成淀粉。

此法适用于测定富含脂肪和蛋白质的样品，如午餐肉、干酪等，不宜用于其他多糖含量较高的植物样品。

（2）试剂

① KOH 溶液（$\rho=60\%$）。

② 乙醇（$\varphi=95\%$）。

③ 盐酸。

（3）仪器

① 真空泵。

② 高压锅。

（4）测定方法　称取 25.00g 样品于 500mL 烧杯中，加入 KOH 溶液（$\rho=$

60％）50mL，盖上表面皿，在沸水浴上加热 2h，不断加以搅拌，使样品中各组分完全溶解。加水至约 200mL，再加乙醇（$\varphi=95％$）约 200mL，稍加搅拌静置过夜，使淀粉沉淀析出。将上层清液用真空泵抽滤，再用乙醇（$\varphi=95％$）约 50mL 洗涤沉淀，静置后再抽滤一次，弃去滤液。

将贮有沉淀的烧杯置水浴上加热使乙醇逸出。用热蒸馏水将滤纸上的沉淀全部洗入原烧杯中，用水总量约为 100mL。再加入浓盐酸 7mL，置水浴上加热使淀粉全部溶解，然后在高压锅中水解 0.5h（压力 103.4kPa，温度 121℃）。冷却，用 KOH 溶液（$\rho=60％$）中和至微酸性，用水稀释至 200mL。

过滤，滤液按"直接滴定法"测定还原糖量，再折算成淀粉含量。

（5）计算

$$X=\frac{A\times0.9\times100}{m(V/200)}$$

式中　X ——样品中淀粉的质量分数，％；

　　　A ——10mL 费林试液相当于葡萄糖的克数；

　　　m ——样品质量，g；

　　　V ——滴定 10mL 费林试液消耗样液的体积，mL。

7.5　粗纤维的测定

7.5.1　膳食纤维及其功能

纤维素是地球上最丰富的有机物质，它是构成植物细胞壁的主要成分，果实中纤维素含量为 0.2％～4.1％，其中以桃、柿含量较高，而橘子、西瓜等含量较低；蔬菜中含量为 0.3％～2.3％，根菜类如芥菜等含量较高，而果菜类如西红柿等含量较低。

纤维素与淀粉一样，也是由 D-葡萄糖构成的多糖，所不同的是纤维素是由 D-葡萄糖以 β-1，4 糖苷键连接而成，分子不分支。纤维素的水解比淀粉困难得多，它对稀酸、稀碱相当稳定，与较浓的盐酸或硫酸共热时，才能水解成葡萄糖。纤维素的聚合度通常为 300～2500，相对分子质量约在 50000～405000 之间。

在研究和评定食品的消化率和品质时，提出了膳食纤维这一概念。所谓膳食纤维，是指人们的消化系统或者消化系统中的酶不能消化、分解、吸收的物质。它主要包含：纤维素、半纤维素、木质素和果胶物质。

纤维素多糖本身虽然没有营养价值，但它在生物体内所起的作用并不亚于其他营养素。现代营养学研究表明，每天摄入一定量的纤维素不仅有助于消化过程，而且在预防疾病方面具有重要意义。膳食纤维的功能主要表现在以下方面。

① 膳食纤维的存在，不仅是物理性的增加肠道内食糜的体积，而且它能吸附胆汁盐、胆固醇等物质，有利于降低血液中胆固醇的含量。

② 纤维素多糖是水的载体，可增加肠内食糜的持水性，有利于人体对矿物质的吸收。

③ 纤维素的附着力有助于把一些致癌性的代谢毒物及大量微生物排出体外，从而可以防止高血压、阑尾炎、心脏病、结肠癌等多种疾病。

7.5.2 粗纤维的测定

测定纤维素的方法很多，如氯化法、硝酸法、酸碱处理法、酸性洗涤剂法、中性洗涤剂法等，下面介绍食品分析中最常用的几种方法。

7.5.2.1 酸碱处理法

本法为测定纤维素含量的经典方法，也是国家标准推荐的分析方法。适用于植物类食品中粗纤维的测定。

（1）原理 在硫酸作用下，样品中的糖、淀粉、果胶质和半纤维素经水解除去后，再用碱处理，除去蛋白质及脂肪酸，遗留的残渣为粗纤维。如其中含有不溶于酸碱的杂质，可用灰化法除去。

（2）试剂

① 硫酸工作液（$\rho = 1.25\%$）：将 280mL 浓硫酸加至水中，并稀释至 5L，此为质量浓度为 10% 的硫酸贮备液；然后将 62.5mL 硫酸贮备液加水稀释至 500mL。

② 氢氧化钾工作液（$\rho = 1.25\%$）：溶解 500g 氢氧化钾于水中，并稀释至 5L，此为质量浓度为 10% 的氢氧化钾贮备液；然后将 62.5mL 氢氧化钾贮备液加水稀释至 500mL。

③ 硅油消泡剂（$\rho = 2\%$）：以四氯化碳作溶剂。

④ 乙醇（$\varphi = 95\%$）。

⑤ 乙醚。

⑥ 石棉：加 NaOH 溶液（$50g \cdot L^{-1}$）浸泡石棉，在水浴上回流 8h 以上，用热水充分洗涤。然后加 HCl（1+4）在沸水浴上回流 8h 以上，再用热水充分洗涤，干燥。在 $600 \sim 700℃$ 的高温电炉中灼烧后，加水使成混悬物，贮于带塞玻璃瓶内。

（3）操作方法 称取 $20 \sim 30g$ 捣碎的样品（或 5.0g 干样品），置于 500mL 锥形瓶中，加入 200mL 煮沸的硫酸溶液（$\rho = 1.25\%$），易起泡的样品可加几滴消泡剂，立即加热至沸，保持体积恒定，维持 30min，每隔 5min 摇动锥形瓶一次，以充分混合瓶内的物质。

取下锥形瓶，立即用衬有亚麻布的布氏漏斗过滤，用沸水洗涤至洗液不显酸性。

再用 200mL 煮沸的氢氧化钾溶液（$\rho = 1.25\%$）将样品洗回原锥形瓶中，加热微沸 30min 后，取下锥形瓶，立即以亚麻布过滤，用沸水洗涤 $2 \sim 3$ 次后，移入已干燥称量的 G2 垂融坩埚（或同型号的垂融漏斗）中，抽滤，用热水充分洗涤后抽干，再依次用乙醇、乙醚洗涤一次（用量约 20mL）。将坩埚和内容物置于 105℃烘箱中烘干后称量，重复操作，直至恒量。

如样品中含有较多的不溶性杂质，则可将样品移入石棉坩埚中，烘干称量后，再移入 550℃高温炉中灰化，使含碳的物质全部灰化，置于干燥器内冷却至室温后称量，所损失的量即为粗纤维量。

（4）计算

$$X = \frac{G}{m} \times 100$$

式中　X——样品中粗纤维（酸碱处理法）的质量分数，%；

　　　G——残余物的质量（或经高温灼烧后损失的质量），g；

　　　m——样品质量，g。

（5）说明及注意事项

① 纤维素的测定方法之间不能相互对照，对于同一样品，分析结果因测定方法、操作条件的不同差别很大。因此，必须严格控制实验条件，表明分析结果时还应注明测定方法。

② 酸碱处理法是测定纤维含量的标准方法，但由于在操作过程中，纤维素、木质素、半纤维素都发生了不同程度的降解和流失，残留物中除纤维素、木质素外，还含有少量蛋白质、半纤维素、戊聚糖和无机物质，因此称为"粗纤维"。

③ 酸碱处理法操作较繁杂，测定条件不易控制，影响分析结果的主要因素如下。

a. 样品细度：样品愈细，分析结果愈低，通常样品细度控制在 1mm 左右。

b. 回流温度及时间：回流时沸腾不能过于猛烈，样品不能脱离液体，且应注意随时补充试剂，以维持体积的恒定，沸腾时间为整 30min。

c. 过滤操作：对于蛋白质含量较高的样品不能用滤布作为过滤介质，因为滤布不能保证留下全部细小的颗粒，这时可采用滤纸过滤。此外，若样品不能在 10min 内过滤出来，则应适当减少样品。

d. 脂肪含量：样品脱脂不足，将使结果偏高。当样品脂肪含量≥1%时，应预先脱脂。

处理方法：取 1～2g 样品，加入 20mL 乙醚或石油醚（沸程 30～60℃），搅匀后放置，倾出上层清液。重复上述操作 2～3 次，风干后即可测定。

7.5.2.2　酸性洗涤剂法

本法适用于所有食品。

酸性洗涤剂纤维（ADF）和中性洗涤剂纤维（NDF）已被有些国家列为营养成分的正式指标之一。范苏士特（Van Soest）的酸性洗涤剂法操作简便，是一种纤维素快速测定方法。所得的酸性洗涤剂纤维包括样品中的全部纤维素和木质素，分析结果接近于食品中膳食纤维的实际含量。

（1）原理　将磨碎、烘干的样品在十六烷基三甲基溴化铵的硫酸溶液中回流煮沸 2h，经过滤、洗涤、烘干后所得的残留物称为酸性洗涤剂纤维。

（2）试剂

① 酸性洗涤剂溶液：加 56mL 浓硫酸于水中并稀释至 2000mL。用此溶液溶解 20g 十六烷基三甲基溴化铵，冷却至室温。

② 萘烷（Dekalin）消泡剂。

③ 丙酮。

（3）操作方法　将样品全部磨碎并通过 16 目筛，放在 95℃鼓风干燥箱中干燥过夜后移入干燥器中冷却。准确称取此样品 1g，放入 500mL 锥形瓶中，加入 100mL 酸性洗涤剂溶液、2mL 萘烷消泡剂，连接好回流装置。加热，使之在 3～5min 内沸腾，维持微微沸腾 2h。

取下，用预先烘干至恒重的 1# 玻璃砂芯坩埚过滤（以重力过滤，不要抽滤）。用热水洗涤锥形瓶，洗液倒入坩埚中，在轻轻抽滤下用热水充分洗涤坩埚内容物（热水的总用量约为 300mL）。

用丙酮洗涤残留物并抽干，将坩埚与残留物置于 95℃烘箱中干燥 8h 以上，移至干燥器中冷却至室温后称重。

（4）计算

$$X = \frac{m_2}{m_1} \times 100$$

式中　X ——样品中酸性洗涤纤维（ADF）的质量分数，％；

m_2 ——残留物质量，g；

m_1 ——样品质量，g。

（5）注意事项

① 洗涤坩埚内残渣的方法：坩埚内倒入 90～100℃的热水，水量约占坩埚体积的 2/3，用玻璃棒搅碎残渣，浸泡 15～30s 后，开始轻轻抽滤。

② 经过酸性洗涤剂的浸煮，样品中的蛋白质、果胶物质、淀粉和半纤维素等成分分解，经过滤除去，残留物中包括全部的纤维素和木质素及少量矿物质，测定结果高于酸碱处理法。

③ 测定结果中包含灰分，可灰化后扣除。

7.5.2.3　中性洗涤剂法

（1）原理　样品经热的中性洗涤剂浸煮后，残渣用热蒸馏水充分洗涤，除去样品中游离淀粉、蛋白质、矿物质，然后加入 α-淀粉酶以分解结合态淀粉，再用蒸馏水洗涤，以除去残存的脂肪、色素等物质，残渣经烘干，即为中性洗涤剂纤维素

（不溶性膳食纤维）。

本法适用于谷物及其制品、果蔬样品、饲料样品的测定。

（2）试剂

① 中性洗涤剂溶液：a. 将 18.61g 乙二胺四乙酸二钠（Na_2-EDTA）和 6.81g 四硼酸钠用 250mL 水加热溶解；b. 另将 30g 月桂基硫酸钠（十二烷基硫酸钠）和 10mL 乙二醇乙醚（2-ethoxyethanol）溶于 200mL 热水中，合并于 a 液中；c. 把 4.56g 磷酸氢二钠溶于 150mL 热水中，并于 a 液中；d. 用磷酸调节混合液至 pH 值为 6.9～7.1，最后加水至 1000mL。此溶液使用期间如有沉淀产生，需在使用前加热至 60℃，使沉淀溶解。

② α-淀粉酶溶液：取磷酸氢二钠溶液[$c(Na_2HPO_4)=0.1mol \cdot L^{-1}$]和磷酸二氢钠溶液[$c(NaH_2PO_4)=0.1mol \cdot L^{-1}$]各 500mL，混匀，配成磷酸盐缓冲液。称取 12.5mg α-淀粉酶，用上述缓冲溶液溶解并稀释至 250mL。

③ 萘烷消泡剂。

④ 丙酮。

⑤ 无水亚硫酸钠。

（3）测定

① 将样品磨细使之通过 20～40 目筛，准确称取 0.5～1g 样品置于 300mL 锥形瓶中。如果样品脂肪含量超过 10%，按每克样品用 20mL 石油醚的比例加入石油醚提取 3 次。

② 依次向锥形瓶中加入 100mL 中性洗涤剂、2mL 萘烷消泡剂和 0.05g 无水亚硫酸钠，装上冷凝管，加热锥形瓶使之在 5～20min 内沸腾。从微沸开始计时，准确微沸 1h。

③ 把洁净的玻璃过滤器置于 110℃烘箱中干燥 4h，放入干燥器内冷却至室温后称量。将锥形瓶内容物全部转入过滤器中，抽滤至干，用不少于 300mL 的沸水分 3～5 次洗涤残渣。

④ 加入 5mL α-淀粉酶溶液，抽滤，以置换残渣中水，然后塞住玻璃滤器的底部，加 20mL 淀粉酶液和几滴甲苯（防腐），置过滤器于 37℃±2℃培养箱中保温 1h。取出过滤器，取下底部的塞子，抽滤，并用不少于 500mL 的热水分次洗去酶液，最后用 25mL 丙酮洗涤，抽干。

⑤ 过滤器置于 110℃烘箱中干燥过夜，移入干燥器中冷却至室温后称量。

（4）计算

$$X=\frac{m_1-m_0}{m}\times100$$

式中　X——样品中 NDF（中性洗涤纤维素）的质量分数，%；

m_0——玻璃过滤器的质量，g；

m_1——玻璃过滤器和残渣质量，g；

m——样品质量，g。

（5）说明及注意事项

① 中性洗涤纤维包括了样品中的全部纤维素、半纤维素、木质素和角质，因为这些成分是膳食纤维中不溶于水的部分，故又称之为"不溶性膳食纤维"。由于食品中可溶性膳食纤维（果胶、豆胶、藻胶及某些黏性物质等）含量较少，因此中性洗涤纤维更接近于食品中膳食纤维的真实含量。

② 样品粒度对测定结果影响较大，颗粒过粗结果偏高，过细又会造成过滤困难。一般采用20～30目较为适宜，过滤困难时可加入助滤剂。

③ 对于蛋白质、淀粉含量较高的样品，由于形成大量泡沫，黏度大，过滤困难，因此不宜用此法测定。

④ 中性洗涤纤维和酸性洗涤纤维之差即为半纤维素含量。

7.6 果胶物质的测定

果胶物质是构成植物细胞壁的主要成分，起着将细胞粘在一起的作用，主要存在于植物的果实、块茎、块根等器官中。

果胶物质在食品工业中广泛用作胶冻材料和增稠剂。果胶最重要的性能就是它形成凝胶的能力，果酱、果冻等食品就是利用这一特性生产的。果胶在医疗方面也有着十分重要的应用，它不仅可以作为治疗胃肠道疾病的良好药剂，而且可用作金属中毒的一种良好解毒剂和预防剂。因为果胶，尤其是低甲氧基果胶，具有与铅、汞等有害金属形成人体不能吸收的不溶物质的特性，低甲氧基果胶在疗效食品的制造中也有其特殊的用途。

7.6.1 果胶的存在形式与果胶凝胶的形成

果胶物质的基本结构是D-吡喃半乳糖醛酸以 α-1,4 苷键结合的长链，通常以部分甲酯化状态存在。果胶物质一般以原果胶、果胶、果胶酸三种不同的形态存在于植物体内，是影响果实质地软硬或发绵的重要因素。

对不同形式的果胶物质定义如下。

（1）原果胶（Protopectin） 果胶的天然存在形式，它是与纤维素和半纤维素结合在一起的甲酯化聚半乳糖醛酸苷链。原果胶不溶于水，但在酸或酶的作用下可逐渐转化为果胶，而呈溶解状态。原果胶多存在于未成熟果蔬细胞壁的中胶层中。

（2）果胶（Pectin） 果胶也称果胶酯酸，是被甲基酯化至一定程度的多聚半乳糖醛酸，在成熟果蔬的细胞液内含量较多。甲酯化反应如下：

$$R'—COOH + HOCH_3 \longrightarrow R'—COOCH_3 + H_2O$$

甲氧基（—OCH_3）含量愈高，则果胶的凝冻能力愈强。根据甲氧基含量的不同，又可将果胶分为两类：高甲氧基果胶（甲氧基含量≥7%）和低甲氧基果胶

（甲氧基含量＜7％）。当酯化程度达 100％时，甲氧基含量为 16.32％。

果胶为白色无定形物质，无味、能溶于水而成为胶体溶液。在乙醇和盐类（硫酸镁、硫酸铵等）溶液中凝结沉淀，通常利用这种性质来提取果胶。

（3）果胶酸（Pectic acid） 是未经酯化的多聚半乳糖醛酸。实际工作中很难得到无甲酯的果胶物质，通常把甲氧基含量在 1％以下的称为果胶酸。

果胶物质的变化过程如下：

$$原果胶 \xrightarrow[\text{或酸}]{\text{原果胶酶}} 果胶 \xrightarrow[\text{或酸、碱}]{\text{果胶酶}} 果胶酸 \xrightarrow{\text{果胶酸酶}} 半乳糖醛酸$$

未成熟果实中　　成熟、变软　　　水烂状态　　　组织解体

山楂、柑橘、胡萝卜等果蔬中含有较丰富的果胶，常见果蔬中果胶物质的含量（质量分数，％）如下：山楂 6.4；苹果 1～1.8；桃 0.56～1.25；梨 0.5～1.4；杏 0.5～1.2；番茄 0.17；胡萝卜 0.25。

柑橘皮、柠檬皮中果胶占干物质的含量（质量分数，％）分别达到 20 和 32，它们是提取果胶的理想原料。

果胶溶液在 pH 值为 2.0～3.5，蔗糖含量 60％～65％，果胶含量 0.3％～0.7％的条件下极易形成凝胶。糖在果胶凝胶形成过程中起脱水剂的作用，酸在果胶凝胶形成过程中起消除果胶分子负电荷的作用。

7.6.2 果胶含量的测定

测定果胶含量的方法有重量法、果胶酸钙滴定法和咔唑比色法等。下面介绍其中的两种测定方法。

7.6.2.1 重量法

（1）原理 在一定的条件下，果胶物质与沉淀剂 $CaCl_2$ 作用生成果胶酸钙而沉淀析出。经洗涤、烘干后，由所得残留物的质量即可计算出果胶物质的含量。

本法适用于各类食品的测定，方法准确可靠，但操作烦琐费时。

（2）试剂

① 氯化钙溶液[$c(CaCl_2)=2mol \cdot L^{-1}$]：称取 110.99g 无水 $CaCl_2$，加水溶解后，稀释至 500mL。

② 氢氧化钠溶液[$c(NaOH)=0.1mol \cdot L^{-1}$]。

③ 乙酸溶液[$c(HAc)=1mol \cdot L^{-1}$]：量取 58.3mL 化学纯冰乙酸，加水稀释至 1000mL。

④ 盐酸溶液[$c(HCl)=0.05mol \cdot L^{-1}$]。

⑤ 乙醇。

⑥ 乙醚。

（3）操作方法

① 样品处理

a. 新鲜样品 称取样品 30.0～50.0g，用小刀切成薄片，置于预先放有乙醇（$\varphi = 99\%$）的 500mL 锥形瓶中，装上回流冷凝管，在水浴上沸腾回流 15min 后冷却，用布氏漏斗或玻璃滤器在微微抽气下过滤。残渣置于研钵中，一边慢慢磨碎，一边滴加热乙醇（$\varphi = 70\%$），冷却后再过滤，反复操作至滤液不呈糖类的反应（用苯酚-硫酸法检验）为止。残渣用乙醇（$\varphi = 99\%$）洗涤脱水，再用乙醚洗涤以除去脂类和色素，乙醚挥发除去。

b. 干燥样品 将样品研细并过 60 目筛。准确称取 5～10g 样品于烧杯中，加入热乙醇（$\varphi = 70\%$），充分搅拌以提取糖类，过滤，反复操作至滤液不呈糖类的反应。残渣用乙醇（$\varphi = 99\%$）洗涤，再用乙醚洗涤，挥干乙醚。

② 提取果胶

a. 水溶性果胶的提取 用 150mL 水将上述漏斗中的残渣转入 250mL 烧杯中，加热至沸，并保持微微沸腾 1h，加热时需不断搅拌并随时补充蒸发损失的水分。冷却后移入 250mL 容量瓶中，加水至刻度。摇匀，用干燥滤纸过滤（最好用布氏漏斗抽滤），收集滤液即得水浴性果胶提取液（初滤液弃去）。

b. 总果胶的提取 用 150mL 加热至沸的盐酸溶液 [$c(HCl) = 0.05\text{mol} \cdot \text{L}^{-1}$] 将漏斗中的残渣转入 250mL 锥形瓶中，装上冷凝管，于沸水浴中加热回流 1h。冷却后移入 250mL 容量瓶中，加甲基红指示剂 2 滴，用氢氧化钠溶液中和后，用水定容，摇匀，过滤，收集滤液即得总果胶提取液。

③ 吸取提取液 25mL（能生成果胶酸钙 25mg 左右）于 500mL 烧杯中，加入 100mL 氢氧化钠溶液 [$c(NaOH) = 0.1\text{mol} \cdot \text{L}^{-1}$]，充分搅拌后放置 0.5h。再加入 50mL 乙酸溶液 [$c(HAc) = 1\text{mol} \cdot \text{L}^{-1}$]，5min 后加搅拌边慢慢加入 25mL 氯化钙溶液 [$c(CaCl_2) = 2\text{mol} \cdot \text{L}^{-1}$]，放置 1h。加热沸腾 5min 后，趁热用已在 105℃ 下干燥至恒重的滤纸（或 G2 玻璃砂芯漏斗）过滤，用热水洗涤至无 Cl⁻ 为止（用硝酸银溶液检查）。

把带滤渣的滤纸放入已知质量的干燥称量瓶内，在 105℃ 下烘 1.5h 后称重，再放入烘箱中继续干燥至恒重。

(4) 计算

表示方法有两种，一种用果胶酸钙表示，一种用果胶酸表示。

$$\text{果胶酸钙}(w, \%) = \frac{(m_1 - m_2)}{m(V_1/V)} \times 100$$

$$\text{果胶酸}(w, \%) = 0.9233 \times \text{果胶酸钙}(\%)$$

式中　m_1 —— 果胶酸钙和滤纸（或玻璃砂芯漏斗）质量，g；

　　　m_2 —— 滤纸（或玻璃砂芯漏斗）质量，g；

　　　m —— 样品质量，g；

V_1——测定时取果胶提取液的体积，mL；

V——果胶提取液总体积，mL；

0.9233——由果胶酸钙换算成果胶酸的系数。

（5）说明及注意事项

① 新鲜样品中存在有果胶酶，加入乙醇煮沸一定时间可钝化酶的活性，否则在研磨时由于酶的作用，果胶会迅速分解。乙醇的用量可根据样品中的含水量确定，使样品溶液的乙醇最终浓度调整到 70％以上。用乙醇洗涤多次，再以乙醚处理可除去全部糖类、脂类及色素。

② 糖分的检验可用苯酚-硫酸法：取待检液 1mL 于试管中，加入苯酚水溶液（$\rho=5\%$）1mL，再加硫酸 5mL，混匀，如溶液呈褐色，则证明检液含有糖分。

7.6.2.2 咔唑比色法

（1）原理　果胶水解生成半乳糖醛酸，在硫酸溶液中与咔唑试剂作用，生成紫红色化合物，其呈色强度与半乳糖醛酸的浓度成正比。

（2）试剂

① 精制乙醇：取化学纯无水乙醇或体积分数为 95％乙醇 1000mL，加入锌粉 4g 及硫酸（1+1）4mL，置恒温水浴中回流 10h，然后用全玻璃仪器蒸馏。馏出液每 1000mL 加入锌粉和 KOH 各 4g，进行重蒸馏。

② 咔唑乙醇溶液（$1.5g \cdot L^{-1}$）：溶解 0.15g 咔唑于 100mL 精制乙醇中。

③ 半乳糖醛酸标准工作液：准确称取 α-D-水解半乳糖醛酸 100mg，用水溶解并定容至 100mL，混匀后得标准贮备液（$1mg \cdot mL^{-1}$）。吸取不同量的标准贮备液，用水稀释，配制一组浓度分别为 0、$10\mu g \cdot mL^{-1}$、$20\mu g \cdot mL^{-1}$、$30\mu g \cdot mL^{-1}$、$40\mu g \cdot mL^{-1}$、$50\mu g \cdot mL^{-1}$、$60\mu g \cdot mL^{-1}$ 和 $70\mu g \cdot mL^{-1}$ 的半乳糖醛酸标准工作液。

④ 硫酸：优级纯。

⑤ 无水乙醇。

⑥ 盐酸溶液[$c(HCl)=0.05mol \cdot L^{-1}$]。

（3）仪器

① 分光光度计。

② 恒温水浴锅。

（4）操作方法

① 标准曲线的绘制　取大试管（30mm×200mm）8 支，各加入浓硫酸 12mL。置冰水浴中边冷却边徐徐加入上述浓度为 0～$70\mu g \cdot mL^{-1}$ 的半乳糖醛酸标准工作液各 2mL，充分混合后再置冰水浴中冷却。

在沸水浴中加热 10min 后，冷却至室温，然后各加入咔唑乙醇溶液（$1.5g \cdot L^{-1}$）1mL，充分混合。室温下放置 30min 后，以 0 号管调节零点，在波长 530nm 下，用 2cm 比色皿，分别测定上述标准系列的吸光度。以测得的吸光度为纵坐标，每毫升标准溶液中半乳糖醛酸含量为横坐标，绘制标准曲线。

② 样品测定

a. 样品处理　同重量法。

b. 果胶的提取　同重量法。

c. 测定　取果胶提取液用水稀释至适宜浓度（含半乳糖醛酸 $10\sim70\mu g\cdot$ mL^{-1}）。然后准确移取此稀释液 2mL，按标准曲线的制作方法同样操作，测定其吸光度，由标准曲线查出果胶稀释液中半乳糖醛酸的浓度（$\mu g\cdot mL^{-1}$）。

（5）计算

$$X=\frac{cVK}{m\times10^6}\times100$$

式中　X ——样品中果胶物质（以半乳糖醛酸计）质量分数，%；

　　　　V ——果胶提取液总体积，mL；

　　　　K ——提取液稀释倍数；

　　　　c ——从标准曲线上查得的半乳糖醛酸浓度，$\mu g\cdot mL^{-1}$；

　　　　m——样品质量，g。

（6）说明及注意事项

① 应用咔唑比色法测定果胶含量时，其试样的提取液必须是不含糖的溶液。糖分的存在，对呈色反应将产生较大的干扰，从而导致测定结果偏高。

② 比色法较果胶酸钙重量法操作简便、快速，每份样品仅需 6～8h。

思考与习题

1. 从营养的角度出发，碳水化合物可分为哪两类，各包含哪些物质？

2. 说明兰-埃农法测定还原糖的原理。测定还原糖时，加热时间对测定有何影响，如何控制？滴定过程为何要在沸腾的溶液中进行？

3. 简要说明如何测定奶粉样品中的乳糖和蔗糖含量？试比较淀粉酶水解和酸水解的优缺点，并说明如何选择水解方法。

4. 膳食纤维的定义和功能？酸洗涤纤维和中性洗涤纤维各包含哪些主要组分？它们之间有何关系？

5. 用酸碱处理法测定食物中的纤维素含量时应注意些什么问题？

6. 植物体内的果胶物质有哪几种状态？在果实成熟过程中它们如何变化？果胶物质的基本结构是什么？

7. 简述高锰酸钾法测定还原糖的原理并比较几种还原糖测定方法的异同点。

8. 试设计苹果、板栗中还原糖的测定方案。

8 维生素的测定

维生素是维持人体正常生理功能所必需而需要量极微的天然有机物质。维生素必须经常由食物供给,当机体内某种维生素长期缺乏时,即可发生特有的维生素缺乏症,严重时足以致命。但如果过量摄入某些维生素,也可引起维生素过多症,对身体非但无益,反而有害。

维生素的种类很多,其化学结构与生理功能各异。根据维生素的溶解性能通常可将它们分为脂溶性维生素和水溶性维生素两大类。脂溶性维生素如维生素 A、维生素 D、维生素 E、维生素 K,在生物体内的存在与吸收都与脂肪有关。而水溶性维生素又可分为 B 族和 C 族两类,B 族维生素有维生素 B_1、维生素 B_2、维生素 B_3、维生素 B_5、维生素 B_6、维生素 B_{11}、维生素 B_{12}、维生素 H 以及胆碱和肌醇;C 族维生素有维生素 C 和维生素 P。在近 20 种确知对人体健康和发育有关的维生素中,以维生素 A、维生素 D、维生素 B_1、维生素 B_2、维生素 B_5 及维生素 C 最重要,人体最易感到缺乏,绿色植物是人和动物所需维生素的重要来源。

测定食品中的维生素含量,是食品营养成分分析的主要项目之一,特别是维生素强化食品更需进行其含量的测定。

8.1 样品的采集和处理

维生素大多不够稳定、易于分解,因此在样品的采集、处理及保存时应特别加以注意,一般取样后应立即进行测定。

(1)样品的采集 食品中的维生素含量因品种、动植物的生长条件、加工贮存等诸多因素的不同而差别很大。即使是同一品种、甚至是同一样品,各部位的含量也不会完全相同,尤其是未经加工的果蔬、鱼肉等样品,维生素的分布更不均匀。

定量维生素一次所需的试样量,一般为 1~20g,但对于动植物等组成不均匀的样品,如果取样量太少,则往往缺乏代表性。正确的取样方法是,尽量做到多点采样、多取样品、然后充分混合,以确保所采样品能够代表全部物料的组成成分。例如 1 箱水果,可取第 1 个、第 11 个、第 21 个,逐个测定维生素含量,求其平均值。测定 1 个试样时,为了消除不同部位所引起的偏差,可先将样品切成两半,再将每半各切成 8 份,上下交替地采取 8 份的对应部分,然后汇集在一起。对于鱼类、叶菜类等长条形食品，可从端部开始，按一定宽度切开，然后等间隔地采取样品，而对于谷类、豆类等样品，则可采用四分法进行缩分。

（2）样品的处理　维生素的共同点之一是多易分解，尤其是在溶液中。维生素 A 对酸不稳定，易被空气、氧化剂所氧化，也能被紫外线分解；维生素 B_1 在碱性条件下极易受到破坏，氧化剂、紫外线及 γ 射线可破坏维生素 B_1，金属离子（如铜等）和亚硫酸根也可使其分裂钝化；维生素 B_2 在碱性溶液中容易分解，对光辐射也十分敏感；维生素 D 耐热，但对酸不稳定；维生素 E 对碱不稳定，在空气中也能慢慢被氧化，光、热、碱能促进维生素 E 的氧化作用；维生素 C 在有空气及其他氧化剂存在的情况下极不稳定，其分解速度受温度、pH 值、金属离子及紫外光线的影响。

除了光、热、酸、碱、氧化剂等的影响，试样在进行磨碎、粉碎等均匀化处理时，也往往会造成维生素的损失；此外，样品在切开时由于水分从切断面流出，或经过干燥，不仅维生素减少，试样质量也会发生变化，这些都会给测定带来误差。因此，必须充分了解维生素的性质，采取正确的处理方法，以确保分析结果的正确性。对部分样品的处理如下。

① 谷类及其制品　主要是测定维生素 B 的含量。因此样品粉碎后应立即进行测定，并且避免光线直射和热、碱的影响。

② 鱼、肉类　测定前将可食部分取出，用搅肉机搅三次混合均匀，处理过程中应尽量避免样品氧化。

③ 油脂类　去掉外部与空气接触部分后再进行分析。

④ 果蔬类　这类食品的维生素含量因新鲜程度的不同而异，因此样品采集后应尽快分析，如不能立即分析也应妥善保存。

（3）样品的保存

① 固体粉末样品：可置于棕色瓶内，用氮气等惰性气体置换瓶内空气，然后密封，低温下贮存。

② 液体样品：将样品充满容器，然后在冰箱内保存。如果只测定食品中的维生素 A、维生素 E，则可添加抗氧化剂防止分解。

③ 生鲜样品可在 −20℃ 以下的低温冷冻保存，除维生素 C 外，其他维生素不发生变化。

④ 测定耐热维生素时，可加热使酶钝化，也可添加防腐剂。

需要注意的是：即使采取以上措施，也很难完全阻止维生素的分解。

8.2　维生素 A 的测定

维生素 A（VA）又称抗干眼病维生素，是所有具有视黄醇（Retinol）生物活性的 β-紫罗宁衍生物（Ionine）的统称，通常所说的维生素 A 即指视黄醇而言。视黄醇是胡萝卜素在动物的肝及肠壁中的转化产物，其结构式如下：

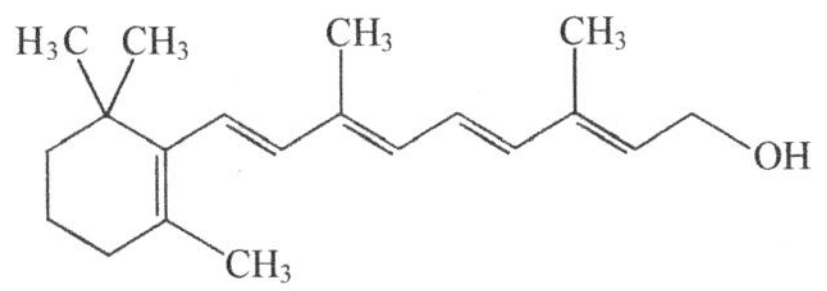

人体每日维生素 A 的需要量为 1.5mg（5000IU）。缺乏维生素 A 会导致夜盲、干眼、角膜软化、失明及生长抑制等一系列症状。由于维生素 A 可进入肝脏而积累，因此肝脏中维生素 A 的含量通常随着年龄的增长而增加，与积贮量较少的儿童相比，成年人出现缺乏维生素 A 的现象较少。

测定维生素 A 常用的方法有三氯化锑比色法、三氟乙酸比色法、紫外分光光度法、液相色谱法等。

8.2.1 三氯化锑比色法

三氯化锑比色法选择性强，适用于维生素 A 含量大于 $5\mu g \cdot g^{-1}$ 的食品样品测定。

（1）原理　在氯仿溶液中，维生素 A 与三氯化锑反应生成蓝色可溶性络合物，并在 620nm 处有一最大吸收峰，其蓝色深度与溶液中维生素 A 的浓度成正比。

（2）仪器

① 分光光度计。

② 回流冷凝装置。

（3）试剂

① 无水硫酸钠：于 130℃烘箱中烘 6h，装瓶备用。

② 乙酸酐。

③ 乙醚：应不含过氧化物。

④ 无水乙醇：不得含有醛类物质。

⑤ 三氯甲烷（氯仿）：应不含分解物，否则会破坏维生素 A。

⑥ 三氯化锑-氯仿溶液（$\rho = 25\%$）：将 25g 三氯化锑迅速投入到装有 100mL 氯仿的棕色试剂瓶中（勿使其吸收水分），充分振摇使其溶解，用时吸取上层清液。

⑦ KOH 溶液（1+1）：50gKOH 溶于 50mL 水中。

⑧ 酚酞指示剂（$10g \cdot L^{-1}$）。

⑨ 氢氧化钾溶液 $[c(KOH) = 0.5mol \cdot L^{-1}]$。

⑩ 维生素 A 标准溶液：视黄醇（纯度 85%）或视黄醇乙酸酯（纯度 90%）经皂化处理后使用。用脱醛乙醇溶解维生素 A 标准品，使其浓度大约为 1mL 相当于 1mg 视黄醇。临用前用紫外分光光度法标定其准确浓度。

标定：取维生素 A 标准溶液 $10.00\mu L$，用乙醇稀释至 3.00mL，在 325nm 波长处测定其吸光值。用比吸光系数计算维生素 A 的浓度。

浓度计算：

$$X = \frac{\overline{A}}{1835} \times K \times \frac{1}{100}$$

式中　X——维生素 A 的浓度，$g \cdot mL^{-1}$；

　　　$\overline{A}$——维生素 A 的平均紫外吸光值；

　　1835——维生素 A（1‰）比吸光系数；

　　　K——标准稀释倍数，按以上操作为 $3.00/(10.00 \times 10^{-3})$。

（4）操作方法　维生素 A 极易被光破坏，实验操作应在微弱光线下进行，或用棕色玻璃仪器。

① 皂化　根据样品中维生素 A 含量的不同，称取 0.5～5g 均匀样品于 250mL 磨口锥形瓶中，加 10mL KOH（1+1）溶液及 20～40mL 乙醇，充分摇动使样品散开。装上冷凝管，在电热板上回流 30～60min，使皂化完全（溶液澄清透明时，表明皂化已经完全）。取下皂化瓶，用 10mL 水冲洗冷凝管下端及瓶口。

② 提取　皂化瓶置于流动水下冷却至室温，将皂化液移入 500mL 分液漏斗中，用 30mL 水分两次冲洗皂化瓶，洗液并入分液漏斗（如有渣子，可用脱脂棉漏斗滤入分液漏斗内）。用 50mL 乙醚分两次冲洗皂化瓶，所有洗液合并于分液漏斗中。振摇并注意放气，提取不皂化部分，静置分层后，将下层水液放入另一分液漏斗中。再加约 30mL 乙醚分两次冲洗皂化瓶，洗液倾入第二个分液漏斗中。振摇后，静置分层，放出下层水液，将醚液合并入第一个分液漏斗中。如此反复提取 4～6 次，至水液中无维生素 A 为止（即醚层不再使三氯化锑-氯仿液呈蓝色）。

③ 洗涤　向合并的乙醚提取液中加水约 30mL，轻轻摇动分液漏斗，静置分层后弃去下层水液。向醚液中加入 15～20mL 氢氧化钾溶液 $[c(KOH) = 0.5 mol \cdot L^{-1}]$，轻轻振摇，静置分层后弃去下层碱液（除去醚溶性酸皂）。继续用水洗涤，每次用水约 30mL。如此反复 3～5 次，直至洗涤液与酚酞指示剂呈无色为止。醚层液静置 10～20min，小心放出析出的水。

洗涤过程不要用力摇动，以防发生乳化不易分离。如有乳化现象发生，可加少量氢氧化钾溶液 $[c(KOH) = 0.5 mol \cdot L^{-1}]$ 帮助分层。

④ 浓缩　将醚层液经无水硫酸钠滤入 150mL 锥形瓶中，再用约 25mL 乙醚冲洗分液漏斗及无水硫酸钠两次，洗液并入锥形瓶内。装好冷凝管，在水浴上蒸馏回收乙醚。待乙醚仅剩下 3～5mL 时，取下锥形瓶，用减压抽气法至干，立即准确加入一定量的三氯甲烷（约 5mL）使溶液中维生素 A 含量在适宜浓度范围（3～5μg·mL^{-1}）。

⑤ 标准曲线绘制　准确吸取维生素 A 标准液 0、0.1mL、0.2mL、0.3mL、0.4mL、0.5mL 于 6 个 10mL 棕色容量瓶中，以三氯甲烷定容，得标准系列使用液。再取相同数量的 3cm 比色皿顺次移入标准系列使用液各 1mL，每个皿中加乙

酸酐 1 滴，制成标准比色列。于 620nm 波长处，以 10mL 三氯甲烷加 1 滴乙酸酐调节吸光度至零点，将标准比色列按顺序移入光路前，迅速加入三氯化锑-氯仿溶液 9mL，于 6s 内测定吸光度。以吸光度为纵坐标、维生素 A 含量为横坐标绘制标准曲线图。

⑥ 样品测定　取 2 个 3cm 比色皿，分别加入 1mL 三氯甲烷（样品空白液）和 1mL 样品液，各加 1 滴乙酸酐。其余步骤同标准曲线的绘制。

（5）计算

$$X = \frac{cV}{m} \times \frac{100}{1000}$$

式中　X——样品中含维生素 A 的量，$mg \cdot (100g)^{-1}$；

c——由标准曲线上查得样品中维生素 A 的含量，$\mu g \cdot mL^{-1}$；

V——提取后用三氯甲烷定容的体积，mL；

m——样品质量，g。

（6）说明及注意事项

① 乙醇的检查和脱醛方法

检查方法：取 2mL 银氨溶液于试管中，加几滴乙醇，振摇，加入 NaOH 溶液（$100g \cdot L^{-1}$）1 滴，加热，放置冷却后，若有银镜反应则表示乙醇中含有醛类物质。

银氨溶液的配制：滴加氨水于硝酸银溶液（$50g \cdot L^{-1}$）中，直至生成的沉淀重新溶解为止，再加 NaOH 溶液（$100g \cdot L^{-1}$）数滴，如发生沉淀，再加入氨水使之溶解。

脱醛方法：取 2g 硝酸银溶于少量水中，取 4gNaOH 溶于少量温乙醇中。将两者倾入 1L 乙醇中，充分振摇，放置暗处 2d（不时摇动，促进反应）。经过滤，置蒸馏瓶中蒸馏。收集 78℃时的馏出液（弃去初滤液 50mL）。当乙醇中醛类物质较多时，硝酸银用量适当增加。

② 乙醚的检查和去除过氧化物的方法：同 6 脂肪含量的测定。

③ 三氯甲烷的检查方法和处理：三氯甲烷不稳定，放置后易受空气中氧的作用生成氯化氢和光气。

检查方法：取 3～5mL 三氯甲烷置于试管中，加 1～2mL 水振摇，使氯化氢溶到水层。加入 2～3 滴硝酸银溶液（$50g \cdot L^{-1}$），如有白色沉淀即说明三氯甲烷中有分解产物。

处理方法：试剂应先检测是否有分解产物，如有，则应于分液漏斗中加水洗数次，加无水硫酸钠或氯化钙使之脱水，然后蒸馏。

④ 三氯化锑腐蚀性很强，不能沾在手上或其他物件上。由于三氯化锑遇水即生成白色沉淀：$SbCl_3 + 2H_2O \longrightarrow SbOCl \downarrow + H_2O + 2HCl$，不易冲洗，故使用时

不能长期暴露在空气中以免吸水，用过的仪器先用稀盐酸浸泡后再洗涤。

⑤ 三氯化锑易吸水，若水分含量较多，须重结晶后使用。重结晶方法：取适量的三氯化锑，置曲颈瓶内，在砂浴上加热，待三氯化锑开始馏出，用表面皿收集一滴馏出液，直至冷却后析出结晶，即开始收集馏出液于预先称量过的干燥玻璃瓶内，称量。按蒸馏后得到的重结晶的三氯化锑的质量，配制三氯化锑-氯仿溶液。

⑥ 加三氯化锑-氯仿溶液于样品试液中后，必须在6s内读数，否则会因维生素A与三氯化锑所呈的蓝色迅速消退而造成较大的误差。

⑦ 维生素A分为维生素A_1和维生素A_2两种，视黄醇即维生素A_1，是维生素A的参考标准。脱氢视黄醇即维生素A_2，存在于淡水鱼体中，生物效价只有维生素A_1的40%。

⑧ 维生素A含量高的样品如猪肝，可直接用研磨提取法处理样品：称取2～5g样品于研钵中，加3～5倍量的无水硫酸钠，研磨均匀至水分完全被吸收。小心将全部均质化的样品转入具塞锥形瓶中，准确加入50～100mL乙醚，加盖后用力振摇2min，使样品中的维生素A溶于乙醚中，使其自行澄清（大约1～2h）或离心澄清（因乙醚易挥发，气温高时应在冷水浴中操作）。取澄清液2～5mL于比色管中，在70～80℃水浴上抽气蒸干，立即加入1mL三氯甲烷溶解残渣，按上述操作方法用三氯化锑比色法测定。

⑨ 皂化回流时间因样品而异。向皂化瓶中加少许水，若有浑浊现象则表示皂化尚未完全，应继续加热。

⑩ 维生素A计算结果如以国际单位给出，每1国际单位（IU）维生素A＝0.3μg维生素A。

8.2.2 紫外分光光度法

（1）原理　维生素A的异丙醇溶液在325nm波长下有最大吸收峰，且其吸光度值与维生素A含量成正比。

（2）仪器　紫外分光光度计。

（3）试剂

① 维生素A标准溶液：称取1g相当于50000国际单位维生素A的浓鱼肝油0.1000g，加异丙醇溶解，定容至25mL。此溶液1mL相当于40国际单位（即40IU·mL^{-1}）。

② 异丙醇。

（4）操作方法

① 标准曲线的绘制　分别吸取维生素A标准溶液（40IU·mL^{-1}）0.5mL、1.0mL、1.5mL、2.0mL、2.5mL、3.0mL、4.0mL于10mL棕色容量瓶中，以异丙醇定容。于紫外分光光度计325nm处测定吸光度，并绘制标准曲线。

② 样品的测定　准确称取适量样品（维生素A含量约为250～750IU），按三

氯化锑比色法皂化、提取、洗涤、蒸发醚层，加异丙醇定容，于紫外分光光度计
325nm 处测定吸光度。

（5）计算

$$X = \frac{cV}{m} \times 100$$

式中　X——样品中维生素 A 的含量，$IU \cdot (100g)^{-1}$；

c——由标准曲线查得的维生素 A 含量，$IU \cdot mL^{-1}$；

V——异丙醇量，mL；

m——样品质量，g。

（6）说明及注意事项

① 紫外分光光度法操作简便、灵敏度较比色法高，可测定维生素 A 含量低于
$5\mu g \cdot g^{-1}$ 的食品。但由于在维生素 A 的最大吸收波长 325nm 附近许多其他化合物
也有吸收，干扰测定。故本法只适用于测定透明鱼油、维生素 A 浓缩产物等纯度
较高的样品。

② 实验也可采用环己烷为溶剂，测定波长为 328nm。

8.3　胡萝卜素的测定

胡萝卜素是存在于植物体中的一种多烯烃类，有多种异构体及衍生物，总称为
类胡萝卜素（Carotenoids）。其中在分子结构中含有 β-紫罗宁残基的类胡萝卜素
（如 α-胡萝卜素、β-胡萝卜素、γ-胡萝卜素等，$C_{40}H_{56}$）可在人体内转变为维生素
A，故称为维生素 A 原。

$$\beta\text{-胡萝卜素} + 2H_2O \xrightarrow{\text{胡萝卜素酶}} 2\text{ 维生素 A}$$

维生素 A 原中以 β-胡萝卜素的生物效价最高，α-胡萝卜素和 γ-胡萝卜素的生理
价值只有 β-胡萝卜素的一半。维生素 A 原的结构式如下：

胡萝卜素是一种植物色素，常与叶绿素、叶黄素等共存于植物体中，这些色素
都能被有机溶剂所提取。因此，测定时必须将胡萝卜素与其他色素分离开来，常用
的分离方法有纸层析、柱层析和薄层层析法。

（1）原理　测定食品中胡萝卜素的方法为层析分离法。样品中的色素被有机溶

剂提取后，再利用对各种色素有不同吸附能力的吸附剂，在适当条件下，将各种色素吸附在吸附柱的不同位置上形成色谱层，然后用洗脱剂将胡萝卜素洗下，在分光光度计 450nm 波长下测定其吸光度。

（2）仪器

① 回流冷凝管（具磨口）。

② 500mL 分液漏斗。

③ 抽滤装置。

④ 恒温水浴锅。

⑤ 层析管：上端漏斗形部分的容积约 50mL，中部长度约 18cm，内径 0.8～1cm；下部长约 7～8cm，内径 0.5～0.6cm。

⑥ 分光光度计。

⑦ 蒸锅。

（3）试剂

① 丙酮。

② 石油醚：沸程 30～60℃（以下用石油醚 A 表示）和沸程 60～90℃（以下用石油醚 B 表示）。

③ 无水硫酸钠：不应有吸着胡萝卜素的能力，每用一批新的无水硫酸钠都要检查。

④ 滤纸或脱脂棉：不应吸着胡萝卜素。

⑤ KOH 溶液（1+1）。

⑥ 吸附剂：氧化镁，通过 80～100 目筛，在 800℃灼烧 3h 活化。

⑦ 氢氧化钾溶液 $[c(KOH)=0.5mol \cdot L^{-1}]$。

⑧ 脱醛乙醇：检查及脱醛方法见维生素 A 的测定（三氯化锑法）。

⑨ 酚酞指示剂（10g $\cdot L^{-1}$）。

⑩ 洗脱剂：丙酮-石油醚 B(5＋95)。

⑪ 胡萝卜素标准溶液：准确称取 β-胡萝卜素 50mg，加少量氯仿溶解，用石油醚稀释至 50mL。分取此溶液 1mL，用石油醚稀释至 100mL，此溶液每毫升含 β-胡萝卜素 10μg，临用前配制。

（4）操作方法

① 标准曲线的绘制　吸取 β-胡萝卜素标准液 0.1mL、0.2mL、0.4mL、0.6mL、0.8mL、1.0mL，以石油醚定容至 10mL，分别于 450nm 波长处测定吸光度，绘制标准曲线。

② 样品提取

a. 新鲜蔬菜、水果

ⓐ 将样品用蒸汽处理 2～5min，以破坏其中可能含有的氧化酶（蒸前和蒸后都要称量），然后切碎或捣碎。

ⓑ 准确称取 1～5g 样品（含胡萝卜素 50～100μg），置于研钵内，加石油醚 A-丙酮（1+1）混合液，用玻璃锤研磨。

ⓒ 静置片刻，将上清液倒入（或以少量脱脂棉滤入）盛有约 100mL 水的分液漏斗中。

ⓓ 将样品继续研磨，用石油醚 A-丙酮（1+1）混合液提取至无色，提取液并入分液漏斗中。石油醚-丙酮混合液每次约加 5～8mL。

ⓔ 摇动分液漏斗 1min，静置分层，将水层放入另一分液漏斗中。提取液用水洗 3～4 次，每次约 30mL，水层集中在同一个分液漏斗中，加入石油醚 5～10mL，摇动、提取。放去水层，将石油醚倒入样品提取液中。

ⓕ 向石油醚提取液中加入少许无水硫酸钠，振摇后，倒入层析管进行分离。

b. 干制植物性食品

ⓐ 将样品磨碎过 40 目筛，称取样品 1～5g（含量低的可称 5～10g），放入锥形瓶中，加 20mL 石油醚 B-丙酮（7+3）混合液，在水浴上回流 1h。

ⓑ 将瓶内提取液倒入盛有约 100mL 水的分液漏斗中，残渣以石油醚洗提数次，每次约 5～8mL，洗液并入分液漏斗中，直至洗提液无色为止。以下操作同 aⓔ～ⓕ。

c. 动物性食品及其他含脂肪食品　皂化、提取、洗涤操作方法同维生素 A 的测定（三氯化锑比色法），提取溶剂用石油醚（30～60℃）。

蒸发：将醚液经无水硫酸钠滤入 150mL 具塞锥形瓶中，用 25mL 石油醚分次洗涤分液漏斗、滤纸和无水硫酸钠，洗至无色，洗液并入锥形瓶中。

③ 层析分离

a. 层析管的准备

ⓐ 装少许脱脂棉于层析管下部并压紧，装入氧化镁约 10cm 高，轻击管壁使装填均匀。

ⓑ 将层析管装在抽滤瓶上，抽气。用一端扁平的玻璃棒轻压将表面压平，然后加入约 1cm 高的无水硫酸钠。

b. 分层及洗脱

ⓐ 向层析管内加约 10mL 石油醚（沸程 60～90℃），抽气减压，使吸附剂湿润并赶走其中的空气。层析管下面用 25mL 量筒或试管接纳流下的液体。

ⓑ 当无水硫酸钠上面还有少许石油醚时，即将样品提取液倒入层析管中，用少许石油醚洗分液漏斗（或锥形瓶），洗液倒入层析管中。

ⓒ 用洗脱剂洗层析管，至胡萝卜素随溶剂洗下溶液呈现黄色，继续洗脱至胡萝卜素全部洗下至流下的洗脱剂无色为止（可自胡萝卜素层移至管中部时开始接纳洗出液）。一般洗脱剂用量为 25～35mL。如样品中其他色素较多，应使用含丙酮少的石油醚或不含丙酮的石油醚使其慢慢分开。

ⓓ 集中全部黄色液体用石油醚稀释至一定体积，浓度最好在 1～2μg·mL^{-1}。

④ 测定

以石油醚为参比，在 450nm 波长处测定吸光度。

(5) 计算

$$X = \frac{cV}{m} \times 100$$

式中　X——样品中胡萝卜素的含量，$mg \cdot (100g)^{-1}$；

　　　c——由标准曲线上查得的胡萝卜素含量，$mg \cdot mL^{-1}$；

　　　V——定容的体积，mL；

　　　m——样品的质量，g。

(6) 说明及注意事项

① 此方法所测结果为总胡萝卜素含量（即包括 α-胡萝卜素、β-胡萝卜素、γ-胡萝卜素），在食品中以 β-胡萝卜素的含量比例最高，只有少数食品如胡萝卜、紫菜等含有 α-胡萝卜素和 γ-胡萝卜素。因此一般测定的胡萝卜素仅指 β-胡萝卜素。

② 胡萝卜素易被阳光破坏，应在较暗的环境下操作。

③ 研磨提取时加入玻璃粉一起研磨可加快提取速度，但易造成吸附而产生误差。少量样品可不加玻璃粉研磨。

④ 水洗的目的是洗去丙酮，如丙酮未被洗去，则层析时有的色素不被吸附或不能形成明晰的色层。

⑤ 用氧化镁为吸附剂能将胡萝卜素与其他色素分开。测定前可先用胡萝卜素标准液测定氧化镁的吸附能力和回收率。用过的氧化镁可以经烘干、过筛后，在 800~900℃烘 3h 即可恢复其吸附力。

⑥ 洗脱剂可根据不同样品改变丙酮的含量，新鲜蔬菜和含色素较多的样品，可以先用石油醚洗脱，然后用丙酮-石油醚（1＋99）洗脱。一般含杂质色素少的样品也可直接用丙酮-石油醚（5＋95）洗脱。

⑦ 层析管的制备必须使吸附剂装填均匀，一般样品可装至 8cm 高。上面加无水硫酸钠是为了防止吸附剂在层析过程中被扰动，同时可吸收提取液中的微量水分。

⑧ 吸附柱上色素排列顺序由上至下依次为：叶绿素、叶黄素、隐黄素、番茄红素、γ-胡萝卜素、α-胡萝卜素、β-胡萝卜素。

⑨ 一般采用 β-胡萝卜素为标准品，如果没有标准样品，可用重铬酸钾水溶液（$\rho = 0.02\%$）代替。如结果以国际单位表示，1 国际单位 β-胡萝卜素＝0.6μg β-胡萝卜素。

8.4　维生素 D 的测定

维生素 D 是所有具有胆钙化醇（Cholecalciferol）生物活性的类固醇（Steroids）的统称。维生素 D 的种类很多，以维生素 D_2（麦角钙化醇）和维生素 D_3（胆钙化醇）最为重要。维生素 D 的生理功能是调节磷、钙的代谢，促进骨骼与牙齿的形成，缺乏时，儿童引起佝偻病，成人则引起骨质疏松症。人及动物皮肤中的 7-脱氢胆固醇经紫外光照射即可转变为维生素 D_3。因此，凡能经常接受阳光照射者不会发生维生素 D 缺乏症。人体维生素 D 的需要量为每日 0.01mg。

维生素 D 的活性以维生素 D_3 为参考标准，$1\mu g$ 维生素 $D_3＝40$ 国际单位维生素 D_3。维生素 D_3 的结构式如下：

维生素 D 的分析方法有气相色谱法、液相色谱法、薄层层析法、紫外分光光度法、三氯化锑比色法、荧光法等，其中比色法和高效液相色谱法是灵敏度较高、测定结果比较准确的方法。下面介绍的方法为三氯化锑比色法。

（1）原理　维生素 D 与三氯化锑在三氯甲烷中产生橙黄色，并在 500nm 波长处有最大吸收，呈色强度与维生素 D 的含量成正比。加入乙酰氯可以消除温度、湿度等干扰因素的影响。维生素 A 与维生素 D 共存时，须先用柱层析分离，去除维生素 A，再比色测定。

本法测定的是维生素 D_2、维生素 D_3 的总量。

（2）仪器

① 分光光度计。

② 层析柱：内径 22mm，具活塞，砂芯板。

（3）试剂

① 氯仿、乙醚、乙醇，同三氯化锑比色法测定维生素 A。

② 三氯化锑-氯仿溶液：取一定量的重结晶三氯化锑，加入其质量 5 倍体积的氯仿，振摇。

③ 三氯化锑-氯仿-乙酰氯溶液：取上述三氯化锑-氯仿溶液，加入其体积 3％的乙酰氯，摇匀。

④ 石油醚：沸程 30～60℃，重蒸馏。

⑤ 维生素 D 标准溶液：称取 0.2500g 维生素 D_2，用氯仿稀释至 100mL，此溶液浓度为 $2.5mg \cdot mL^{-1}$（相当于 $100000IU \cdot mL^{-1}$）。临用时，用氯仿配制成 $0.025～2.5\mu g \cdot mL^{-1}$ 的标准使用液。

⑥ 聚乙二醇（PEG）600。

⑦ 白色硅藻土：Celite545（柱层析作担体用）。

⑧ 无水硫酸钠。

⑨ 氢氧化钾溶液 $[c(KOH)=0.5mol \cdot L^{-1}]$。

⑩ 中性氧化铝：层析用，100～200 目。在 550℃ 高温电炉中活化 5.5h，降温至 300℃ 左右装瓶。冷却后，每 100g 氧化铝中加入 4mL 水，用力振摇，使无块状，瓶口密封后贮存于干燥器内，16h 后使用。

（4）操作方法

① 样品的处理　皂化和提取同维生素 A 的测定。如果样品中有维生素 A 共存时，必须进行纯化、分离维生素 A。

② 纯化

a. 分离柱的制备　称取 15gCelite545 置于 250mL 碘价瓶中，加入 80mL 石油醚，振摇 2min，再加入 10mL 聚乙二醇 600，剧烈振摇 10min 使其黏合均匀。将上述黏合物加到内径 22mm 的玻璃层析柱内（柱内先装 1～2g 无水硫酸钠，铺平整），在黏合物上面加入 5g 中性氧化铝后再加 2～4g 无水硫酸钠。轻轻转动层析柱，使柱内的黏合物高度保持在 12cm 左右。

b. 纯化　柱装填后，先用 30mL 左右的石油醚进行淋洗，然后将样品提取液倒入柱内，再用石油醚淋洗，弃去最初收集的 10mL，再用 200mL 容量瓶收集淋洗液至刻度。淋洗液的流速保持在 2～3mL·min⁻¹。

将淋洗液移入 500mL 分液漏斗中，每次加入 100～150mL 水用力振摇，洗涤三次，弃去水层（水洗主要是去除残留的聚乙二醇，以免与三氯化锑作用形成浑浊，影响测定）。

将上述石油醚层通过无水硫酸钠脱水，移入锥形瓶或脂肪烧瓶中，在水浴上浓缩至约 5mL。在水浴上用水泵减压至恰干，立即加入 5mL 氯仿，加塞摇匀备用。

③ 测定

a. 标准曲线的绘制　分别吸取维生素 D 标准溶液（浓度视样品中维生素 D 含量高低而定）0.0、1.0mL、2.0mL、3.0mL、4.0mL、5.0mL 于 10mL 容量瓶中，用氯仿定容，摇匀。

分别吸取上述标准溶液各 1mL 于 1cm 比色皿中，置于分光光度计的比色槽内，立即加入三氯化锑-氯仿-乙酰氯溶液 3mL，以 0 管调零，在 500nm 波长下于 2min 内测定吸光度值，绘制标准曲线。

b. 样品的测定　吸取上述已纯化的样品溶液 1mL 于 1cm 比色皿中，以下操作同标准曲线的绘制。根据样品溶液的吸光度，从标准曲线上查出其相应的含量。

（5）计算

$$X = \frac{cV}{m \times 1000} \times 100$$

式中　X——样品中维生素 D 的含量，$mg \cdot (100g)^{-1}$；

$\qquad c$——标准曲线上查得样品溶液中维生素 D 的含量，$\mu g \cdot mL^{-1}$；

$\qquad V$——样品提取后用氯仿定容的体积，mL；

$\qquad m$——样品质量，g。

（6）说明及注意事项　食品中维生素 D 的含量一般很低，而维生素 A、维生素 E、胆固醇等成分的含量往往大大超过维生素 D，严重干扰维生素 D 的测定，因此测定前须经柱层析除去这些干扰成分。

8.5　维生素 E 的测定

维生素 E 是所有具有 α-生育酚（Tocopherol）生物活性的色满（苯并二氢呋喃）衍生物的统称。已知自然界存在的维生素 E 有 8 种，其差别仅在于甲基的数目和位置不同。在较为重要的 α、β、γ、δ 四种异构体中，以 α-生育酚的生理活性最强，一般所说的维生素 E 即指 α-生育酚而言。下列结构式（a）为色满即苯并二氢吡喃；（b）为维生素 E 即 α-生育酚。

维生素 E 的主要生理功能是抗动物不育，防止肌肉萎缩及肌肉营养障碍。同时，由于维生素 E 在活细胞中参加某些氧化过程，能防止脂肪过氧化物的生成，因而是一种特殊的生理抗氧化剂，具有抗衰老的作用。人体维生素 E 的需要量为每日 20～30mg。

维生素 E 的检验方法有比色法、荧光法、薄层层析法、气相色谱法和高效液相色谱法等，下面介绍的方法为比色法。

（1）原理　维生素 E 能将高价铁离子还原为亚铁离子，利用所生成的亚铁离子与 α，α'-联氮苯的颜色反应，可测定维生素 E 的含量。

（2）仪器　分光光度计。

（3）试剂

① 氢氧化钾甲醇溶液 $[c(KOH) = 2mol \cdot L^{-1}]$：取 11.2g 氢氧化钾溶于甲醇中，并用甲醇稀释至 100mL。

② 氢氧化钾溶液：$20g \cdot L^{-1}$。

③ 乙醚。

④ 无水乙醇。

⑤ 甲醇。

⑥ 三氯化铁无水乙醇溶液（2g·L^{-1}）：新鲜配制。

⑦ α，α'-联氮苯无水乙醇溶液（5g·L^{-1}）。

⑧ 吸附剂（Floridin XS）：在50g吸附剂中加入100mL盐酸，置于沸水浴上蒸解1h，放置室温后倾出酸液，再加入100mL盐酸，搅拌均匀，在室温下处理一次，然后用水洗至中性。然后用乙醇和苯相继洗涤，在室温下晾干备用。

⑨ 维生素E标准溶液：称取适量维生素E，用无水乙醇配制成浓度为5μg·mL^{-1}的标准使用液。

（4）操作方法

① 样品的处理和提取　同维生素A测定中的样品处理和提取。

② 皂化　取1.00g脂肪提取液于脂肪烧瓶中，连接回流冷凝管，在氮气流中用2mL氢氧化钾甲醇溶液［c(KOH)＝2mol·L^{-1}］在72～74℃温度下皂化10min。皂化液用8mL甲醇稀释，并移入分液漏斗中，加10mL水，然后用乙醚萃取3次，每次用量30～50mL。合并乙醚提取液，用200mL水分三次洗涤，再用氢氧化钾溶液（20g·L^{-1}）洗涤一次，最后用水洗至中性。提取液通过无水硫酸钠柱脱水，在CO$_2$气流中减压蒸发至干，然后用5mL苯溶解。

③ 纯化　将处理好的吸附剂（Floridin XS）装满12mm×30mm的柱，用苯润湿。将上述样液倾入柱中，然后用苯淋洗至洗出液容积为25mL。若吸附柱上出现微绿蓝色，系类胡萝卜素；出现暗蓝色系维生素A。若无胡萝卜素存在，可直接溶解残渣于25mL乙醚中。

④ 比色　取适量样液（1～2mL）于25mL比色管中，加1mL三氯化铁无水乙醇溶液，摇匀，再加1mLα，α'-联氮苯无水乙醇溶液，用无水乙醇定容至刻度，摇匀。放置10～15min，于分光光度计520nm处测定吸光度。同样条件下做一空白试验。

⑤ 绘制标准曲线　根据样液浓度，分别吸取一定量的维生素E标准使用液配制成标准系列，按样品测定步骤测定吸光度，并绘制标准曲线。

（5）计算　计算公式同维生素A的测定，1国际单位维生素E＝1.1mg α-维生素E。

（6）说明及注意事项

① 维生素E在碱性条件下与空气接触易被氧化，因此在皂化时用氮气流保护，也可加入焦性没食子酸（联苯三酚）作为抗氧化剂，防止维生素E氧化。

② 维生素的各种异构体与试剂的反应速度、呈色强度各不相同，当样品中的维生素E主要是α构型时，测定结果与真值相近，但当其他异构体较多时，往往造成较大偏差。

③ 由于光能促进维生素E的氧化，因此应尽可能避光操作。

8.6 维生素 B_1 的测定

维生素 B_1 的分子结构中含有嘧啶环及噻唑环，并含有氨基，故又名硫胺素，可与盐酸生成盐酸盐，在自然界常与焦磷酸结合成焦磷酸硫胺素（简称 TPP）。维生素 B_1 在机体糖代谢过程中具有重要作用，缺乏维生素 B_1 会引起脚气病、神经炎等病症。人体维生素 B_1 的需要量为每日 $1 \sim 2mg$。

食品中维生素 B_1 的测定方法有荧光分光光度法、荧光目测法、高效液相色谱法，其中硫色素荧光法应用最为普遍，下面介绍的即为此种方法。

（1）原理　维生素 B_1 在碱性高铁氰化钾溶液中，能被氧化成一种蓝色的荧光化合物——硫色素，在没有其他荧光物质存在时，溶液的荧光强度与硫色素的浓度成正比。所含杂质需用柱色谱法处理，测定提纯溶液中维生素 B_1 的含量。反应式如下：

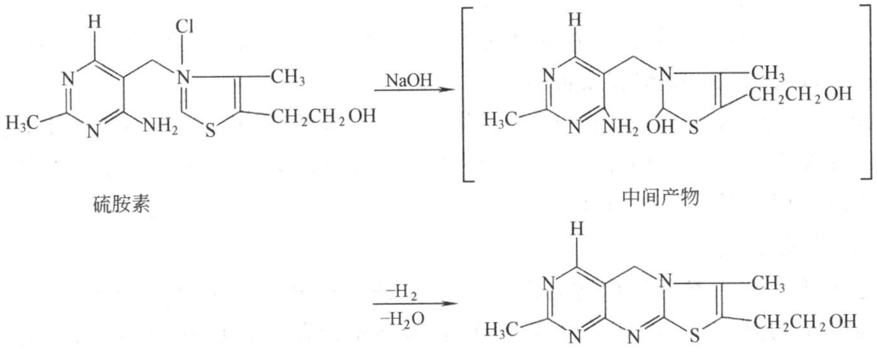

（2）仪器

① 荧光分光光度计。

② 下面带活塞的玻璃柱作交换柱。

③ 具塞刻度比色管。

（3）试剂

① 氢氧化钠溶液（$150g \cdot L^{-1}$）：15g 氢氧化钠溶于水中稀释至 100mL。

② 铁氰化钾溶液（$10g \cdot L^{-1}$）：溶解 $1gK_3Fe(CN)_6$ 于蒸馏水中，稀释至 100mL，贮于棕色瓶内。

③ 碱性铁氰化钾溶液：取铁氰化钾溶液（$10g \cdot L^{-1}$）4mL，用氢氧化钠溶液（$150g \cdot L^{-1}$）稀释至 60mL，用时现配，避光使用。

④ 氯化钾溶液（$250g \cdot L^{-1}$）：250g 氯化钾溶于水中稀释至 1000mL。

⑤ 酸性氯化钾溶液（$250g \cdot L^{-1}$）：取 8.5mL 浓盐酸，用 $250g \cdot L^{-1}$ 的氯化钾溶液稀释至 1000mL。

⑥ 乙酸钠溶液［$c(NaAc)=2mol \cdot L^{-1}$］：溶解无水乙酸钠 164g 或含结晶水的乙酸钠 272g 于 1000mL 水中。

⑦ 乙酸溶液（$\varphi=3\%$）：取冰乙酸 3mL，用水稀释至 100mL。

⑧ 盐酸溶液［$c(HCl)=1mol \cdot L^{-1}$］：配制方法参见附录Ⅰ。

⑨ 盐酸溶液［$c(HCl)=0.1mol \cdot L^{-1}$］：配制方法参见附录Ⅰ。

⑩ 淀粉酶：1∶25，即 1g 淀粉酶可使 25g 可溶性淀粉糖化。

⑪ 无水硫酸钠。

⑫ 正丁醇：优级纯或重蒸馏的分析纯。

⑬ 硫胺素标准贮备液：称取经氯化钙干燥 24h 的硫胺素标准品 0.1000g，溶解于 0.01mol \cdot L^{-1} 盐酸溶液中，以水定容至 1000mL，贮于冰箱中。此溶液浓度为 0.1mg \cdot mL^{-1}。

⑭ 硫胺素标准使用液：临用前将硫胺素标准贮备液用水稀释 1000 倍，此溶液浓度为 0.1μg \cdot mL^{-1}，用时现配。

⑮ 人造沸石：60～80 目，需活化。

⑯ 甘油-淀粉润滑剂：将甘油和可溶性淀粉按 3∶9 质量比混合，于小火上加热，搅拌成透明状，冷却装瓶备用。

⑰ 溴甲酚绿溶液（$0.4g \cdot L^{-1}$）：称取 0.1g 溴甲酚绿，置于小研钵中，加入 1.4mL 氢氧化钠［$c(NaOH)=0.1mol \cdot L^{-1}$］研磨片刻，再加少许水继续研磨至完全溶解，用水稀释至 250mL。

（4）操作方法

① 样品处理　精密称取均匀样品 5～50g 或吸取液体样品 10～100mL（估计其硫胺素含量约为 10～30μg），置于 250mL 带塞锥形瓶中，加 0.1mol \cdot L^{-1} 盐酸溶液 35mL、1mol \cdot L^{-1} 盐酸溶液 15mL，置沸水浴上 1h，冷却至室温。以乙酸钠溶液［$c(NaAc)=2mol \cdot L^{-1}$］调整样品溶液至 pH 值为 4.5（以溴甲酚绿为外指示剂）。

于每个锥形瓶中加淀粉酶 0.6～1g，在 45～50℃保温箱中保温过夜（约 16h），使硫胺素从结合态转变为游离态。取出冷却至室温，将锥形瓶中内容物全部转移至 100mL 容量瓶中，用水定容至刻度，过滤。

② 提纯

a. 装柱　用甘油-淀粉润滑剂涂在交换管的活塞上，交换管的底部用少许脱脂棉塞紧，加几滴蒸馏水将棉花润湿，用玻璃棒将棉花中的气泡赶尽。称 1g 已活化的沸石于烧杯中，加少量水浸湿后，用玻璃棒边搅拌边倒入交换管中，开启活塞，将多余的水放出。

b. 取 25mL 滤液加入到交换管中，调节流速 10～15 滴 \cdot min^{-1}，待滤液全部流出后，用水洗交换管数次，弃去滤液。用酸性氯化钾溶液洗涤人造沸石，流速 10～15 滴 \cdot min^{-1}，收集 25mL 洗涤液于 25mL 刻度比色管中，摇匀。

③ 氧化

a. 取 5mL 样品提纯液于带塞试管中，加入 3mL 碱性铁氰化钾溶液，此管中溶液称为"样液"。另取 5mL 样品提纯液于另一带塞试管中，加入 3mL 氢氧化钠溶液（150g·L^{-1}），此管中溶液称为"样液空白"。

b. 向两管中分别加入 10mL 正丁醇，振摇 2min，静置分层后，用吸管吸出下层碱液，再向每个试管中加两小匙无水硫酸钠。

④ 用 25mL 硫胺素标准使用液代替样品提取液重复上述"提纯"、"氧化"操作，得"标准液"和"标准空白"。

⑤ 测定 在激发波长 365nm，发射波长 435nm，激发狭缝、发射狭缝各 5nm 的条件下，依次测定"标准液"、"标准空白"、"样液"和"样液空白"的荧光强度，分别记录为 A_1、A_0、S_1 和 S_0。

（5）计算

$$维生素 B_1 含量[mg·(100g)^{-1}]=\frac{S_1-S_0}{A_1-A_0}\times\frac{cV}{m}\times\frac{V_1}{V_2}\times\frac{100}{1000}$$

式中　c——硫胺素标准使用液浓度，$\mu g·mL^{-1}$；

　　　V——用于提纯的硫胺素标准使用液的体积，mL；

　　　m——试样质量，g；

　　　V_1——试样水解后定容体积，mL；

　　　V_2——用于提纯的试样提取液的体积，mL。

（6）说明及注意事项

① 人造沸石的活化方法：称取 100g 过 40 目筛的人造沸石，放入烧瓶中，加 10 倍于其体积的热乙酸（$\varphi=3\%$）搅洗 2 次，每次 10min，倒去上清液。用热水洗 2 次，每次 10～15min。再加 5 倍于其体积的热氯化钾溶液（250g·L^{-1}），搅洗 10～15min，静置数分钟后倒去上清液（如果人造沸石含铁较多，可用酸性氯化钾溶液洗若干次，每次 10～15min），再用热乙酸（$\varphi=3\%$）洗 1 次，用水洗数次。每次倾去上清液，然后移入布氏漏斗中，用水洗至无氯离子，放入烘箱中于 100℃ 烘干，保存于不透气的瓶中备用。

每次处理过的人造沸石都需检测回收率，检查方法如下：将 1g 处理过的人造沸石装在交换管中，用一定量的硫胺素标准使用液通过交换管，流速为 10～15 滴·min^{-1}，再用酸性氯化钾（250g·L^{-1}）将硫胺素洗脱，将通过交换管与未通过交换管的硫胺素进行比较，测定荧光强度，计算回收率。要求回收率在 92% 以上方能使用，回收率不足 92% 时，要重新处理。

② 凡士林具有荧光，涂在活塞上会带来污染，可用甘油-淀粉润滑剂代替凡士林。

③ 一般样品中的维生素 B_1 有游离型的，也有结合型的（即与淀粉、蛋白质等结合在一起），故需要用酸和酶水解，使结合型转化为游离型的，然后再用本法测定。

④ 谷类物质不需酶分解，样品粉碎后用酸性氯化钾（250g·L⁻¹）直接提取、氧化测定。

⑤ 淀粉酶不需配成溶液，以免因保存时间长而失去活力。

⑥ 加淀粉酶后保温时间一般需 2～3h，不熟悉的样品保温时间长一些为好。

⑦ 一般每克人造沸石能吸附 $30\mu g$ 硫胺素，硫胺素量过大，回收率下降。因此人造沸石的用量要视取样量而定。食品中的杂质也会降低人造沸石对硫胺素的吸附力，所以人造沸石用量不能过少。

⑧ 样液和标准液通过交换管的流速要一致，流速过快会因交换不彻底或吸附不完全而影响测定结果。

⑨ 铁氰化钾的用量要适当，过多会破坏硫胺素，过少则硫胺素氧化不完全。

⑩ 氧化是操作的关键步骤，操作中应保持加试剂的速度一致。

⑪ 如果以国际单位表示，每 $3\mu g$ 维生素 B_1 相当于 1 国际单位维生素 B_1。

8.7 维生素 B_2 的测定

维生素 B_2 又名核黄素（Riboflavin），以结构中含有 D-核醇及黄素（异咯嗪）而得名，在食品中以游离形式或磷酸酯等结合形式存在。维生素 B_2 是机体中许多重要辅酶的组成部分，在生物氧化中起着重要作用，缺乏维生素 B_2 的主要症状是唇炎（口角炎）、舌炎。人体每日维生素 B_2 的需要量约为 1.8mg。

测定维生素 B_2 的方法有荧光分光光度法、高效液相色谱法、微生物法等。其中荧光法操作简单、灵敏度高，是应用最为普遍的方法。下面介绍的方法为低亚硫酸钠荧光法。

（1）原理　核黄素在 440～500nm 波长光照射下产生黄绿色荧光。在稀溶液中其荧光强度与核黄素的浓度成正比，在波长 525nm 下测定其荧光强度。试液加入低亚硫酸钠 $(Na_2S_2O_4)$，将核黄素还原为无荧光的物质，然后再测定试液中残余荧光杂质的荧光强度，两者之差即为食品中核黄素所产生的荧光强度。色素的干扰可用高锰酸钾氧化除去。

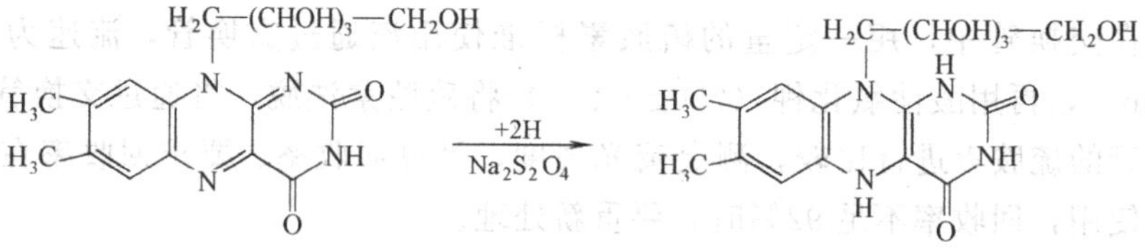

核黄素　　　　　　　　　　　　　无色核黄素

（2）仪器

① 荧光分光光度计。

② 高压消毒锅。

③ 电热恒温培养箱。

④ 核黄素吸附柱，见图 8-1。

（3）试剂

① 硅镁吸附剂：60～100 目。

② 盐酸溶液 [$c(HCl)=0.1mol \cdot L^{-1}$]。

③ 氢氧化钠溶液 [$c(NaOH)=1mol \cdot L^{-1}$]。

④ 氢氧化钠溶液 [$c(NaOH)=0.1mol \cdot L^{-1}$]。

⑤ 高锰酸钾溶液（$30g \cdot L^{-1}$）：溶解 3g 高锰酸钾于水中，稀释至 100mL，每周配一次。

⑥ 过氧化氢溶液（$w=3\%$）：取 10mL 过氧化氢（$w=30\%$）用水稀释至 100mL。

⑦ 乙酸钠溶液 [$c(NaAc)=2.5mol \cdot L^{-1}$]。

⑧ 木瓜蛋白酶（$100g \cdot L^{-1}$）：用 $2.5mol \cdot L^{-1}$ 乙酸钠溶液配制。使用时现配。

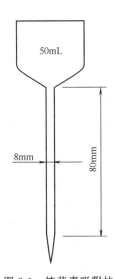

图 8-1　核黄素吸附柱

⑨ 淀粉酶（$100g \cdot L^{-1}$）：用 $2.5mol \cdot L^{-1}$ 乙酸钠溶液配制。使用时现配。

⑩ 低亚硫酸钠溶液（$200g \cdot L^{-1}$）：此溶液用时现配，保存于冰水浴中，4h 有效。

⑪ 核黄素标准贮备液：将标准品核黄素粉状结晶置于真空干燥器或盛有硫酸的干燥器中。经过 24h 后，准确称取 25mg，置于 1000mL 容量瓶中，加入 1.2mL 冰乙酸和约 800mL 水。将容量瓶置于温水中摇动，待其溶解后，冷至室温，用水稀释至刻度。移至棕色瓶内，加少许甲苯盖于溶液表面，于冰箱中保存。此溶液浓度为 $25\mu g \cdot mL^{-1}$。

⑫ 核黄素标准使用液：取贮备液 2.00mL 置于 50mL 棕色容量瓶中，用水稀释至刻度。避光，贮于 4℃ 冰箱内，可保存一周。此溶液浓度为 $1.00\mu g \cdot mL^{-1}$。

⑬ 洗脱液：丙酮-冰乙酸-水（5＋2＋9）。

⑭ 溴甲酚绿指示剂：同维生素 B$_1$ 测定。

（4）操作方法　整个操作过程需避光进行。

① 样品提取

a. 水解　称取 2～10g 均匀样品（含核黄素约 10～200μg）于 100mL 锥形瓶中，加入 50mL 盐酸溶液 [$c(HCl)=0.1mol \cdot L^{-1}$]，搅拌至颗粒物分散均匀。用 40mL 瓷坩埚为盖扣住瓶口，置于高压锅内高压水解，10.3×10^4Pa 30min。水解液冷却后，滴加氢氧化钠溶液 [$c(NaOH)=1mol \cdot L^{-1}$]，边加边摇动（避免局部碱性过强），取少许水解液，用溴甲酚绿检验呈草绿色，pH 值为 4.5。

b. 酶解　含有淀粉的水解液，加入 3mL 淀粉酶溶液（$100g \cdot L^{-1}$），于 37～40℃保温约 16h。含高蛋白的水解液，加入 3mL 木瓜蛋白酶溶液（$100g \cdot L^{-1}$），于 37～40℃保温约 16h。

c. 过滤　上述酶解液转移至 100mL 容量瓶中，用水稀释至刻度。用干滤纸过滤，此滤液在 4℃冰箱内，可保存一周。

② 氧化去杂质　视样品中核黄素的含量取一定体积的样品提取液及核黄素标准使用液（约含 1～10μg 核黄素）分别置于 20mL 具塞刻度试管中，加水至15mL。各管加 0.5mL 冰乙酸，混匀。加高锰酸钾溶液（30g·L⁻¹）0.5mL（如滤液中杂质多，可适当增加用量），混匀，放置 2min，使氧化去杂质。滴加双氧水溶液（w=3%）数滴，直至高锰酸钾颜色退去。剧烈振摇此管，使多余的氧气逸出。

③ 核黄素的吸附和洗脱　在吸附柱下端塞入一小团棉花，取硅镁吸附剂约 1g用湿法装入柱，占柱长 1/2～2/3（约 5cm）为宜。勿使柱内产生气泡，调节流速约为 60 滴·min⁻¹。

将全部氧化后的样液及标准液通过吸附柱后，用约 20mL 热水洗去样液中的杂质。然后用 5.00mL 丙酮-冰乙酸-水洗脱液将样品中核黄素洗脱并收集于一 10mL具塞刻度试管中，再用水洗吸附柱，收集洗出之液体并定容至 10mL，混匀后待测荧光。

④ 测定　根据仪器具体情况，选择适当的条件，于激发波长 440nm、发射波长 525nm 下，分别测定样品管及标准管的荧光强度。

待样品及标准荧光值测量后，在各管剩余液（约 5～7mL）中加 0.1mL 低亚硫酸钠溶液（200g·L⁻¹），立即混匀，在 20s 内测出各管的荧光值，作为各自的空白值。

（5）计算

$$X=\frac{(A-B)\times S}{(C-D)\times m}\times F\times\frac{100}{1000}$$

式中　X——样品中核黄素的含量，mg·(100g)⁻¹；

A——样品管的荧光值；

B——样品管空白荧光值；

C——标准管荧光值；

D——标准管空白荧光值；

F——稀释倍数；

S——标准管中核黄素含量，μg；

m——样品质量，g。

（6）说明及注意事项

① 本法适用于粮食、蔬菜、调料、饮料等脂肪含量少的样品，脂肪含量过高及含有较多不易除去色素的样品不适用。

② 酶解的目的是为了使结合型的维生素 B₂ 转化为游离型的维生素 B₂。

③ 核黄素对光敏感，因此操作应尽可能在暗室中进行。

④ 用高锰酸钾氧化去杂质后，加入双氧水（w=3%）除去多余的高锰酸钾

时，要用力摇匀至高锰酸钾颜色退去。若不能马上退色，可以稍等一会，双氧水的量不可加入过多，以免影响荧光读数。

8.8 烟酸的测定

烟酸即维生素 B_5，或称维生素 PP，因其具有防止癞皮病的作用，所以也叫抗癞皮病维生素。它包括烟酸（尼克酸，Nicotinic acid）和烟酰胺（尼克酰胺，Nicotinimide），结构式如下：

烟酸   烟酰胺

这两种物质都是吡啶的衍生物，具有同样的生物效价并能在生物体内相互转化，烟酰胺的主要生理功能是作为辅酶成分参与代谢。

在动物体内，烟酸可由色氨酸转化而成，故色氨酸不足常伴随着维生素 B_5 缺乏症，色氨酸转化为烟酸的转化率为 60∶1（质量比）。缺乏维生素 B_5 的主要症状是癞皮病，患者有皮炎、腹泻及精神紊乱等症状。

烟酸的测定方法有比色法、色谱法、微生物法等。下面介绍的方法为溴化氰比色法。

（1）原理　烟酸与溴化氰结合后，与对氨基苯乙酮（或其他芳香族胺）作用产生黄色化合物，在一定条件下，此色泽深浅与烟酸（维生素 B_5）含量成正比，可进行比色定量。

（2）仪器　分光光度计。

（3）试剂

① 对氨基苯乙酮（$\rho=20\%$）：称取 20g 对氨基苯乙酮溶于约 30mL 浓盐酸中，加水稀释至 100mL。

② 饱和硫酸锌溶液：将 80g 硫酸锌（$ZnSO_4 \cdot 7H_2O$）加水溶解并稀释至 100mL。

③ 溴麝香草酚蓝指示剂（$1g \cdot L^{-1}$）：称取 0.1g 溴麝香草酚蓝，用乙醇（$\varphi=50\%$）溶解并稀释至 100mL。

④ 溴化氰溶液：在冰冷的 25mL 水中，加入 0.25mL 溴液，振摇混合后，滴加冰冷的氰化钾溶液（$100g \cdot L^{-1}$），直到溴液脱色为止。注意：此溶液只限当日使用，且溶液有剧毒，勿接触皮肤。

⑤ 烟酸标准溶液：准确称取 100mg 烟酸标准品于小烧杯中，加入 2.5mol · L^{-1}硫酸 1mL 溶解，移入 100mL 容量瓶中，加水稀释至刻度。此溶液为标准贮备液，存于冷暗处，浓度为 1mg · mL^{-1}。用时吸取 1mL，稀释至 100mL。此为标准

使用液，浓度为 $10\mu g\cdot mL^{-1}$。

（4）操作方法

① 样品的水解

a. 动物性食品　称取含烟酸约 $100\sim400\mu g$ 的样品于 200mL 磨口锥形瓶中，加入 40mL 氢氧化钙悬浊液 $\{c[Ca(OH)_2]=1mol\cdot L^{-1}\}$，在沸水浴中回流 90min，用玻璃棒搅拌使完全水解。冷却后移入 100mL 容量瓶内，以水稀释至刻度，过滤。

b. 植物性样品　称取含烟酸约 $100\sim400\mu g$ 的样品于 200mL 磨口锥形瓶中，加入 20mL 硫酸溶液 $[c(H_2SO_4)=0.25mol\cdot L^{-1}]$，在沸水浴中水解 1h。水解后，用水冷却，移入 100mL 容量瓶内，以水稀释至刻度，过滤或离心取上清液。

为了降低水解后溶液的色泽，有些样品也可以用硫酸-乙醇混合溶液 $[40mL0.25mol\cdot L^{-1}$硫酸$+40mL$ 乙醇（$\varphi=95\%$）$]$ 提取烟酸，于 90℃ 水浴上回流 4h，然后定容至 100mL，过滤。

② 中和　吸取 25mL 滤液于 50mL 容量瓶中，用溴麝香草酚蓝为指示剂，中和至微酸性（氢氧化钙分解液用 $2mol\cdot L^{-1}$ 盐酸中和，硫酸分解液用 $6mol\cdot L^{-1}$ 氢氧化钠中和）。

③ 脱色　在中和后的溶液中加入 2mL 饱和硫酸锌溶液，加数滴戊醇作消泡剂，至氢氧化锌完全沉淀，加 $3mol\cdot L^{-1}$ 氢氧化钠和 $1mol\cdot L^{-1}$ 氢氧化钠中和至 pH 值为 6.5，然后加水至 50mL。放置 10min 后，离心分离。

④ 样品测定　于四支具塞试管中，分别加入脱色后的滤液各 5mL，一支样品管（记为 A），两支样品加标准管（其中一支加 0.2mL 烟酸标准使用液，即 $2\mu g$ 标准，记为 B；另一支加 0.5mL 烟酸标准使用液，即 $5\mu g$ 标准，记为 C），最后一支为空白管（记为 D）。在四支试管中各加入 2mL 溴化氰溶液，在 $60\sim70$℃ 水浴中反应 $10\sim15$min，于冰水中冷却后，除空白管 D 外，其余三支试管各加 1mL 对氨基苯乙酮溶液，然后四支试管均加水至 10mL。

于冰水中冷却 $10\sim15$min，在波长 420nm 处测定吸光度。A、B、C 管的吸光度分别记为 E_A、E_B、E_C。

（5）计算

$$维生素 B_5 含量[\mu g\cdot(100g)^{-1}]=\frac{E_A}{E_B+E_C-2E_A}\times7\times\frac{K}{V}\times\frac{100}{m}$$

式中　K——稀释倍数；

　　　V——比色时取样体积，mL；

　　　m——样品质量，g；

　　　7——标准管加入烟酸（维生素 B_5）的量，μg。

（6）说明及注意事项

① 本法利用烟酸与 BrCN 的反应产物与芳胺显色进行定量，定量用的芳胺除对氨基苯乙酮外，还有苯胺、甲基氨基酚、萘胺等，但显色后对光都不稳定容易退

色。另外凡有吡啶核的都有此反应，所以用此法定量时应同时做空白试验，以消除烟酸以外的呈色物的干扰。

② 比色法简便、快速，适合于烟酸含量较高的样品，如肉类、蘑菇、酵母等，烟酸含量低的不宜用此法。

8.9　维生素 C 的测定

维生素 C（VC）是所有具有抗坏血酸（Ascorbic acid）生物活性的化合物的统称，广泛存在于新鲜果蔬及其他绿色植物中，柑橘、鲜枣、番茄、辣椒、猕猴桃、山楂等果蔬中含量较多，野生果实如沙棘、刺梨含量尤多。

维生素 C 对人类的健康具有特殊重要的意义。维生素 C 参与肌体的代谢过程，可帮助酶将胆固醇转化为胆酸而排泄，减慢毛细管的脆化，增强肌体的抵抗能力。现代医学研究表明维生素 C 对化学致癌物有阻断作用。

许多动物可以在其体内通过葡萄糖合成维生素 C，必须从食物中获取的目前所知只有人、猿、豚鼠及某些鸟类。人体缺乏维生素 C 的典型症状是牙龈出血、边缘溃疡，呼气恶臭，牙齿松动。与此同时，皮内、皮下、肌肉也出血，形成淤斑。患者很容易感染其他疾病，儿童还将影响骨骼的发育，大多数国家推荐的成年人维生素 C 日摄入量为 30～75mg。

从化学结构来看，维生素 C 是一种不饱和的 L-糖酸内酯，它的一个显著特性是极易氧化脱氢，成为脱氢抗坏血酸。脱氢抗坏血酸在生物体内又可还原为抗坏血酸，故仍具有生理活性。但脱氢抗坏血酸不稳定，易发生不可逆反应，生成无生理活性的二酮基古洛糖酸（Diketogulonic acid）。在维生素 C 的测定中将上述三者合计称为总维生素 C，而将前两者合计称为有效维生素 C。

固体维生素 C 比较稳定，但其水溶液极易氧化，氧化速度随温度升高、pH 值增大而加快。由于维生素 C 易溶于水且具有强还原性，所以在食品工业中广泛用作抗氧化剂。

维生素 C 三种形式之间的关系如下：

L-抗坏血酸　　　　　　　L-脱氢抗坏血酸　　　　　　二酮基古洛糖酸

测定维生素 C 常用的方法有 2,6-二氯靛酚滴定法、2,4-二硝基苯肼比色法、荧光法、极谱法、高效液相色谱法等。

8.9.1 2,6-二氯靛酚滴定法

（1）原理 还原型抗坏血酸分子中有烯二醇结构，具有还原性，在中性或弱酸性条件下能定量还原 2,6-二氯靛酚染料。此染料在中性或碱性溶液中呈蓝色，在酸性溶液中呈红色。滴定时还原型抗坏血酸将 2,6-二氯靛酚还原为无色，终点时，稍过量的 2,6-二氯靛酚使溶液呈现微红色。

反应式如下：

还原型抗坏血酸　　　染料（红色）　　　　脱氢抗坏血酸　　　　染料（无色）

（2）试剂

① 偏磷酸-乙酸贮备液：称取偏磷酸 15g，加冰醋酸 40mL、水 200mL，溶解后加水稀释至 250mL，贮于冰箱中，在一周内使用，必要时过滤。

② 偏磷酸-乙酸稀释液：测定前，将贮备液与水等量混合。

多数情况下，偏磷酸-乙酸稀释液可用草酸溶液（20g·L^{-1}）代替。

③ 碘酸钾标准溶液 $\left[c\left(\frac{1}{6} KIO_3 \right) = 0.1000 mol \cdot L^{-1} \right]$：准确称取经 105℃烘干 2h 的碘酸钾 0.3567g，用水溶解并稀释至 100mL。

准确吸取上述溶液 1mL，用水稀释至 100mL，此溶液 1mL 相当于维生素 C0.088mg。

④ 维生素 C 标准贮备液（0.2mg·mL^{-1}）：准确称取 20mg 纯抗坏血酸于 50mL 小烧杯中，加偏磷酸-乙酸稀释液（或用 10g·L^{-1} 的草酸溶液）溶解，然后用此稀释液将烧杯内溶液全部转入 100mL 容量瓶中，并稀释至刻度。用前配制，必要时用 KIO$_3$ 溶液标定。

⑤ 维生素 C 标准使用液（0.02mg·mL^{-1}）：准确取维生素 C 标准贮备液 5mL 于 50mL 容量瓶中，用草酸溶液（10g·L^{-1}）定容。

标定：准确吸取维生素 C 标准使用液 5mL 于锥形瓶中，加入 0.5mL 碘化钾溶液（60g·L^{-1}），3～5 滴淀粉指示剂（10g·L^{-1}），用碘酸钾标准溶液滴定至淡蓝色为终点。

$$c=(V_1\times0.088)/V_2$$

式中 c——维生素 C 的浓度，mg·mL^{-1}；

　　V_1——滴定时消耗碘酸钾标准溶液的体积，mL；

　　V_2——吸取维生素 C 标准使用液的体积，mL；

0.088——1.00mL 碘酸钾标准溶液 $\left[c\left(\dfrac{1}{6}KIO_3\right)=0.001000mol\cdot L^{-1}\right]$ 相当的维

　　　　生素 C 的量，mg·mL^{-1}。

⑥ 2,6-二氯靛酚溶液：

配制：称取 52mg 碳酸氢钠溶于约 200mL 温水中，然后加入 50mg 2,6-二氯靛酚，搅拌溶解后加水稀释至 250mL，过滤于棕色瓶中并贮存于冰箱中，使用前标定，每周至少标定一次。

标定：准确吸取已知浓度的维生素 C 标准溶液 5mL 于锥形瓶中，加 5mL 偏磷酸-乙酸稀释液，以 2,6-二氯靛酚溶液滴定至呈粉红色，且 15s 内不退色即为终点。

$$T=5\times c/V$$

式中 T——每毫升 2,6-二氯靛酚溶液相当于维生素 C 的毫克数；

　　c——维生素 C 的浓度，mg·mL^{-1}；

　　V——试验消耗的染料溶液的体积，mL。

（3）操作方法　准确称取 5～10g 均匀浆状样品于 50mL 小烧杯中，加入偏磷酸-乙酸稀释液约 30mL，搅拌均匀，移入 100mL 容量瓶中，用偏磷酸-乙酸稀释液定容至刻度。摇匀后用快速滤纸过滤或离心分离得澄清液。

准确吸取滤液 5mL 于锥形瓶中，加 5mL 偏磷酸-乙酸稀释液，用已经标定过的 2,6-二氯靛酚溶液滴定至粉红色，15s 内不退色即为终点。同时做空白试验。

（4）计算

$$X=\frac{T(V-V_0)}{m\times(5/100)}\times100$$

式中 X——样品中维生素 C 的含量，mg·（100g）$^{-1}$；

　　T——1mL 染料溶液（2,6-二氯靛酚溶液）相当于维生素 C 的质量，mg；

　　V——滴定样液时消耗染料的体积，mL；

　　V_0——滴定空白时消耗染料的体积，mL；

　　m——样品质量，g。

（5）说明及注意事项

① 所有试剂的配制最好用重蒸馏水。

② 维生素 C 在酸性条件下较稳定，故样品处理和浸提都应在弱酸性环境中进行。浸提剂以偏磷酸（HPO$_3$）稳定维生素 C 的效果最好，且当样品中含有大量蛋白质时，偏磷酸还可以沉淀蛋白质，使溶液澄清。但 HPO$_3$ 价格较贵，且放置过

程中还会因为转变为 H_3PO_4 而降低效果（只能保存 7～10d）。故一般采用草酸（20g·L^{-1}）代替偏磷酸，草酸价廉易得，且效果也较好。但对于贮藏时间较长的罐头食品，由于存在有较多的 Fe^{2+} 也能还原染料，可改用的醋酸（80g·L^{-1}）或草酸-醋酸混合液。而动物性样品可用三氯乙酸（100g·L^{-1}）作为提取剂。

③ 测定维生素 C 时，应尽可能分析新鲜样品，在不发生水分及其他成分损失的前提下，样品尽量捣碎，可用组织捣碎机或研钵将样品研磨成浆状。需特别注意的是：研磨时，加与样品等量的酸提取剂以稳定维生素 C。

④ 样品提取液若有颜色，可用白陶土脱色。但所用的白陶土须进行回收率试验，以免造成误差。另外，加白陶土脱色过滤后样品应立即测定，防止维生素 C 被氧化。

⑤ 在处理样品时，若有泡沫产生，可滴加辛醇消除。

8.9.2 2,4-二硝基苯肼法

（1）原理 总抗坏血酸包括还原型、脱氢型和二酮古洛糖酸，样品中还原型抗坏血酸经活性炭氧化为脱氢抗坏血酸，再与 2,4-二硝基苯肼作用生成红色脎，根据脎在硫酸溶液中的含量与总抗坏血酸含量成正比，进行比色定量。

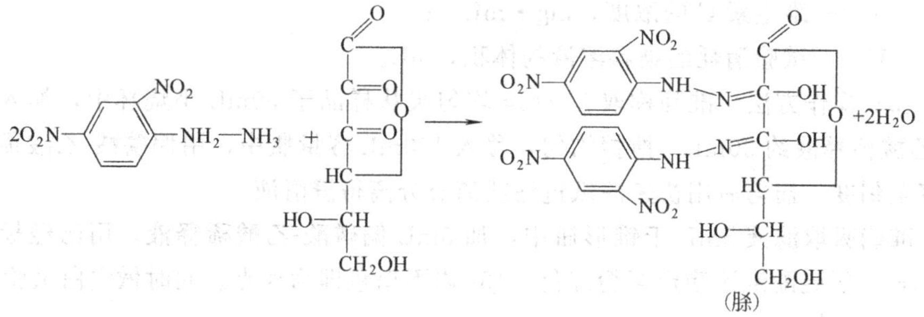

（2）仪器

① 可见-紫外分光光度计。

② 离心机。

③ 恒温箱：37℃±0.5℃。

④ 捣碎机。

（3）试剂

① 硫酸（9+1）：谨慎地加 900mL 浓硫酸于 100mL 水中。

② 硫酸溶液 [$c(H_2SO_4)=4.5mol·L^{-1}$]：取 250mL 浓硫酸，慢慢加于 700mL 水中，冷却后用水稀释至 1000mL。

③ 2,4-二硝基苯肼溶液（20g·L^{-1}）：称取 2g2,4-二硝基苯肼溶于 100mL4.5mol/L 硫酸溶液中，过滤后贮于冰箱内备用，每次用前必须过滤。

④ 草酸溶液（20g·L^{-1}）：溶解 20g 草酸（$H_2C_2O_4$）于 700mL 水中，用水稀释至 1000mL。

⑤ 草酸溶液（10g·L^{-1}）：稀释 500mL 草酸溶液（20g·L^{-1}）至 1000mL。

⑥ 硫脲（10g·L^{-1}）：溶解硫脲 5g 于 500mL 草酸溶液（10g·L^{-1}）中。

⑦ 硫脲（20g·L^{-1}）：溶解硫脲 10g 于 500mL 草酸溶液（10g·L^{-1}）中。

⑧ 盐酸溶液 [c(HCl)＝1mol·L^{-1}]：取 100mL 盐酸，加入水中，并稀释至 1200mL。

⑨ 抗坏血酸标准溶液：溶解 100mg 纯抗坏血酸于 100mL 草酸溶液（10g·L^{-1}）中。此溶液每毫升相当于 1mg 抗坏血酸。

⑩ 活性炭：将 100g 活性炭加到 1mol·L^{-1} 盐酸 750mL 中，在水浴上煮沸回流 1～2h，抽气过滤，用水洗至滤液无高价铁离子为止，然后置于 110℃ 烘箱中烘干。

检查铁离子的方法：利用普鲁氏蓝反应。将亚铁氰化钾（20g·L^{-1}）与盐酸（1＋99）等量混合，将上述洗出滤液滴入，如有铁离子则产生蓝色沉淀。

（4）操作方法

① 绘制标准曲线

a. 于 50mL 标准溶液中加 2g 用酸处理过的活性炭，振摇 1min，过滤。

b. 取 10mL 滤液放入 500mL 容量瓶中，加 5.0g 硫脲，用草酸溶液（10g·L^{-1}）稀释至刻度，此溶液抗坏血酸浓度为 20μg·mL^{-1}。

c. 吸取上述稀释液 5mL、10mL、20mL、25mL、40mL、50mL、60mL 分别置于 100mL 容量瓶中，用硫脲（10g·L^{-1}）稀释至刻度，得一标准系列。每个容量瓶中对应的抗坏血酸浓度分别为 1μg·mL^{-1}、2μg·mL^{-1}、4μg·mL^{-1}、5μg·mL^{-1}、8μg·mL^{-1}、10μg·mL^{-1}、12μg·mL^{-1}。

d. 上述标准系列中每一浓度的溶液均吸取三份，每份 4mL，分别置于三支试管中，其中一支作为空白，在其余试管中各加入 1.0mL 2,4-二硝基苯肼溶液（20g·L^{-1}），将所有试管都放入 37℃±0.5℃ 的恒温箱或水浴中保温 3h。

e. 保温 3h 后将空白取出，冷却至室温。加入 1.0mL 2,4-二硝基苯肼溶液（20g·L^{-1}），10～15min 后与所有试管一同放入冰水中冷却。

f. 试管放入冰水中后，向每一试管中慢慢滴加 5mL 硫酸（9＋1），滴加时间至少需要 1min，边加边摇动试管。

g. 将试管从冰水中取出，在室温下放置 0.5h。用 1cm 比色皿，以空白液调零，在波长 520nm 处测定吸光度。

以吸光度值为纵坐标、抗坏血酸浓度（μg·mL^{-1}）为横坐标绘制标准曲线。

② 样品制备 全部实验过程要避光。

a. 鲜样制备 称 100g 鲜样和 100g 草酸液（20g·L^{-1}），倒入捣碎机中打成匀浆，称取 10～40g 匀浆（含 1～2mg 抗坏血酸）倒入 100mL 容量瓶中，用草酸（10g·L^{-1}）稀释至刻度，摇匀。

b. 干样制备 准确称取样品 1～4g（含 1～2mg 抗坏血酸）放入乳钵内，用草酸溶液（10g·L^{-1}）磨成匀浆，转入 100mL 容量瓶中，用草酸溶液（10g·L^{-1}）定容至刻度，摇匀。

c. 液体样品　直接取样（约含 1～2mg 抗坏血酸）用草酸溶液（10g·L^{-1}）定容至 100mL。

将上述样品溶液过滤，滤液备用。不易过滤的样品可用离心机沉淀后，倾出上层清液，过滤后备用。

③ 氧化处理　吸取 25mL 上述滤液于锥形瓶中，加用酸处理过的活性炭 2g，振摇 1min，过滤。弃去初滤液数毫升。取 10mL 此氧化提取液，加入 10mL 硫脲溶液（20g·L^{-1}），混合均匀。

④ 测定　于三支试管中各加入 4mL 氧化处理后的稀释液，以下按绘制标准曲线 d，自"其中一支作为空白"起依法操作。

（5）计算

$$X = \frac{cV}{1000m} \times F \times 100$$

式中　X ——样品中总抗坏血酸的含量，mg·(100g)$^{-1}$；

$\quad c$ ——由标准曲线上查到的"样品氧化液"中总抗坏血酸的浓度，μg·mL^{-1}；

$\quad V$ ——试样用草酸溶液（10g·L^{-1}）定容的体积，mL；

$\quad F$ ——样品氧化处理过程中的稀释倍数；

$\quad m$ ——试样质量，g。

（6）说明及注意事项

① 活性炭洗涤液也可采用下列方法检查：取滤液 1 滴，加 1 滴盐酸 [c(HCl)＝2mol·L^{-1}] 酸化，再加 1 滴硫氰化钾溶液（10g·L^{-1}），若滤液呈红色则表明有 Fe^{3+} 存在。

② 硫脲可防止维生素 C 的继续氧化，并促进脎的形成。但应注意到：脎的形成受反应条件的影响，因此，应在同样的条件下测定样品和绘制标准曲线。

③ 加硫酸（9＋1）时，必须在冰浴中边滴加边摇动，否则将会因为样品溶液的温度过高而使部分有机物分解着色，影响分析结果。另外，试管从冰水中取出后，颜色会继续加深，因此须计算好，加入硫酸（9＋1）30min，准时比色。

④ 测定波长一般在 495～540nm，样品杂质较多时在 540nm 下测定较为合适。

8.9.3　高效液相色谱法

（1）原理　样品中的维生素 C 经草酸溶液（1g·L^{-1}）迅速提取后，在反相色谱柱上分离测定。

（2）仪器　高效液相色谱仪，紫外检测器，积分仪等。

（3）试剂

① 草酸溶液（$1g \cdot L^{-1}$）。

② 维生素 C 标准溶液：准确称取维生素 C 标样 2mg 于 50mL 容量瓶中，用草酸溶液（$1g \cdot L^{-1}$）溶解、定容，摇匀备用，用前配制。

（4）操作方法

① 样品处理

a. 液体样品　取原液 5mL 于 25mL 容量瓶中，用草酸溶液（$1g \cdot L^{-1}$）定容，摇匀后经 $0.45\mu m$ 滤膜过滤后待测。

b. 固体样品　称 1g 于研钵中，用 5mL 草酸溶液（$1g \cdot L^{-1}$）迅速研磨，过滤，残渣用草酸溶液（$1g \cdot L^{-1}$）洗涤，合并提取液于 25mL 容量瓶中，蒸馏水定容，摇匀后经 $0.45\mu m$ 滤膜过滤后待测。

② 测定　取 $5\mu L$ 标准溶液进行色谱分析，重复进样三次，取标样峰面积的平均值。然后在相同条件下，取 $5\mu L$ 样品液进行分析，以相应峰面积计算含量。

③ 色谱条件　色谱柱：μ-Bondapak C_{18}（直径 $3.9mm \times 300mm$）；流动相：$H_2C_2O_4$（$1g \cdot L^{-1}$）；流速：$1.0mL \cdot min^{-1}$；检测器：紫外 254nm；进样量：$5\mu L$。

（5）计算

$$X = \frac{m_1 A_2 V_2}{m_2 A_1 V_1} \times 100$$

式中　X——样品中维生素 C 的含量，$mg \cdot (100g)^{-1}$［或 $mg \cdot (100mL)^{-1}$］；

　　　m_1——标样进样体积中维生素 C 的含量，μg；

　　　m_2——样品质量（或体积），g（或 mL）；

　　　A_1——标样峰面积平均值；

　　　A_2——样品峰面积；

　　　V_1——样品进样量，μL；

　　　V_2——样品定容体积，mL。

思考与习题

1. 说明维生素的分类和测定意义。

2. 维生素样品在处理和保存过程中应注意哪些事项？如何避免维生素的分解？

3. 分别说明三氯化锑比色法测定维生素 A 和维生素 D 的原理。在测定维生素 A 时，皂化的目的是什么？维生素 A 与三氯化锑所形成的蓝色络合物稳定时间极短，应如何安排实验操作？测定维生素 D 时，如果维生素 A 与维生素 D 共存，如何去除维生素 A？

4. 胡萝卜素常与其他色素共存，测定胡萝卜素含量时用什么方法将它们分离？

5. 维生素 E 在碱性条件下接触空气容易被氧化，进行皂化操作时应如何避免？

6. 简述荧光法测定维生素 B_1、维生素 B_2 的原理。测定时酶解起什么作用？测定维生素 B_2 时，样品溶液中加入高锰酸钾氧化的目的是什么？

7. 什么是有效维生素 C？说明维生素 C 的化学结构和性质。

8. 如何选择维生素 C 浸提剂？新鲜果蔬样品在研磨时如何防止维生素 C 的氧化？用染料法测定维生素 C 时若样品有颜色或起泡如何处理？

9. 说明 2,4-二硝基苯肼法测定维生素 C 的原理以及试液进行氧化处理时加入硫脲的作用？

10. 试设计测定水果中还原型维生素 C 和总维生素 C 的实验方案。

9　蛋白质及氨基酸的测定

蛋白质存在于一切生物的原生质内，是细胞组成的主要成分，同时也是新陈代谢作用中各种酶的组成部分。

蛋白质是由氨基酸组成的天然高分子化合物，约占人体总重的18％。食物中的蛋白质经消化成氨基酸后被人体吸收，有些氨基酸当需要时，可以由另一种氨基酸在人体内转变而取得，但也有一些氨基酸只能由食物中供给，如果食物中缺乏这些氨基酸就会影响机体的正常生长和健康。这些必需从食物中摄取的氨基酸称为必需氨基酸（EAA），人体的必需氨基酸有赖氨酸、苯丙氨酸、缬氨酸、蛋氨酸、色氨酸、亮氨酸、异亮氨酸及苏氨酸，此外，组氨酸对于婴幼儿生长也是必需的。需要注意的是，非必需氨基酸并非在生物学上不重要。

在食品和生物材料中，蛋白质的分布是不均匀的（表9-1）。一般动物组织的含量高于植物组织，种子含量高于营养组织（根、茎、叶）。

表 9-1　常见食物蛋白质的大致含量/％

食物名称	蛋白质含量	食物名称	蛋白质含量	食物名称	蛋白质含量
猪　肉	9.5	大黄鱼	17.6	小麦粉(标准)	9.9
牛　肉	20.1	小黄鱼	16.7	大白菜	1.1
羊　肉	11.1	带　鱼	18.1	菠　菜	2.4
牛　乳	3.3	鲤　鱼	17.3	黄　瓜	0.8
乳粉(全脂)	26.2	稻　米	8.3	苹　果	0.4
鸡　蛋	14.7	小　米	9.7	柑　橘	0.9
鸡　肉	21.5	玉　米	8.5	鸭　梨	0.1
鸭　肉	16.5	大　豆	36.3	桃	0.8

9.1　蛋白质定量法

测定蛋白质最基本的方法是定氮法，即先测定样品中的总氮量，再由总氮量计算出样品中蛋白质的含量。

较为重要的定氮法有凯氏定氮法和杜马法。凯氏定氮法是测定样品中总有机氮的标准检验方法，测定结果准确、操作也较为简便，在食品分析中应用十分普遍。杜马法多用于有机分析，很少用于食品。

凯氏（Kjeldahl）定氮法是测定食品和其他生物材料中蛋白质含量的经典方

法。这种方法是基于测定试样中的总有机氮，然后由总氮量乘上一个合适的蛋白质换算因素 F 来求得蛋白质含量。各种蛋白质的含氮量十分接近，平均为 16%，这是蛋白组成的一个特点，故一般 F 值取 6.25，但需要准确计算时。则应根据所测产品来选择合适的换算系数（常见食品的换算系数参见表 9-2），否则会引起较大的偏差。

表 9-2 不同食物原料的蛋白质换算系数

食物原料	换算系数	食物原料	换算系数
小麦（整粒）	5.83	可可豆、榛子	5.30
黑麦、燕麦	5.83	椰子、核桃	5.30
大麦、小米	5.83	花　生	5.46
大　米	5.95	大豆及其制品	5.71
玉米、高粱	6.24	乳及乳制品	6.38
小麦粉及其制品	5.70	蛋	6.25
向日葵子	5.40	畜禽肉及其制品	6.25
芝麻、南瓜子	5.40	动物胶	5.55

凯氏定氮法又分凯氏常量法、半微量法和微量法三种。其测定原理和操作步骤大体相同，所不同的是后两种方法蒸馏用试液量和试剂用量都较常量法少，并且采用了适合于微量和半微量测定的定氮蒸馏装置。与常量法相比，不仅可节省试剂和缩短实验时间，而且准确度也较高，在实际工作中应用更为普遍。

9.1.1 微量凯氏定氮法

本法适用于各类食品中蛋白质的测定。

（1）原理 样品以硫酸铜为催化剂，用浓硫酸消化，使有机氮转变为氨并与硫酸结合生成硫酸铵。然后加碱蒸馏使氨游离，用硼酸吸收后再以盐酸标准溶液滴定，根据酸的消耗量乘以换算系数，即为蛋白质含量。

反应过程分为三个阶段，用反应式表示如下：

① 消化

$$2NH_2(CH_2)_2COOH + 13H_2SO_4 \longrightarrow (NH_4)_2SO_4 + 6CO_2 + 12SO_2 + 16H_2O$$

② 蒸馏和吸收

$$(NH_4)_2SO_4 + 2NaOH \longrightarrow 2NH_3 \uparrow + Na_2SO_4 + 2H_2O$$

$$2NH_3 + 4H_3BO_3 \longrightarrow (NH_4)_2B_4O_7 + 5H_2O$$

③ 滴定

$$(NH_4)_2B_4O_7 + 2HCl + 5H_2O \longrightarrow 2NH_4Cl + 4H_3BO_3$$

（2）试剂　所用试剂均用不含氨的蒸馏水配制。

① 硫酸铜。

② 硫酸钾。

③ 硫酸。

④ 硼酸溶液（20g·L⁻¹）。

⑤ 混合指示剂：1份1g·L⁻¹甲基红乙醇溶液与5份1g·L⁻¹溴甲酚绿乙醇溶液临用时混合；也可用2份1g·L⁻¹甲基红乙醇溶液与1份1g·L⁻¹次甲基蓝乙醇溶液临用时混合。

⑥ NaOH溶液（ρ＝40%）。

⑦ 盐酸标准溶液［$c(HCl)$＝0.05mol·L⁻¹］：用无水碳酸钠进行标定，参见附录Ⅰ。

（3）仪器　定氮蒸馏装置，如图9-1所示。

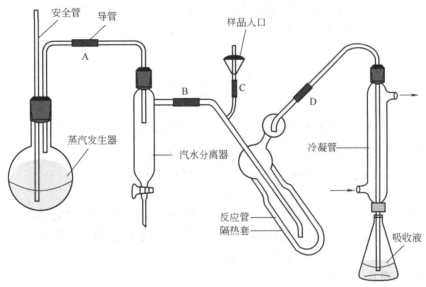

图9-1　微量凯氏定氮蒸馏装置

（注：导管A、B、C、D处均有螺旋夹。）

（4）操作方法

① 消化（在通风柜中进行）　准确称取0.2～2g固体样品或2～5g半固体样品或吸取10～20mL液体样品（约相当于含氮30～40mg），移入干燥的500mL凯氏烧瓶中，加入0.2g硫酸铜、3g硫酸钾及20mL浓硫酸，稍摇匀后在瓶口放一小漏斗，并将瓶以45°角斜支于有小孔的石棉网上。小心加热，待内容物完全炭化、泡沫停止后逐步加大火力，保持瓶内液体微沸，至瓶内液体呈蓝绿色澄清透明后再继续加热0.5h。

取下烧瓶，放冷后小心加入20mL水。冷却至室温后，移入100mL容量瓶中，用少量水分 2～3 次将烧瓶洗涤干净，洗液合并于容量瓶中。用水稀释至刻度，摇匀备用。同样条件下做一试剂空白试验。

② 蒸馏　按图 9-1 连接好定氮蒸馏装置，水蒸气发生瓶内装水至约 2/3 处，加甲基红指示剂数滴及数毫升硫酸，以保持水呈酸性，加玻璃珠数粒以防暴沸。调节好火力，煮沸水蒸气发生瓶内的水。取 10mL 硼酸溶液（20g·L^{-1}）置于 100mL 吸收瓶中，加混合指示剂 1 滴，将吸收瓶置于冷凝管下端，并使冷凝管下端插入液面下。吸取 10.0mL 样品消化稀释液沿小玻璃杯流入反应室中，并用少量水冲洗小玻璃杯使流入反应室内。塞紧棒状玻璃塞，向小玻璃杯内加入 10mL 氢氧化钠溶液（$\rho=40\%$），提起玻璃塞，使氢氧化钠溶液缓慢流入反应室，立即塞紧玻璃塞，并在小玻璃杯中加水，使之密封，夹紧螺旋夹，通入蒸汽，蒸馏 5min。移动接受瓶使冷凝管下端离开液面，再蒸馏 1min，用少量水冲洗冷凝管下端外部，取下接收瓶。

③ 滴定　馏出液立即用盐酸标准溶液滴定至灰色（用甲基红-溴甲酚绿为指示剂时）或紫红色即为终点。滴定结果用空白试验校正。

（5）计算

$$X = \frac{(V_1 - V_0)c \times 0.014}{m \times (10/100)} \times F \times 100$$

式中　X ——食品中蛋白质的质量分数，% [或质量浓度，g·(100mL)$^{-1}$]；

　　　V_1 ——样品消耗盐酸标准溶液的体积，mL；

　　　V_0 ——试剂空白消耗盐酸标准溶液的体积，mL；

　　　c ——盐酸标准溶液的浓度，mol·L^{-1}；

0.014 ——1mL 盐酸标准溶液 [$c(HCl)=1mol·L^{-1}$] 相当于氮的质量，g；

　　　F ——氮换算为蛋白质的系数，根据所测样品进行选择，参见表 9-2；

　　　m ——样品质量（或体积），g（或 mL）。

（6）说明及注意事项

① 消化时如不易得到澄清透明的溶液，可将烧瓶放冷后缓缓加入过氧化氢（$w=30\%$）2～3 滴，以加速反应。

② 若样品中含脂肪或糖分较多时，消化的时间要长些。对于这类样品，要注意避免产生泡沫溢出瓶外造成氮的损失，消化过程中须时时摇动，开始时温度不要太高。

③ 氨是否蒸馏完全，可用 pH 试纸测试馏出液是否呈碱性来进行判断。

④ 每蒸馏完一个样品，都应对仪器进行清洗。清洗的方法：将吸收瓶移开后关闭蒸汽（将螺旋 A 夹紧，蒸汽直接排空），使汽水分离器内的蒸汽冷却、压力降低，蒸馏瓶内的液体倒流至汽水分离器中。接着用约 50mL 水置于冷凝管下端，由于反应管内压力降低，水被压入反应管并流入汽水分离器中。再从漏斗加水约

50mL，加热通入蒸汽洗涤反应管，此时将汽水分离器中的废水放出（注意不要放空，留少量水于管中，以免漏气）。按上法同样操作，使洗液倒流入汽水分离器中。重复洗涤两次。

⑤ 在消化过程中，加入 K_2SO_4 和 $CuSO_4$ 可以加速分解过程、缩短消化时间，其中 K_2SO_4 的功用是提高沸点，但加入量不能过多，否则会因为温度过高而造成氮的损失。$CuSO_4$ 除了具有催化作用外，在蒸馏时还可以作为碱性反应的指示剂。

⑥ 实验前必须仔细检查蒸馏装置的各个连接处，保证不漏气。所用橡皮管、塞须浸在氢氧化钠溶液（100g·L^{-1}）中，煮沸 10min，然后水洗、水煮，再用水洗数次以保证洁净。

⑦ 小心加样，切勿使样品沾污凯氏烧瓶口部、颈部。

⑧ 吸收液也可用硫酸溶液 $\left[c\left(\frac{1}{2}H_2SO_4\right)=0.1\text{mol}\cdot L^{-1}\right]$ 代替硼酸溶液，过剩的酸液用氢氧化钠标准溶液 $\left[c(\text{NaOH})=0.1\text{mol}\cdot L^{-1}\right]$ 滴定。

9.1.2　常量凯氏定氮法

本法适用于各类食品中蛋白质的测定。

（1）原理　同微量凯氏定氮法。

（2）试剂

① 盐酸标准溶液 $\left[c(\text{HCl})=0.1\text{mol}\cdot L^{-1}\right]$。

② 氢氧化钠溶液（$\rho=50\%$）。

③ 饱和硼酸溶液。

其余试剂同微量法。

（3）仪器　蒸馏装置如图 9-2 所示。

（4）操作方法　准确称取 1～3g 样品于 750mL 凯氏烧瓶中，加入 10g 无水硫酸钾，0.5g 硫酸铜和 25mL 浓硫酸，在通风柜中按微量法同样的步骤消化完全。

冷却后连接好蒸馏装置，将冷凝管下端插入接受瓶的液面之下（瓶内预先加入 60mL 饱和硼酸溶液及 2～3 滴混合指示剂）。在凯氏烧瓶中加入 50～100mL 蒸馏水，玻璃珠数粒，通过安全漏斗加入 60～80mL 氢氧化钠溶液（$\rho=50\%$），至溶液呈蓝黑色为止。

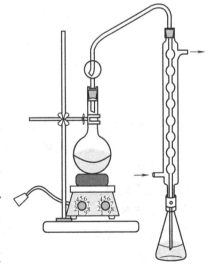

图 9-2　常量凯氏定氮蒸馏装置

将定氮球连接好，加热蒸馏。待凯氏烧瓶内液体减少至约 1/3 时，将冷凝管下端提出液面，再蒸馏 1min，用少量水冲洗冷凝管下端后停止蒸馏。取下接收瓶，用盐酸标准溶液滴定至终点。同时做空白试验。

（5）计算 同微量凯氏定氮法。

9.1.3 双缩脲法

（1）原理 当脲（尿素）加热至180℃时，两分子脲缩合，放出一分子氨而形成双缩脲（biuret）。双缩脲在碱性条件下能与硫酸铜生成紫红色络合物，即发生双缩脲反应。

蛋白质分子中含有肽键（—CO—NH—），与双缩脲结构相似，故蛋白质与碱性硫酸铜也能形成紫红色络合物，在一定条件下其颜色深浅与蛋白质浓度成正比，故可用来进行蛋白质定量。有色络合物的最大波长位于560nm处。

脲缩合反应如下：

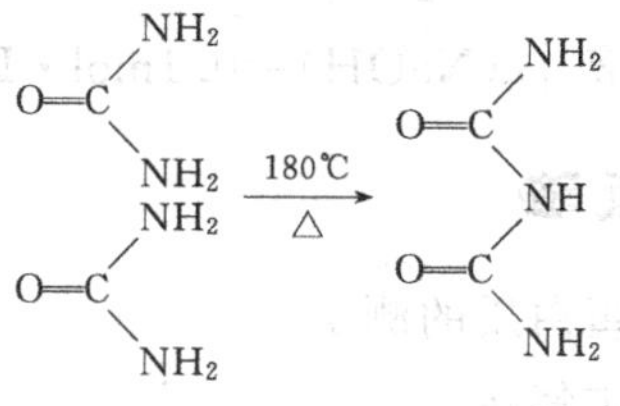

脲　　　　双缩脲

双缩脲反应如下：

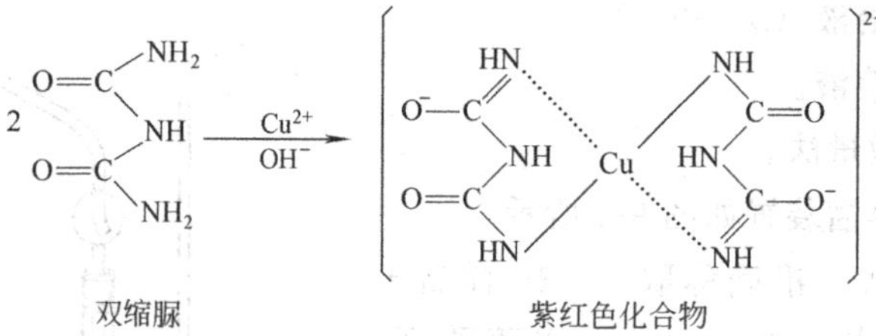

双缩脲　　　　　　紫红色化合物

双缩脲法是生物化学领域测定蛋白质浓度的常用方法之一，也可用于米谷类、油料及豆类等样品中的蛋白质含量测定，该方法操作简单快速，但灵敏度较低。

（2）仪器

① 恒温水浴锅。

② 分光光度计。

③ 离心机（转速4000r·min^{-1}）。

（3）试剂

① 碱性硫酸铜溶液：将10mol·L^{-1}氢氧化钾溶液10mL和20mL250g·L^{-1}酒石酸钾钠溶液加到930mL蒸馏水中，剧烈搅拌，同时慢慢加入40mL40g·L^{-1}的硫酸铜溶液，混匀，备用。

② 四氯化碳。

（4）操作

① 标准曲线的绘制 以预先用凯氏定氮法测出其蛋白质含量的样品作为蛋白质标样，根据其纯度，按蛋白质含量 40mg、50mg、60mg、70mg、80mg、90mg、100mg、110mg 分别称取混合均匀的标准样品于 8 支 50mL 纳氏比色管中，各加入 1mL 四氯化碳，用碱性硫酸铜溶液定容，振摇 10min 后静置 1h。取上层清液离心 5min，离心分离后的透明液移入比色皿中，在 560nm 波长下，以蒸馏水作参比，测定吸光度。

以蛋白质含量为横坐标，吸光度为纵坐标绘制标准曲线。

② 样品测定 准确称取适量样品（蛋白质含量 40～110mg）于 50mL 纳氏比色管中，按上述步骤显色后测定其吸光度。由标准曲线查得样品的蛋白质毫克数。

（5）计算

$$蛋白质含量[mg \cdot (100g)^{-1}] = \frac{m_0 \times 100}{m}$$

式中 m_0——由标准曲线查得的蛋白质质量，mg；

m——样品质量，g。

（6）说明及注意事项

① 有大量脂类物质共存时，会产生浑浊的反应混合物，可用乙醚或石油醚脱脂后测定。

② 在配制试剂加入硫酸铜溶液时必须剧烈搅拌，否则会生成氢氧化铜沉淀。

③ 蛋白质种类不同，对发色影响不大。

④ 当样品中含有脯氨酸时，若有多量糖类共存，则显色不好，测定结果偏低。

9.1.4 紫外线吸收法

（1）原理 由于蛋白质分子中存在着含有共轭双键的酪氨酸和色氨酸，因此蛋白质具有吸收紫外线的性质，吸收高峰在 280nm 处。在此波长范围，蛋白质溶液的光吸收值与其浓度成正比，可用作定量测定。

本法适用于蛋白质浓度在 0～1g·L^{-1} 范围内样品的测定。

（2）主要仪器 紫外分光光度计。

（3）试剂 标准蛋白质溶液：准确称取经凯氏定氮法校正的标准蛋白质结晶牛血清蛋白，用水配制成浓度为 1mg·mL^{-1} 的溶液。也可采用经凯氏定氮法校正过的卵清蛋白，用质量浓度为 0.9% 的氯化钠溶液配制成浓度为 1mg·mL^{-1} 的溶液。

（4）测定

① 标准曲线的绘制 分别移取标准蛋白质溶液 0.5mL、1.0mL、1.5mL、2.0mL、2.5mL、3.0mL、4.0mL 于试管中，加蒸馏水至 4mL，摇匀，以蒸馏水调零，用 1cm 的石英比色皿，在波长 280nm 处测定各管溶液的吸光度值（A_{280}）。

以 A_{280} 值为纵坐标,蛋白质浓度为横坐标,绘制标准曲线。

② 样品测定 吸取 1mL 样品稀释液(蛋白质含量约为 $1mg \cdot mL^{-1}$),加蒸馏水 3mL,摇匀,按上述方法在 280nm 波长处测定吸光度值,并从标准曲线上查出待测样品中蛋白质的浓度。

(5)说明及注意事项

① 利用紫外线吸收法测定蛋白质具有操作简便、快速,低浓度盐类不干扰测定等优点,但在测定那些与标准蛋白质中酪氨酸和色氨酸含量差异大的蛋白质时有一定的误差。

② 根据测定需要,紫外线吸收法测定蛋白质还可采用 A_{260} 和 A_{280} 比值法、A_{215} 和 A_{225} 吸收差法、肽键紫外光测定法等。

③ 若样品中含有嘌呤、嘧啶等吸收紫外线的物质时,会出现较大的干扰。

9.2 氨基酸态氮的测定

本法适用于以粮和豆饼、麸皮为原料发酵生产的酱和酱油的测定。

(1)原理 氨基酸含有酸性的—COOH 和碱性的—NH_2,它们互相作用使氨基酸成为中性的内盐。当加入甲醛溶液时,氨基与甲醛作用其碱性消失,使羧基显示出酸性。用 NaOH 标准溶液滴定,以酸度计测定终点。—COOH 被完全中和时,pH 值约为 8.5~9.5。

反应式如下:

$$R-\underset{\underset{H_3N-O}{|}}{\overset{\overset{H}{|}\overset{O}{\|}}{C-C}} \Longleftrightarrow R-\underset{\underset{NH_2}{|}}{\overset{\overset{H}{|}\overset{O}{\|}}{C-C}}-OH \xrightarrow{+HCHO} R-\underset{\underset{N=CH_2}{|}}{\overset{\overset{H}{|}}{C}}-COOH \xrightarrow{+NaOH} R-\underset{\underset{N=CH_2}{|}}{\overset{\overset{H}{|}}{C}}-COONa$$

(2)试剂

① 甲醛溶液($\varphi = 36\%$)。

② 氢氧化钠标准溶液[$c(NaOH) = 0.05mol \cdot L^{-1}$]。

(3)仪器

① 酸度计。

② 磁力搅拌。

③ 10mL 微量滴定管。

(4)操作方法 固体样品:准确称取均匀样品 0.5g,加水 50mL,充分搅拌,移入 100mL 容量瓶中,加水至刻度,摇匀。用干滤纸过滤,弃去初滤液。

液体样品:准确吸取 5.0mL,置于 100mL 容量瓶中,加水至刻度。混匀。

吸取 20.0mL 上述样品稀释液于 200mL 烧杯中,加水 60mL,开动磁力搅拌器,用 $0.05mol \cdot L^{-1}$ NaOH 标准溶液滴定至酸度计指示为 pH = 8.2(记下消耗氢氧化钠溶液的毫升数，可用于计算总酸含量）。

加入 10.0mL 甲醛溶液，混匀。再用 0.05mol·L^{-1} NaOH 标准溶液继续滴定至 pH＝9.2，记录消耗标准溶液的体积（V_1）。

取 80mL 水，在同样条件下做试剂空白试验，记录消耗标准溶液的体积（V_0）。

（5）计算

$$X=\frac{(V_1-V_0)c\times 0.014}{5\times (V/100)}\times 100$$

式中　X——样品中氨基酸态氮的质量分数，% ［或质量浓度 g·$(100mL)^{-1}$］；

V——测定时吸取样品稀释液体积，mL；

c——氢氧化钠标准溶液浓度，mol·L^{-1}。

（6）说明及注意事项

① 加入甲醛后应立即滴定，不宜放置时间过长，以免甲醛聚合，影响测定结果。

② 样品中若含有铵盐，由于铵离子也能与甲醛作用，将使测定结果偏高：

$$4NH_4^+ +6HCHO \longrightarrow (CH_2)_6N_4+6H_2O+4H^+$$

9.3　挥发性盐基氮的测定

挥发性盐基氮是指动物性食品由于酶和细菌的作用，在腐败过程中，因蛋白质分解而产生的氨及胺类等碱性含氮物质。挥发性盐基氮是评价肉及肉制品、水产品等鲜度的主要卫生指标。挥发性盐基氮可采用半微量定氮法测定。

（1）原理　挥发性盐基氮在测定时遇弱碱氧化镁即被游离而蒸馏出来，馏出的氨被硼酸吸收后生成硼酸铵，使吸收液变为碱性，混合指示剂由紫色变为绿色。

$$2NH_3+4H_3BO_3 \longrightarrow (NH_4)_2B_4O_7+5H_2O$$
$$\text{紫色} \qquad\qquad\qquad \text{绿色}$$

然后用盐酸标准溶液滴定，溶液再由绿色返至紫色即为终点。根据标准溶液的消耗量即可计算出样品中挥发性盐基氮的含量。

（2）试剂

① MgO 混悬液（10g·L^{-1}）：称取 1.0gMgO，加 100mL 水，振摇成混悬液。

② 硼酸吸收液（20g·L^{-1}）。

③ 混合指示剂：临用前将 2g·L^{-1} 甲基红乙醇溶液和 1g·L^{-1} 次甲基蓝水溶液等量混合。

④ 盐酸标准溶液 ［$c(HCl)=0.01mol·L^{-1}$］。

（3）仪器

① 微量凯氏定氮蒸馏装置。

② 微量滴定管。

（4）操作方法　将除去脂肪、骨、腱后的样品切碎搅匀，称取 10g 置于锥形瓶中，加 100mL 水，不时振摇，浸渍 30min。过滤，滤液置于冰箱中备用。

将盛有 10mL 硼酸吸收液并加有 5～6 滴混合指示剂的锥形瓶置于冷凝管下端，并使其下端插入吸收液的液面下，吸取 5.0mL 上述样品滤液于蒸馏器的反应室内，加 MgO 悬浊液 5mL，迅速盖塞，并加水以防漏气。通入蒸汽进行蒸馏，由冷凝管出现冷凝水时开始计时，蒸馏 5min。

取下吸收瓶，用少量水冲洗冷凝管下端，吸收液用 0.01mol·L^{-1} HCl 标准溶液滴定，同时做试剂空白试验。

（5）计算

$$X = \frac{(V_1 - V_0)c \times 14}{m \times (5/100)} \times 100$$

式中　X——样品中挥发性盐基氮的含量，mg·(100g)$^{-1}$；

V_1——测定样品溶液消耗盐酸标准溶液的体积，mL；

V_0——试剂空白消耗盐酸标准溶液的体积，mL；

c——盐酸标准溶液的浓度，mol·L^{-1}；

m——样品质量，g。

（6）说明及注意事项

① 定氮蒸馏装置参照蛋白质的测定。

② 滴定终点的观察，应注意空白试验与样品测定色调一致。

③ 每个样品测定之间要用蒸馏水洗涤仪器 2～3 次。

④ 空白试验稳定后才能正式测定样品。

9.4　蛋白质氮和非蛋白质氮的测定

利用蛋白质能与重金属离子（如 Cu^{2+}、Hg^{2+}、Pb^{2+} 等）结合形成蛋白质盐而变性沉淀的特性，在一定的条件下，将蛋白质氮和非蛋白质氮分离，然后用凯氏定氮法分别进行定量。下面介绍两种用铜盐作沉淀剂的测定方法，适用于各种类型食物与配料。

9.4.1　醋酸铜作沉淀剂

（1）原理　样品用水消化，用醋酸铜沉淀蛋白质，而非蛋白质则留存于溶液中。过滤后，用凯氏定氮法分别测定沉淀中和滤液中的氮。

（2）试剂

① $Cu(Ac)_2·H_2O$ 溶液：30g·L^{-1}。

② 硅酮消泡剂。

③ $K_2SO_4 \cdot Al_2(SO_4)_3 \cdot 24H_2O$（即明矾）溶液：$100g \cdot L^{-1}$。

（3）操作方法　准确称取或吸取适量样品（固体样品，以粗蛋白质含量计，含量在25%以下的称取2g；25%～50%的称取1g；50%以上的称取0.5g。牛乳轻轻摇匀，在水浴上加热至40℃，再轻摇，冷却至20℃，吸取适量样品，一般为11mL）置于750mL凯氏烧瓶中，加水约50mL，再加入几粒玻璃珠和1～2滴硅酮消泡剂。将混合物徐徐煮沸，消化0.5h（注意勿煮干）。

趁消化液尚热时，加入2mL硫酸铝钾溶液（$100g \cdot L^{-1}$），摇匀后重新加热至恰好沸腾。加入50mL醋酸铜溶液（$30g \cdot L^{-1}$），充分混合，冷却后过滤，用50mL冷水洗涤烧瓶及沉淀。

① 测定蛋白质氮时，将滤纸和沉淀放回原烧瓶中，用凯氏定氮法测定氮含量。

② 测定非蛋白质氮时，将滤液转入另一清洁的凯氏烧瓶中，用凯氏定氮法测定其中的氮含量。

（4）计算　由凯氏定氮法分析结果得出蛋白质氮和非蛋白质氮的含量。

9.4.2　用氢氧化铜作沉淀剂

（1）原理　样品经粉碎加水磨至均匀后，转入离心管中，以氢氧化铜沉淀蛋白质，离心分离，并用蒸馏水洗涤。用凯氏定氮法分别测定溶液中的非蛋白质氮和沉淀中的蛋白质氮。

（2）仪器

① 离心机（$4000r \cdot min^{-1}$）。

② 水浴锅。

（3）试剂

① 硫酸铜溶液（$30g \cdot L^{-1}$）。

② 氢氧化钠溶液［$c(NaOH) = 0.2mol \cdot L^{-1}$］。

其余仪器和试剂同凯氏定氮法。

（4）测定方法　准确称取0.2～0.3g样品（总含氮量在10mg左右），放入瓷研钵中，加2mL蒸馏水，研磨至匀浆后，再加2mL硫酸铜溶液（$30g \cdot L^{-1}$），搅匀，转移至离心管内，用8mL水将残渣全部洗入离心管。将离心管放入沸水浴中，用玻璃棒搅匀，保持3min，然后取出离心管，加3mL氢氧化钠溶液［$c(NaOH) = 0.2mol \cdot L^{-1}$］，搅匀，放置10min后取出离心。将离心液倒入凯氏烧瓶中，用热水冲洗沉淀两次，每次10mL（热水中均加1滴$30g \cdot L^{-1}$硫酸铜溶液），同样离心，合并溶液到烧瓶中（非蛋白质氮溶液）。将离心管中沉淀物用蒸馏水全部转入另一凯氏烧瓶中（蛋白质氮溶液）。

按凯氏定氮法分别进行测定。

9.5 蛋白质和氨基酸的其他测定方法

9.5.1 蛋白质测定的其他常用方法

（1）福林-酚比色法 蛋白质与福林（Folin）-酚试剂反应，产生蓝色复合物。作用的机理主要是蛋白质中的肽键与碱性铜盐产生双缩脲反应，同时也由于蛋白质中存在的酪氨酸与色氨酸同磷钼酸-磷钨酸试剂反应产生颜色。呈色强度与蛋白质的含量成正比。此法是检测可溶性蛋白质含量非常灵敏的方法之一，但方法的实测下限较双缩脲法约小 2 个数量级，且对双缩脲法有干扰的物质对福林-酚法的影响更大，酚类及柠檬酸的存在也对本法有干扰。

（2）考玛斯亮蓝染料比色法 考玛斯亮蓝 G-250 染料是一种蛋白质染料，与蛋白质通过范德华引力结合，从而使蛋白质染色，有色物在 620nm 波长处有最大吸收值。此法简便、快速，适合于大量样品的测定，方法的灵敏度与福林-酚比色法相似，且不受酚类、游离氨基酸和小分子肽的影响。

（3）水杨酸比色法 样品中的蛋白质经硫酸消化后转化为可溶性铵盐，在一定的酸度和温度下与水杨酸钠溶液和次氯酸钠溶液作用生成有颜色的化合物，可在 660nm 波长下进行比色测定，此法与凯氏定氮法相比，具有更低的氮检出量。样品消化后于当天测定，具有较好的重现性，但显色与温度有关，应严格控制反应温度，否则会造成较大偏差。

（4）自动凯氏定氮法 自动凯氏定氮法的原理与凯氏定氮法相同，实验采用自动系统（仪器内具有消化、加碱蒸馏、吸收、滴定、数字显示等自动装置），操作简便快速，样品用量少，整个测定时间约为 12min 并可同时测定多个样品。试剂除硫酸铜和硫酸钾制成片剂外，其余同常量凯氏定氮法。

另外，蛋白质的测定还有染料结合法、折光法、旋光法、近红外光谱法以及一些改良的方法等，测定时可根据条件和需要选用。

9.5.2 氨基酸测定的其他常用方法

（1）茚三酮比色法 氨基酸在碱性溶液中能与茚三酮作用，生成蓝紫色化合物（除无 α-氨基的脯氨酸和羟脯氨酸呈黄色外，其余均有此反应），其颜色深浅与氨基酸含量成正比，最大波长位于 570nm 处，据此可测定样品中的氨基酸含量。

（2）薄层色谱法 取一定量的样品水解液，滴在制好的微晶纤维素薄板上，在溶剂系统中进行双向上行法展层（展开剂自上而下流动称为下行层析，自下而上流动称为上行层析。进行双向层析时，先用一种溶剂展开后，晾干，将薄板重新放入另一层析缸中，转 90°角，再用另一种溶剂展层），由于各种氨基酸的吸附能力和 R_f 值不同而达到彼此分离的目的。然后用茚三酮显色，与标准氨基酸进行对比，即可鉴定样品中所含氨基酸的种类，根据斑点的颜色深浅可大致确定氨基酸的含量。

（3）氨基酸自动分析仪法 利用各种氨基酸的酸碱性、极性和分子大小等性质的不同，使用阳离子交换树脂在色谱柱上进行分离。当样品从色谱柱顶端加入后，用不同pH值和离子浓度的缓冲液，将它们依次洗脱下来。先是酸性氨基酸和极性较大的氨基酸，其次是非极性和芳香族氨基酸，最后是碱性氨基酸。分子量小的比分子量大的先被洗脱下来，洗脱下来的氨基酸用茚三酮显色，然后用比色的方法进行定量。

（4）气相色谱法 将氨基酸转变为适合于气相色谱分析的衍生物——三氟乙酰基二丁酯。氨基酸先经正丁醇酯化作用后再用三氟乙酸酐酰化，将酰化好的氨基酸衍生物进行气相色谱法分析，整个分析可在40min内完成。

（5）液相色谱法 蛋白质样品经酸或碱水解后，再用丹磺酰氯进行衍生化作用而溶解于流动相溶液中，用C_8反相柱的高压液相色谱仪分离并用荧光检测器进行测定，即可测定出各种氨基酸的含量。

思考与习题

1. 简述食品中蛋白质测定的目的和意义。

2. 说明凯氏定氮法的定氮原理。消化时加入硫酸钾和硫酸铜的作用是什么？在蒸馏前加入氢氧化钠溶液的作用是什么？

3. 已知样品的含氮量后，如何计算出蛋白质含量？为什么要乘上蛋白质换算系数？不同种类食品的换算系数为何不尽相同？

4. 测定氨基酸态氮时，加入甲醛的作用是什么？若样品中含有铵盐，有无干扰，为什么？

5. 简述挥发性盐基氮产生的原因及测定原理。

6. 如何分别测定样品中的蛋白质氮和非蛋白质氮？

7. 为什么鸡蛋清、牛奶可用作铅中毒或汞中毒的解毒剂？

8. 紫外线吸收法与其他测定蛋白质的方法相比有哪些优缺点？

9. 说明用双缩脲法测定蛋白质的原理。在用双缩脲法测定蛋白质时，若样品中含有大量脂肪，会出现什么现象？如何处理？

10. 采用氨基酸自动分析仪测定食品中氨基酸含量时，样品除去脂肪等杂质后可直接上柱分析，用什么方法去除脂肪？

10 单宁含量的测定

10.1 概　述

单宁又称鞣质（Tannins），是一类有机酚类复杂化合物的总称，广泛存在于植物组织中，尤以某些树种，如黑荆树、落叶松、栗树、柳树、赤杨、云杉、冷杉等的树皮和树根中含量较多，在工业上被用作制取栲胶的原料。单宁在蔬菜中含量较少，但在果实中普遍存在，几种果实中的单宁含量见表 10-1。

表 10-1　几种果实中单宁含量/%

果实名称	含量范围	平均含量	果实名称	含量范围	平均含量
苹　果	0.025～0.270	0.100	杏	0.063～0.100	0.074
梨	0.015～0.170	0.032	樱　桃	0.053～0.220	0.098
李	0.065～0.200	0.127	草　莓	0.120～0.410	0.200
桃	0.063～0.220	0.100	黑荆树树皮①	一般 40～49	

① 黑荆树被认为是单宁含量最高的树种之一，作为对照，其含量列于表中。

由不同原料中取得的单宁在化学结构上有很大的差异，性质也不完全相同，但它们都是多元酚类的衍生物。根据单宁的化学组成，可将它们分为两大类：水解类和缩合类。

水解类：又称没食子类，是由葡萄糖分子与一定数目的没食子酸（或逆没食子酸）结合而成的酯类或苷类混合物；

缩合类：又称儿茶素类，在植物界存在更为普遍，结构也更复杂。果实中所含的单宁目前所发现的几乎都是缩合类单宁。

在工业上单宁除用作鞣革外，还可用于制造墨水、颜料、显影剂等。在医疗上单宁被广泛用作止血药，也是治疗烫伤的良好药物。由于单宁的水溶液可与蛋白质、生物碱、重金属盐生成水不溶性沉淀，因此可用作生物碱及重金属中毒的解毒剂。

10.1.1　单宁的化学结构及一般性质

（1）基本结构　植物单宁是无定形高分子物质，相对分子质量较大（一般为 500～3000），主要由下列单体组成：

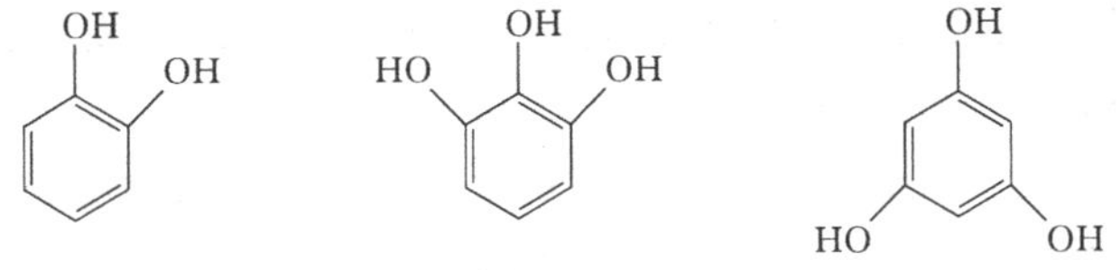

儿茶酚　　　　　　　　焦性没食子酸　　　　　　　根皮酚

（2）一般性质

① 酚类物质易在空气中氧化，果蔬组织中的儿茶素单宁是儿茶酚的衍生物，在空气中很容易被氧化，形成褐色或黑色物质，从而使果蔬及其制品的品质变劣。

在完全健全的果蔬组织中，酚类物质的氧化和还原是偶联进行的，保持着平衡状态，因此不会出现褐变现象。但当果蔬发生机械性损伤（去皮、切开、硌伤等）或受热、受冻时，这种平衡即被打破，于是发生了氧化产物醌的积累，生成聚合物——黑色素，反应机理如下：

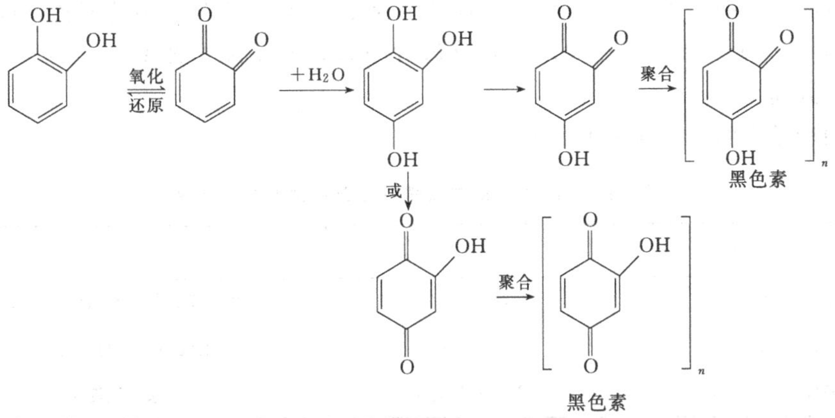

黑色素

或

黑色素

这类变色作用需要与氧接触，并由酶催化，所以称为"酶促褐变"。果蔬组织与空气接触的时间越长、单宁含量越高，变色越深。酶促褐变在果蔬加工中是不希望出现的一种变色现象，它不仅影响产品外观，降低营养价值，甚至会导致产品不堪食用。但在另一些食品，如茶叶、可可等食品的加工过程中，适当的褐变则是形成良好风味与色泽的必需条件。

② 单宁易溶于水，微溶于丙酮、乙醇、乙醚等，略带酸性，在果实中含量低时，使人感觉有清凉味，含量高时则有强烈的涩味，未成熟果实大多是涩的，食物涩味的典型例子是未成熟的柿子。在成熟过程中，经过一系列的氧化作用，或与醛、酮等作用而逐渐失去涩味。单宁引起涩味感的机制是舌黏膜蛋白质被单宁物质凝固而产生的感觉。

③ 单宁具有收敛性涩味，对果蔬及其制品的风味起着重要作用。单宁与糖、酸的比例适当时，能使果蔬及其制品表现出良好的风味；同时，单宁具有强化酸味的作用，故果酒、果汁中均应含有少量单宁。

④ 单宁与白明胶等蛋白质类物质作用，可生成沉淀或形成浑浊液，用这种方法可以在浓度为 0.01％ 的溶液中检出单宁。在食品加工中，还可利用这一性质进行果汁和果酒的澄清。如利用果汁中存在的单宁，加入适量的明胶或干酪素等蛋白质类物质，使蛋白质与单宁结合形成不溶性胶状物，与悬浮在果汁中的颗粒同时沉淀下来，若果汁中单宁含量少，还要适当补充单宁。

⑤ 生物碱及某些重金属盐也可使单宁生成沉淀。

⑥ 单宁遇某些金属即发生颜色反应，如遇铁变黑；与锡长时间加热呈玫瑰红色，遇碱则变为蓝色等。这些特性直接影响产品的品质和外观，因此果蔬加工和分析时，应注意所用器皿的选择。

10.1.2 两种单宁的特征性区别

水解类单宁分子中的芳核是通过酯键或苷键（—C—O—）连接，在温和的条件下（稀酸、酶、煮沸等）即可使其水解。而缩合类单宁分子中的芳核是以 C—C 键相连接，当与稀酸共热时，不是分解为单体，而是缩合成高分子的无定形物质——红粉。

两种单宁的特征性区别见表 10-2。

表 10-2　水解类单宁与凝缩类单宁的特征性区别

反　应	水　解　类	凝　缩　类
与稀硫酸共热	水　解	生成暗红色沉淀（红粉）↓
加入溴水（Br_2）	无沉淀	橙红色或黄色沉淀↓
与高铁盐（$FeCl_3$）作用	蓝黑色沉淀↓	暗绿色沉淀↓

10.1.3 酶促褐变的控制方法

要抑制酶促褐变，可从果蔬中单宁物质的含量、酶的活性以及氧气的供应三个方面来考虑，如能控制其中之一，则由单宁所引起的氧化变色即可得到抑制。常用的方法如下。

① 将新鲜果蔬加热处理：在最短的时间内达到钝化酶的目的，水煮和蒸汽处理是目前使用最广泛的热处理方法。

② 改变酶的作用条件：在 pH 值为 3.0 的酸性水溶液中浸渍，使 pH 值降低，抑制酶的活性（酚酶的最适 pH 值为 6～7）。常用的酸有柠檬酸、苹果酸、磷酸、抗坏血酸等。

③ 将去皮切开的果蔬立即浸泡在清水、糖水或盐水中，以隔绝氧气。

④ 采用二氧化硫及亚硫酸盐处理：SO_2、Na_2SO_3、$NaHSO_3$、$Na_2S_2O_5$、$Na_2S_2O_4$ 等是食品工业中广泛使用的酚酶抑制剂。

10.2 单宁含量的测定

测定单宁的方法有很多，常用的几种方法比较如下。

① 皮粉法 国际上通用的单宁测定方法，属于重量法，适合于栲胶原料中单宁含量的测定。方法操作繁杂、费时，不适合测定果蔬等单宁含量较低的样品。

② 比色法 这是一种快速测定单宁含量的方法，操作较为简便，结果也比较准确，食品分析中经常采用。果蔬原料中的维生素 C 对测定有干扰，结果需进行校正。

③ EDTA 络合滴定法 本方法操作简便，实验条件容易控制，适合于单宁含量较少的植物样品的测定，测定相对误差一般不超过 2%。

④ 高锰酸钾滴定法 此法是利用单宁容易被氧化的特性进行测定，操作也较为简便，但当样品中存在有具还原性质的非单宁物质时，将导致测定结果偏高。

此外，还可利用蛋白质能定量沉淀单宁的特性，将单宁沉淀后溶解于十二烷基磺酸钠-三乙醇胺溶液中，在氯化铁作用下形成红色络合物，然后进行比色测定（蛋白质沉淀比色法）。

10.2.1 比色法

(1) 原理 样品中的单宁在碱性溶液中将磷钨钼酸还原，生成深蓝色化合物，其颜色深浅与单宁的含量成正比，可与标准进行比较定量。

(2) 仪器

① 组织捣碎机或研钵。

② 分光光度计。

(3) 试剂

① 标准单宁酸溶液 ($0.5mg \cdot mL^{-1}$)：准确称取标准单宁酸 50mg，溶解后用水稀释至 100mL，用时现配。

② F-D (Folin-Donis) 试剂：称取钨酸钠 ($Na_2WO_4 \cdot 2H_2O$) 50g，磷钼酸10g，置于 500mL 锥形瓶中，加 375mL 水溶解，再加磷酸 25mL，接上冷凝管，在沸水浴上加热回流 2h，冷却后用水稀释至 500mL。

③ 偏磷酸溶液 ($60g \cdot L^{-1}$)：如有浑浊则需过滤。

④ 碳酸钠溶液 $[c(Na_2CO_3)=1mol \cdot L^{-1}]$：称取无水碳酸钠 53g，加水溶解并稀释至 500mL。

⑤ 乙醇 ($\varphi=95\%$) 及乙醇 ($\varphi=75\%$)。

(4) 操作方法

① 标准曲线的绘制 准确吸取标准单宁酸溶液 0.0、0.1mL、0.2mL、0.4mL、0.6mL、0.8mL、1.0mL 于 50mL 容量瓶中，各加入乙醇 ($\varphi=75\%$)

1.7mL，偏磷酸溶液（60g·L⁻¹）0.1mL，水 25mL，F-D 试剂 2.5mL，碳酸钠溶液 [$c(Na_2CO_3)=1mol·L^{-1}$] 10mL，剧烈振摇，以水稀释至刻度，充分混合。于 30℃恒温箱中放置 1.5h 后，用分光光度计在波长 680nm 处测定吸光度，并绘制标准曲线。

② 样品测定　果实去皮并切碎后，迅速称取 50g（如分析罐头食品则称取 100g），加入乙醇（$\varphi=95\%$）50mL，偏磷酸（60g·L⁻¹）50mL，水 50mL，置于高速组织捣碎机中打浆 1min（或在研钵中研磨成浆状）。称取匀浆 20g 于 100mL 容量瓶中，加入乙醇（$\varphi=75\%$）40mL，在沸水浴上放置 20min，冷却后用乙醇（$\varphi=75\%$）稀释至刻度。充分混合，以慢速定量滤纸过滤，弃去初滤液。

吸取上述滤液 2mL，置于已盛有 25mL 水、F-D 试剂 2.5mL 的 50mL 容量瓶中，然后加入碳酸钠溶液 [$c(Na_2CO_3)=1mol·L^{-1}$] 10mL，剧烈振摇后，以水稀释至刻度，充分摇匀（此时溶液的蓝色逐渐产生）。同时进行一空白试验。

于 30℃恒温箱中放置 1.5h 后，用分光光度计在波长 680nm 处，以试剂空白调零，测定吸光度。

（5）计算

$$X=\frac{c\times10^{-6}}{mK}\times100$$

式中　X——样品中单宁的质量分数，%；

　　　c——比色用样品溶液中的单宁含量，μg；

　　　m——样品质量，g；

　　　K——稀释倍数，如按上述方法取样 50g 时，$K=(20/200)\times(2/100)=1/500$。

（6）说明及注意事项

① 样品处理时要尽快进行，以免单宁氧化而造成误差。

② 维生素 C 也能与 F-D 试剂作用产生蓝色，因此若样品中含有维生素 C 时需进行校正，1mg 维生素 C 相当于 0.8 mg 单宁酸。

10.2.2　EDTA 络合滴定法

（1）原理　根据单宁可与重金属离子形成络合物沉淀的性质，在样品提取液中加入过量的标准 Zn（Ac）₂ 溶液，待反应完全后，再用 EDTA 标准溶液滴定剩余的 Zn（Ac）₂，根据 EDTA 标准溶液的消耗量，可计算出样品中的单宁含量。

（2）试剂

① 乙酸锌标准溶液 {$c[Zn(Ac)_2]=1.000mol·L^{-1}$}：准确称取 Zn(Ac)₂·2H₂O 21.95g，用水溶解后定容至 100mL。

② 乙二胺四乙酸二钠标准溶液 [$c(Na_2\text{-}EDTA)=0.0500mol·L^{-1}$]：准确称取乙二胺四乙酸二钠（Na₂-EDTA·2H₂O）9.306g，溶解于水中，并用水稀释至

500mL。必要时进行标定。

③ pH 值为 10 的 NH_3-NH_4Cl 缓冲溶液：称取 $54gNH_4Cl$，加水溶解后加入浓氨水 350mL，用水定容至 1000mL。

④ 铬黑 T 指示剂：称取 0.5g 铬黑 T，溶于 10mL pH 值为 10 的 NH_3-NH_4Cl 缓冲溶液中，用乙醇（$\varphi = 95\%$）定容至 100mL。

（3）操作方法

① 样品处理 称取切碎混匀的样品 5～10g，置于研钵中，加少许石英砂研磨成浆状（干样品经磨碎过筛后，准确称取 1～2g），转入 150mL 锥形瓶中，用 50mL 水分多次洗净研钵，洗液一并转入锥形瓶中，振动、提取 10～15min。

② 络合沉淀 在 100mL 容量瓶中，准确加入 $Zn(Ac)_2$ 标准溶液 5mL，浓氨水 3.5mL，摇匀（开始有白色沉淀产生，摇动使沉淀溶解）。慢慢将提取物转入容量瓶中，不断振摇，在 35℃ 水浴上保温 20～30min。冷却，用水定容至 100mL，充分混匀，静置、过滤（初滤液弃去）。

③ 滴定 准确吸取滤液 10mL，置于 150mL 锥形瓶中。加水 40mL，NH_3-NH_4Cl 缓冲溶液 12.5mL，铬黑 T 指示剂 10 滴，混匀。用 $0.0500mol \cdot L^{-1}$ EDTA 标准溶液滴定，溶液由酒红色变为纯蓝色即为终点。

（4）计算

$$X = \frac{\left[c_{Zn(Ac)_2} V_{Zn(Ac)_2} - 10 c_{EDTA} V_{EDTA}\right] \times 0.1556}{m} \times 100$$

式中 X ——样品中单宁的质量分数，%；

$c_{Zn(Ac)_2}$ ——$Zn(Ac)_2$ 标准溶液的浓度，$mol \cdot L^{-1}$；

$V_{Zn(Ac)_2}$ ——吸取 $Zn(Ac)_2$ 标准溶液的体积，mL；

c_{EDTA} ——EDTA 标准溶液的浓度，$mol \cdot L^{-1}$；

V_{EDTA} ——滴定时消耗 EDTA 标准溶液的体积，mL；

0.1556 ——由实验得出的比例常数，$g \cdot mmol^{-1}$；

m ——样品质量，g；

10 ——分取倍数，即样品络合沉淀后定容至 100mL，吸取其中的 1/10 进行滴定。

（5）注意事项

① 单宁遇 Fe^{3+} 会发生颜色反应，因此处理样品时，不能与铁器接触，切碎样品应采用不锈钢刀。

② 单宁容易被氧化，样品处理后应立即进行测定。同时要注意控制加热温度，加热过程中要间歇摇动数次，以使反应完全。

10.2.3 高锰酸钾滴定法

（1）原理 单宁可被高岭土（或活性骨炭）吸附和被高锰酸钾氧化，根据吸附前后氧化值差即可计算样品中的单宁含量。指示剂靛红（靛蓝二磺酸钠）被高锰酸钾氧化，从蓝色转变为黄色，从而指示终点。

反应式如下：

蓝色　　　　　　　　　　　　　　　　　　　　　　黄色

（2）试剂

① 靛红溶液（$1g \cdot L^{-1}$）：称取靛红（$C_{16}H_8N_2O_8S_2Na_2$）1.0g，溶解于50mL浓硫酸中，如难溶，可加热至60℃，保持4h，然后稀释至1000mL。

② 粉状活性炭（骨炭）。

③ 高锰酸钾标准溶液 $[c(\frac{1}{5}KMnO_4)=0.05mol \cdot L^{-1}]$。

（3）操作方法　称取捣碎均匀的样品10.0～20.0g于小烧杯中，用约150mL水移入250mL容量瓶中，充分振摇后定容，摇匀。用干滤纸过滤得到澄清的滤液（否则需重新过滤）。吸取澄清样品溶液10.0mL，置于瓷皿或烧杯中，准确加入靛红溶液25mL、水750mL，用高锰酸钾标准溶液 $[c(\frac{1}{5}KMnO_4)=0.05mol \cdot L^{-1}]$ 快速滴定至呈黄绿色，再慢慢滴定至呈明亮的金黄色即为终点。

另取样品溶液10.0mL，加入骨炭粉2～3g，置于水浴上加热搅拌5min，以吸附单宁。过滤，用100mL热水洗涤数次，滤液和洗涤液收集于锥形瓶中，准确加入靛红溶液25mL、水650mL，按上述方法滴定。

（4）计算

$$X = \frac{c(V_1 - V_2) \times 0.04157}{m} \times 100$$

式中　X ——样品中单宁的质量分数，%；

　　　c ——高锰酸钾标准溶液 $[c(\frac{1}{5}KMnO_4)]$ 的浓度，$mol \cdot L^{-1}$；

　　　V_1 ——样品滴定消耗高锰酸钾标准溶液的体积，mL；

　　　V_2 ——样品吸收单宁后滴定所消耗高锰酸钾溶液的体积，mL；

　　　m ——10mL样品溶液相当于样品的质量；

0.04157 ——换算系数，$g \cdot mmol^{-1}$。

（5）说明及注意事项

① 由于单宁是一种复杂的混合物，无法用准确的分子式表示，测定结果以没食子单宁表示，用经验数据代入计算，即每毫升$0.1000mol \cdot L^{-1}$高锰酸钾溶液 $[c(\frac{1}{5}KMnO_4)]$ 相当于4.157mg单宁。

② 因为被滴定溶液的体积较大，指示剂用量较多，而靛红本身是一种还原性物质，能消耗高锰酸钾溶液。此外，试样中也可能还存在其他能被高锰酸钾氧化的有机物，因此必须进行空白试验，即用活性炭吸附单宁（若试样是胶体溶液，可加入氯化钠硫酸溶液使胶体凝聚）后，再用高锰酸钾溶液滴定，从试液吸附前后所消耗高锰酸钾溶液的体积之差来计算样品中的单宁含量。

思考与习题

1. 植物样品中的单宁可分为哪几种类型？如何鉴别？

2. 组成单宁的酚类单体物质主要有哪些？

3. 果蔬受到损伤并被暴露在空气中时，为什么会出现褐变现象，如何防止褐变？

4. 处理样品时可否用铁器，为什么？

5. 用比色法测定单宁含量时，如果样品中存在维生素 C，有什么影响？如何消除影响？

6. 简述高锰酸钾法测定单宁的原理，若试样呈胶体状态时如何处理？

11 食品中元素含量的测定

11.1 概 述

在生物体内已经发现的几十种元素中，除去构成水分和有机物质的 C、H、O、N 四种元素外，其余的统称为矿物质成分。其中，含量在 0.01％以上的称为大量元素或常量元素，低于 0.01％的称为微量元素或痕量元素。在这些元素中，有的是维持正常生理功能不可缺少的物质，有的是机体的重要组成成分，有的则可能是通过食物和呼吸偶尔进入人体内的；有些元素对人体有重要的营养作用，是人及动物生命所必需的，而有些则是有毒性的。另外，即使是对人体有重要作用的元素，也有一定的需要量范围，摄入量不足时可产生缺乏症状，摄入量过多，则可能发生中毒。在有些情况下，体内元素的过量比缺乏对人体的危害更大。某些必需微量元素的日需要量及不足或过量时所产生的症状如表 11-1 所示。

表 11-1 某些必需微量元素对人体的作用及日需要量（以体重 70kg 计）

元 素	日需要量/(mg・d^{-1})	缺 乏	过 多
Fe	15	贫血	血色病
Cr	0.05～0.1	葡萄糖利用降低	呼吸道新生物
Zn	8～15	味觉减退	胃肠炎
Cu	3.2	贫血、味觉减退	胃肠炎、肝炎
Mn	2.2～8.8	未证明	震颤麻痹综合征、肺炎
Co	0.3	维生素 B 缺乏	红细胞增多
Se	0.068	贫血	腹泻、神经官能症

11.1.1 食品中重要矿物质元素及其营养功能

人及动物体内需要 7 种比较大量的矿物质元素：钙、镁、磷、钠、钾、氯、硫和 14 种必需的微量元素：铁、铜、锌、碘、锰、钼、钴、硒、镍、锡、硅、氟、钒、铬。

根据矿物质在生物体内的功能，可将它们分为三类：①涉及体液调节的矿物质；②构成生物体骨骼的矿物质；③参与体内生物化学反应和作为生物体化学成分的矿物质。

（1）常量元素　常量元素中，钙、磷是构成骨骼和牙齿的主要成分之一。钙可促进血液凝固，控制神经兴奋，对心脏的正常收缩与弛缓有重要作用。当血浆中钙含量过低时，会发生抽搐现象。食物中钙的最好来源是牛奶、新鲜蔬菜、豆类和水产品等。磷是细胞中不可缺少的成分，缺磷会影响钙的吸收而得软骨病，磷还可调节体液的酸碱平衡，成年人膳食中钙磷比例以 1:（1～2）为宜，磷多来源于豆类及动物性食品。

镁参与骨骼组成，与钙同样有抑制神经兴奋的作用，是细胞中的主要阳离子之一。镁在谷类、豆类等食品中含量丰富。

钠、钾、氯在生理上具有调节体液酸碱度和渗透压的作用，钠、钾还有加强神经与肌肉的应激性的作用，缺钾将对心脏产生损害。氯是人体内维持渗透压最重要的阴离子，氯、钠大部分以 NaCl 的形式存在于细胞体液中。钾来源于蔬菜、谷类、肉类等，钠、氯主要来源于食盐，一般不会缺乏。

硫也是营养上必需的元素之一。硫是组成蛋白质、硫胺素等体内重要物质的成分。当食物中蛋白质含量适当时，机体对硫的需要完全可以得到满足。

（2）微量元素　生物体内的微量元素可分为必需的和非必需的两大类。所谓必需元素，即保证生物体健康所必不可少的元素，缺乏时生物体会发生病变。

在 14 种必需微量元素中，对人体最重要的是铁、铜、锌、铬（Ⅲ）、碘、锰、钴、硒等。其中，铁是食品中最重要的组成元素之一，在生物体内含量也十分丰富。铁参与构成血红素和部分酶类，缺铁将导致贫血。含铁最丰富的食物有动物肝脏、蛋黄、鱼、肉、蔬菜等。

铜也是人和动物所必需的营养元素，在体内以铜蓝蛋白的形式存在。缺铜将导致贫血、心脏肥大、生长停滞等一系列病症，铜不足时还将影响铁的利用。动物内脏及豆类、贝类、鱼、蔬菜是铜的良好来源。

锌已知存在于至少 25 种食物消化和营养素代谢的酶中。锌缺乏时会引起味觉减退、生长停滞。动物性食品和粮食制品都是锌的重要来源。

铬有三价和六价两种形式。三价铬是人体必需的营养元素，它参与人体的正常代谢过程，缺铬会使葡萄糖的利用降低，出现血糖增高、生长停滞等症状。而六价铬是主要的环境污染物之一，对人体健康危害极大。铬（Ⅲ）的主要来源为谷物食品、啤酒酵母、动物蛋白（鱼除外）。

碘为甲状腺素合成的重要原料。缺碘将引起甲状腺肿大、精神疲惫、四肢无力，儿童还会导致发育迟缓。我国大部分地区为碘缺乏地区。海产食品含有丰富的碘，另外食用加碘盐是一项简便、有效的预防措施。

缺钴会引起维生素 B_{12} 缺乏，从而导致贫血和消瘦；缺硒引起视力障碍和贫血等；锰是正常身体机能所必需的元素，是一些酶的组成成分，但人体尚未发现明显缺乏的症状；氟能维持人的牙齿健康，防止龋齿；钒、镍、锡、硅经动物实验表明，对生物体的正常生长是必需的，但就人体营养来说，它们的重要性和生物功能尚待进一步肯定。

11.1.2 有毒元素及其危害

除了必需的和非必需的元素外，还有一些元素是环境污染物，它们的存在会对人类健康造成危害，称为有毒元素或有害元素。食品中的有害元素主要是砷和一些重金属元素。

食品中含有的少量天然重金属化合物对人体不呈现毒性作用，但食品在生产、加工、贮存和运输过程中，常常会由于污染等原因而使得某些重金属含量增加，如工业"三废"的污染、食品添加剂的使用、食品加工和贮存过程中使用各种含有重金属的容器、器械、包装材料等。

有害元素对人体的危害，除因大量摄入可能发生急性中毒外，还可由于长期食用含量较少的有害金属，因蓄积作用而发生慢性中毒，引起肝、肾等实质器官及神经系统、造血系统、消化系统的损坏。

从食品卫生学的角度来说，对人体有中等或严重毒性的有害元素有：铅、砷、汞、镉、铬（Ⅵ）、铜、锌、锡等。

需要注意的是，必需元素和有害元素的划分只是相对而言，即使对人体有重要作用的微量元素如铜、锌、硒、氟等，过量时同样对人体有害。国家食品卫生标准对食品中有害元素的含量都做了严格规定。

11.1.3 食品中元素含量的测定意义

① 测定食品中的矿物质元素含量，对于评价食品的营养价值，开发和生产强化食品具有指导意义。

② 测定食品中各成分元素含量有利于食品加工工艺的改进和食品质量的提高。

③ 测定食品中重金属元素含量，可以了解食品污染情况，以便采取相应措施，查清和控制污染源，以保证食品的安全和食用者的健康。

11.2　食品中常量元素的测定

11.2.1 钙的测定（EDTA 滴定法）

（1）原理

EDTA 是一种氨羧络合剂，在不同的 pH 值条件下可与多种金属离子形成稳定的络合物。在 pH≥12 的溶液中，Ca^{2+} 可与 EDTA 作用生成稳定的 EDTA-Ca 络合物，因此可直接滴定。采用钙指示剂（NN）作为指示剂，溶液由酒红色变为纯蓝色即为滴定终点。根据 EDTA 的消耗量，可计算出钙的含量。

（2）试剂

① 钙指示剂（$1g \cdot L^{-1}$）：乙醇溶液。

② KCN 溶液：$10g \cdot L^{-1}$。

③ 柠檬酸钠溶液$[c(Na_3C_6H_5O_7)=0.05mol \cdot L^{-1}]$：称取 14.7g 二水合柠檬酸钠，用去离子水稀释至 1000mL。

④ 氢氧化钠溶液$[c(NaOH)=2mol \cdot L^{-1}]$。

⑤ 盐酸溶液（1＋1）。

⑥ 盐酸溶液（1＋4）。

⑦ 钙标准溶液：准确称取已在 110℃ 干燥 2h 的 $CaCO_3$ 0.5～0.6g 置于 250mL 烧杯中，用少量水润湿，盖上表面皿，从杯嘴逐滴加入盐酸（1＋1）溶液至样品全溶，加热煮沸，冷却后转移至 100mL 容量瓶中，用水定容，摇匀，计算其准确浓度。

⑧ 乙二胺四乙酸二钠标准溶液$[c(Na_2\text{-}EDTA)=0.01mol \cdot L^{-1}]$

a. 配制：称取 3.7gEDTA 二钠盐，加热溶解后稀释至 1000mL，贮存于聚乙烯塑料瓶中。

b. 标定：准确移取钙标准溶液 10mL 于锥形瓶中，加水 10mL，用氢氧化钠溶液$[c(NaOH)=2mol \cdot L^{-1}]$调至中性。加入 1 滴 KCN 溶液（$10g \cdot L^{-1}$）、2mL 柠檬酸钠溶液$[c(Na_3C_6H_5O_7)=0.05mol \cdot L^{-1}]$、2mL 氢氧化钠溶液$[c(NaOH)=2mol \cdot L^{-1}]$、钙指示剂 5 滴，用 EDTA 标准溶液滴定至终点，记录消耗 EDTA 的体积 V。按下式计算 EDTA 标准溶液的浓度：

$$c_{EDTA}=c_{CaCO_3} \times 10.00/V$$

（3）测定方法

① 样品处理　称取适量样品用干灰化法灰化后，加盐酸（1＋4）5mL，置水浴上蒸干，再加入盐酸（1＋4）5mL 溶解并移入 25mL 容量瓶中，用少量热去离子水多次洗涤容器，洗液并入容量瓶中，冷却后用去离子水定容。

② 测定　准确移取样液 5mL（视 Ca 含量定），注入 100mL 锥形瓶中，加水 15mL，用氢氧化钠$[c(NaOH)=2mol \cdot L^{-1}]$溶液调至中性，以下按（2）⑧b 自"加入 1 滴 KCN 溶液（$10g \cdot L^{-1}$）"起依法操作。

以蒸馏水代替样品做空白试验。

（4）结果计算

$$X=\frac{(V-V_0)c_{EDTA} \times 40.01}{m(V_1/V_2)}$$

式中　X ——样品中钙的含量，$mg \cdot (100g)^{-1}$；

V ——滴定样液消耗 EDTA 标准溶液的体积，mL；

V_0——滴定空白消耗 EDTA 标准溶液的体积，mL；

V_1——测定时取样液体积，mL；

V_2——样液定容的总体积，mL；

m ——样品质量，g。

(5) 说明及注意事项

① 样品处理也可采用湿法消化：准确称取样品 2～5g，加入浓硫酸 5～8mL，浓硝酸 5～8mL，加热消化至试液澄清透明，冷却后定容至 100mL。吸取样液 10mL 按上述方法操作。

② 用盐酸溶解碳酸钙时，要用表面皿盖好烧杯后再加盐酸，以防喷溅。

③ 实验中加入 KCN 作为络合滴定中的掩蔽剂，在 pH＞8 的溶液中，氰化物可掩蔽 Cu^{2+}、Ni^{2+}、Co^{2+}、Zn^{2+}、Hg^{2+}、Cd^{2+}、Ag^+、Fe^{2+}、Fe^{3+} 等离子的干扰。

④ 氰化钾是剧毒物质，必须在碱性条件下使用，以防止在酸性条件下生成 HCN 逸出。测定完的废液要加氢氧化钠和硫酸亚铁处理，使生成亚铁氰化钠后才能倒掉。

11.2.2 钾、钠的测定（火焰光度测定法）

(1) 原理　样品处理后，导入火焰光度计中，经火焰原子化后，分别测定钾、钠的发射强度。钾发射波长为 766.5nm，钠发射波长为 589nm。其发射强度与它们的含量成正比，与标准系列比较定量。

本方法适用于各种食品中钾、钠的测定。

(2) 仪器　火焰光度计。

(3) 试剂　要求使用去离子水，优级纯试剂。

① 硝酸。

② 高氯酸。

③ 混合酸消化液：硝酸-高氯酸（4＋1）。

④ 钠及钾标准贮备液：将氯化钠及氯化钾（纯度大于 99.99％）于烘箱中 110～120℃ 干燥 2h。精确称取 2.5421g 氯化钠和 1.9068g 氯化钾，分别溶于去离子水中，并移入 1000mL 容量瓶中，稀释至刻度，贮存于聚乙烯瓶内，4℃ 保存。此溶液每毫升相当于 1mg 钠或钾。

⑤ 标准使用液

a. 钠标准使用液：吸取 10.0mL 钠标准贮备液于 100mL 容量瓶中，用去离子水稀释至刻度，贮存于聚乙烯瓶内，4℃ 保存。此溶液每毫升相当于 100μg 钠。

b. 钾标准使用液：吸取 5.0mL 钾标准贮备液于 100mL 容量瓶中，用去离子水稀释至刻度，贮存于聚乙烯瓶内，4℃ 保存。此溶液每毫升相当于 50μg 钾。

(4) 操作方法

① 样品处理　精确称取均匀干样 0.5～1g，湿样 1～2g，饮料等液体样品 3～5g 于 250mL 高型烧杯中，加 20～30mL 混合酸消化液，上盖表面皿。置于电热板

或电砂浴上加热消化。如消化不完全，再补加几毫升混合酸消化液，继续加热消化，直至无色透明为止。加几毫升去离子水，加热以除去多余的硝酸。待烧杯中的液体接近 2～3mL 时，取下冷却。用去离子水洗并转入 10mL 刻度试管中，定容至刻度。

② 测定

a. 钾的测定　吸取 0.0、0.5mL、1.0mL、1.5mL、2.0mL、2.5mL 钾标准使用液分别置于 250mL 容量瓶中，用去离子水稀释至刻度（容量瓶中溶液每毫升相当于 0.0、0.1μg、0.2μg、0.3μg、0.4μg、0.5μg 钾）。

将样品消化液、试剂空白液、钾标准系列分别导入火焰，测定发射强度。

测定条件：波长 766.5nm；空气压力 $0.4 \times 10^5 Pa$；燃气（煤气或丁烷气）的调整以火焰中不出现黄火焰为准。

以钾的浓度为横坐标，发射强度为纵坐标绘制标准曲线。

b. 钠的测定　吸取 0.0、1.0mL、2.0mL、3.0mL、4.0mL 钠标准使用液分别置于 100mL 容量瓶中，用去离子水稀释至刻度（容量瓶中溶液每毫升相当于 0.0、1.0μg、2.0μg、3.0μg、4.0μg 钠）。

将样品消化液、试剂空白液、钠标准系列分别导入火焰，测定发射强度。

测定条件：波长 589nm；其余条件同钾的测定。

以钠的浓度为横坐标，发射强度为纵坐标绘制标准曲线。

（5）计算　由标准曲线上分别查出样品液及试剂空白液的浓度值。

$$X = \frac{(c-c_0)Vf \times 100}{m \times 1000}$$

式中　X ——样品中元素含量，$mg \cdot (100g)^{-1}$；

$\quad c$ ——测定用样品液中元素的浓度，$\mu g \cdot mL^{-1}$；

$\quad c_0$ ——试剂空白液中元素的浓度，$\mu g \cdot mL^{-1}$；

$\quad V$ ——样品液定容的总体积，mL；

$\quad f$ ——样品液稀释倍数；

$\quad m$ ——样品质量，g。

11.2.3　总磷的测定（钼蓝比色法）

（1）原理　食物中的有机物经酸氧化，使磷在酸性条件下与钼酸铵结合生成磷钼酸铵。此化合物经对苯二酚、亚硫酸钠还原成蓝色化合物（钼蓝）。用分光光度计在波长 660nm 处测定钼蓝的吸光值，以定量分析磷含量。

本方法适用于各类食品中总磷的测定。

（2）试剂

① 磷标准贮备液：精密称取已在 105℃ 下干燥 2h 的 KH_2PO_4（优级纯）

0.4394g 溶解于水中，并稀释至 1000mL，此溶液浓度为 $100\mu g \cdot mL^{-1}$。

② 磷标准使用液：准确吸取上述磷标准贮备液 10mL，用水稀释至 100mL。此溶液浓度为 $10\mu g \cdot mL^{-1}$。

③ 硫酸。

④ 硫酸溶液（3＋17）。

⑤ 钼酸铵溶液（$50g \cdot L^{-1}$）：称取钼酸铵 5g，用（3＋17）硫酸溶液稀释至 100mL。

⑥ 高氯酸-硝酸消化液（1＋4）。

⑦ 对苯二酚溶液（$5g \cdot L^{-1}$）：称取 0.5g 对苯二酚于 100mL 水中，使其溶解，加入 1 滴浓硫酸（减缓氧化作用）。

⑧ 亚硫酸钠溶液（$200g \cdot L^{-1}$）：称取 20g 亚硫酸钠于 100mL 水中，使其溶解。此溶液用前配制。

（3）仪器　分光光度计。

（4）操作方法

① 样品处理　称取各类食物的均匀干样 0.1～0.5g 或湿样 2～5g 于 100mL 凯氏烧瓶中，加入 3mL 硫酸和 3mL 高氯酸-硝酸消化液，加热消化至溶液澄清透明。将溶液放冷，加 20mL 水，冷却后转入 100mL 容量瓶中。用水多次洗涤凯氏烧瓶，洗液合并倒入容量瓶内，加水至刻度，充分摇匀。此溶液为样品测定液。

取与消化样品同量的硫酸、高氯酸-硝酸消化液，按同一方法做空白溶液。

② 标准曲线的绘制　准确吸取磷标准使用液 0、0.5mL、1.0mL、2.0mL、3.0mL、4.0mL、5.0mL（相当于含磷量 0、$5\mu g$、$10\mu g$、$20\mu g$、$30\mu g$、$40\mu g$、$50\mu g$），分别置于 20mL 具塞试管中，依次加入 2mL 钼酸铵溶液摇匀，静置几秒钟。加入 1mL 亚硫酸钠溶液，1mL 对苯二酚溶液摇匀，加水至刻度，混匀。静置 0.5h 后，在分光光度计 660nm 波长处测定吸光度。以测出的吸光度对磷含量绘制标准曲线。

③ 样品测定　准确吸取样品测定液 2mL 及同量的空白溶液，分别置于 20mL 具塞试管中，其余操作同标准曲线绘制。以测出的吸光度在标准曲线上查得未知液中的磷含量。

（5）计算

$$X = \frac{c}{m(V_2/V_1)} \times 100$$

式中　X——样品中磷的含量，$mg \cdot (100g)^{-1}$；

c——由标准曲线查得样品测定液中磷含量，mg；

V_1——样品消化液定容的总体积，mL；

V_2——测定用样品消化液的体积，mL；

m ——样品质量，g。

11.2.4　氯的测定

11.2.4.1　硝酸银滴定法

本法可用于各类食品，特别适用于罐头、酱油等样品中 Cl^- 或 NaCl 含量的测定。

（1）原理　在中性溶液中，用硝酸银标准溶液滴定样品中的 Cl^-，使生成难溶于水的氯化银沉淀。当溶液中的 Cl^- 完全作用后，稍过量的硝酸银即与铬酸钾指示剂反应，生成橘红色的铬酸银沉淀，由硝酸银标准溶液的消耗量计算出 Cl^- 的含量。反应式如下：

$$Ag^+ + Cl^- \longrightarrow AgCl\downarrow$$
$$白色$$
$$2AgNO_3 + K_2CrO_4 \longrightarrow Ag_2CrO_4\downarrow + 2KNO_3$$
$$橘红色$$

（2）试剂

① 铬酸钾指示剂（$50 \cdot L^{-1}$）。

② 氢氧化钠溶液（$10g \cdot L^{-1}$）。

③ 酚酞指示剂（$10g \cdot L^{-1}$）。

④ 碳酸钠溶液（$50g \cdot L^{-1}$）。

⑤ 硝酸溶液（1+4）。

⑥ 硝酸溶液（1+9）。

⑦ 硝酸银标准溶液 $[c(AgNO_3) = 0.1mol \cdot L^{-1}]$：配制和标定方法参见附录 I。

（3）仪器　10mL 微量滴定管。

（4）操作方法

① 样品处理

a. 一般样品

ⓐ 干灰化法　称取样品 5g，置于铂坩埚中，用 20mL 碳酸钠溶液（$50g \cdot L^{-1}$）润湿。有些样品，尤其是碳水化合物含量较高的样品，需先做预备实验，以确定样品中的氯被保留的程度。

然后，蒸干、炭化，在 ≤500℃ 的温度下充分灼烧。用热水提取、过滤、洗涤，滤液及洗液均收集于 100mL 容量瓶中。

残渣转入铂坩埚中，再行灼烧。以硝酸（1+4）溶液溶解灰分，过滤、充分洗涤，洗液合并于容量瓶中，用水定容至刻度。

注意：样品按上述方法处理，仍会有一部分氯挥发散失，甚至在炭化阶段也可能会使氯损失。所以，在允许的情况下，样品可直接用水提取。如蔬菜类及其罐头制品,可按"总酸度的测定"方法准备滤液。

⑥ 湿法消化 准确称取样品 5g,置于凯氏烧瓶中。加浓硝酸 20mL,加热消化至溶液澄清透明,冷却后用硝酸(1+9)定容至 100mL,静置,上层清液备用。

b. 酱油类样品 准确吸取 5mL 样品,置于 100mL 容量瓶中,加水至刻度,混匀。

② 样品测定 准确吸取适量样品(酱油稀释液取 2mL),置于烧杯中,加水至 100mL。若试液为酸性,则加入酚酞指示剂 1~2 滴,用氢氧化钠中和。

加入铬酸钾指示剂 1mL,混匀。用硝酸银标准溶液[$c(AgNO_3)=0.1mol \cdot L^{-1}$]滴定至溶液出现橘红色即为终点。

量取 100mL 蒸馏水,同时做试剂空白试验。

(5) 计算

$$X_1 = \frac{(V_1-V_0)c \times 0.03545}{mU} \times 100$$

$$X_2 = \frac{(V_1-V_0)c \times 0.05845}{mU} \times 100$$

式中 X_1——样品中氯的质量分数,% [或质量浓度 g·$(100mL)^{-1}$];

$\quad\quad X_2$——样品中氯化钠的质量分数,% [或质量浓度 g·$(100mL)^{-1}$];

$\quad\quad V_1$——试样消耗硝酸银标准溶液的体积,mL;

$\quad\quad V_0$——空白消耗硝酸银标准溶液的体积,mL;

$\quad\quad c$——硝酸银标准溶液的浓度,mol·L^{-1};

$\quad\quad m$——样品质量(或体积),g(或 mL);

$\quad\quad U$——分取倍数,即测定用样液体积/样液总体积。

(6) 注意事项

① 本方法测定的酸度范围为 pH 值 6.3~10,在酸性溶液中,指示剂将按下式反应而使浓度大大降低,很难形成或不能形成铬酸银沉淀:

$$2CrO_4^{2-} + 2H^+ \rightleftharpoons 2HCrO_4^- \rightleftharpoons Cr_2O_7^{2-} + H_2O$$

而在 pH>10 的碱性溶液中,银离子将形成 Ag_2O 沉淀。因此,当样品溶液的 pH 值过高或过低时,应先用酸或碱调节,再进行滴定。

② 由于滴定时生成的氯化银沉淀容易吸附溶液中的氯离子,使溶液中的氯离子浓度降低,终点提前到达,故滴定时必须剧烈摇动,使被吸附的氯离子释放出来以减少误差。

③ 不能在含有氨或其他能与银离子生成配合物的物质存在下进行滴定,以免 AgCl 和 Ag_2CrO_4 的溶解度增大而影响测定结果。

11.2.4.2 电位滴定法

(1) 原理 经酸消化后的样品溶液,插入银电极和饱和甘汞电极组成工作电池，在电磁搅拌器的搅拌下，用硝酸银标准溶液滴定溶液中的 Cl^-。绘制与滴定量相对应的电位变化曲线（E-V 曲线），所得曲线的拐点即为滴定终点。

由硝酸银标准溶液的用量和浓度可计算出样品中氯的含量。

（2）试剂　硝酸银标准溶液$[c(AgNO_3)=0.05mol \cdot L^{-1}]$。

（3）仪器　自动电位滴定仪；银电极（指示电极）；饱和甘汞电极（参比电极）。

（4）测定

① 样品处理　同硝酸银滴定法。

② 样品测定　准确吸取样品清液 20mL 于小烧杯中，加水 20mL，硝酸（1+9）溶液 50mL。插入电极，开动搅拌器。用硝酸银标准溶液以适宜的速度进行滴定，记录加入硝酸银的体积 V（mL）和相应的电动势 E（V）数据，绘制 E-V 曲线。滴定终点通过图解法从电位滴定曲线上确定。

（5）计算

$$Cl^- \% = \frac{cV \times 0.03545}{mU} \times 100$$

式中　c——硝酸银标准溶液的浓度，$mol \cdot L^{-1}$；

　　　V——硝酸银标准溶液的用量，mL；

　　　m——样品质量，g；

　　　U——分取倍数，即测定用样液体积/样液总体积。

（6）注意事项

① 滴定开始时，每次所加滴定剂的体积可以多些，但在计量点附近时，每加 0.1～0.2mL 就要测定一次电位值。

② 确定滴定终点的方法

a. 如果滴定曲线对称而且电位突跃部分陡直，可直接由电位突跃的中点确定滴定终点。

b. 如果电位突跃不陡又不对称，则可绘制一次微商曲线，即 $\Delta E/\Delta V$-V 曲线，曲线的最高点对应于滴定终点，但这会引起一定的误差。如果做二次微商曲线，以二次微商等于零的一点作为滴定终点就更为准确。

11.2.5　钙、镁、钾、钠的测定（原子吸收分光光度法）

（1）原理　用干灰化法或湿消化法破坏有机物质后，样品中的金属元素留在干灰化法的残渣中或湿法消化的消化液中，将残留物溶解在稀酸中。在特定波长下用原子吸收分光光度计测定待测金属元素。

本法适用于各类食品中钙、镁、钾、钠等的测定。

（2）仪器　原子吸收分光光度计。

（3）试剂

① 盐酸溶液[$c(HCl)$]：配制成浓度分别为 $6mol \cdot L^{-1}$、$3mol \cdot L^{-1}$、0.3 $mol \cdot L^{-1}$ 的溶液。

② 氯化镧溶液（$100g \cdot L^{-1}$）。

③ 标准贮备液（$100mg \cdot L^{-1}$）：按表 11-2 所列数量称取分析纯试剂，溶解在 25mL $3mol \cdot L^{-1}$ 的盐酸溶液中，用水稀释至 250mL。

表 11-2 标准贮备液配制

金 属	试 剂	试剂质量/[$g \cdot (250mL)^{-1}$]
Ca	$CaCO_3$（110℃干燥 2h）	0.624
Mg	$MgSO_4 \cdot 7H_2O$	2.530
K	KCl（105℃干燥 2h）	0.476
Na	NaCl（105℃干燥 2h）	0.636

④ 标准稀释液：用水（若采用湿消化法）或 $0.3mol \cdot L^{-1}$ 盐酸（若采用干灰化法）将标准贮备液稀释至浓度在工作范围之内。需要时按表 11-3 所示添加其他盐类。

（4）操作方法

① 工作条件的选择 原子吸收分光光度计测定以上金属元素的参考工作条件见表 11-3。

表 11-3 原子吸收分光光度计测定金属元素的推荐工作条件[①]

测 定 条 件	钙	镁	钾	钠
测定波长/nm	422.7	285.2	766.5	589.0
范围/$\mu g \cdot mL^{-1}$	0.05～5	0.02～2	0.1～5	0.1～5
检出限/$\mu g \cdot mL^{-1}$	0.01	0.001	0.0002	0.002
需添加的盐类	LaCl $5g \cdot L^{-1}$		$1000\mu gNa \cdot mL^{-1}$	$1000\mu gK \cdot mL^{-1}$

[①] 标尺扩展 10 倍，这些数值只是标示性的，实际上取决于仪器和条件。火焰类型：空气-乙炔火焰。

② 标准曲线的绘制 根据不同的试样，预先配制相同基体的、含有不同浓度的待测元素的一个标准系列。在该元素的工作条件下，用空白溶液调零，扣除本底空白后，分别测量其吸光度 A。以吸光度 A 对浓度 c 作图，得标准曲线。

③ 样品处理 样品的干法灰化处理：称取 2～5g 平均样品，置于瓷坩埚中，按"总灰分的测定"方法操作，在 550℃下将样品灰化完全。

样品的湿法消化处理：称取 2g（含水量＜10%）或 5g（含水量＞10%）的均匀样品，置于 500mL 凯氏烧瓶中。加入 10mL 浓硫酸，剧烈摇动以保证无干块存留，加入 5mL 硝酸并摇匀。

小心加热至起始的激烈反应平息后，加大火力至发生白烟。不断沿瓶壁滴加硝酸，直至有机质完全被破坏为止。继续加热至硫酸发烟，并消化至溶液澄清无色或微带黄色。

同样条件下做一试剂空白。

④ 测定

a. 干灰化法所得到的灰分 用 5～10mL 盐酸（1+1）完全润湿灰分，并小心加热蒸干。加 3mol·L⁻¹ 盐酸 15mL，在电热板上小心加热至溶液刚沸。冷却后，将溶液过滤到容量瓶中（选择适当容积的容量瓶，以使最后溶液中的待测元素浓度在工作范围之内），尽可能将固体留在皿内。再加 3mol·L⁻¹ 盐酸 10mL（处理残留的灰分），加热至溶液刚沸，冷却后过滤到容量瓶中。用水充分洗涤器皿、滤纸，滤液一并滤入容量瓶中（若测定钙时，则每 100mL 加入 5g·L⁻¹ 的氯化镧 5mL）。冷却，用水稀释至刻度。

同样条件下制备一试剂空白。

b. 湿法消化所得到的溶液 将消化液转入容量瓶中，用水定容并充分摇匀。

在标准系列同样的操作条件下，将处理后的样液和试剂空白分别导入火焰进行测定。

（5）计算

根据样品与空白的吸光度，从标准曲线上查出金属浓度（μg·mL⁻¹）。

$$X = \frac{(A_1 - A_2)V}{m}$$

式中 X ——样品中某金属的含量，mg·kg⁻¹；

A_1 ——测定用样品溶液中金属的浓度，μg·mL⁻¹；

A_2 ——试剂空白中金属的浓度，μg·mL⁻¹；

V ——样品处理液的总体积，mL；

m ——样品质量，g。

（6）说明及注意事项

① 原子吸收分光光度计的型号不同，所用标准溶液的浓度应按仪器的灵敏度进行调整。

② 原子吸收分光光度法中配制试剂要求使用去离子水，所用试剂为优级纯或高纯试剂。所用玻璃器皿用硝酸（$\varphi = 10\% \sim 20\%$）浸泡 24h 以上，然后用水反复冲洗干净，最后用去离子水冲洗干净后晾干或烘干备用。

11.3 食品中必需微量元素的测定

11.3.1 铁的测定（邻二氮菲比色法）

（1）原理 邻二氮菲（又称邻菲罗啉，菲绕啉）是测定微量铁的较好试剂，在 pH 值为 2～9 的溶液中，Fe^{2+} 可与邻二氮菲生成极稳定的橙红色络合物 Fe(Phen)$_3^{2+}$：

该络合物在波长 510nm 处有最大吸收,其吸光度与铁含量成正比,可用比色法测定。在显色前,可用盐酸羟胺把 Fe^{3+} 还原为 Fe^{2+}:

$$2Fe^{3+} + 2NH_2OH \cdot HCl \longrightarrow 2Fe^{2+} + N_2\uparrow + 4H^+ + 2H_2O + 2Cl^-$$

(2) 仪器 分光光度计。

(3) 试剂

① 盐酸羟胺溶液($100g \cdot L^{-1}$):用前配制。

② 邻二氮菲溶液($1.2g \cdot L^{-1}$)。

③ 乙酸钠溶液[$c(NaAc) = 1mol \cdot L^{-1}$]。

④ 盐酸溶液[$c(HCl) = 2mol \cdot L^{-1}$]。

⑤ 铁标准贮备液:准确称取 0.3511g $(NH_4)_2Fe(SO_4)_2 \cdot 6H_2O$,用盐酸[$c(HCl) = 2mol \cdot L^{-1}$]15mL 溶解,移至 500mL 容量瓶中,用水稀释至刻度,摇匀。此溶液浓度为 $100\mu g \cdot mL^{-1}$。

⑥ 铁标准使用液:使用前将标准工作液准确稀释 10 倍,此溶液浓度为 $10\mu g \cdot mL^{-1}$。

(4) 测定方法

① 样品处理 称取均匀样品 10.0g,用干灰化法灰化后,加盐酸(1+1)溶液 2mL,置水浴上蒸干,再加入 5mL 水,加热煮沸,冷却后移入 100mL 容量瓶中,用水定容,摇匀。

② 标准曲线绘制 吸取 $10\mu g \cdot mL^{-1}$ 铁标准使用液 0.0、1.0mL、2.0mL、3.0mL、4.0mL、5.0mL,置于 6 个 50mL 容量瓶中,分别加入 1mL 盐酸羟胺、2mL 菲绕啉、5mL 乙酸钠溶液,每加入一种试剂都要摇匀。然后用水稀释至刻度。10min 后,用 1cm 比色皿,以不加铁标的试剂空白作参比,在 510nm 波长处测定各溶液的吸光度。以含铁量为横坐标,吸光度值为纵坐标,绘制标准曲线。

③ 样品测定 准确吸取适量样液(视铁含量的高低)于 50mL 容量瓶中,按标准曲线的制作步骤,加入各种试剂,测定吸光度,在标准曲线上查出相对应的铁含量(μg)。

(5) 结果计算

$$X = \frac{m_0}{m(V_1/V_2)} \times 100$$

式中 X ——样品中铁的含量,$\mu g \cdot (100g)^{-1}$;

m_0——从标准曲线上查得测定用样液相应的铁含量，μg；

V_1——测定用样液体积，mL；

V_2——样液定容总体积，mL；

m——样品质量，g。

（6）说明及注意事项

① Cu^{2+}、Ni^{2+}、Co^{2+}、Zn^{2+}、Hg^{2+}、Cd^{2+}、Mn^{2+} 等离子也能与菲绕啉生成稳定的络合物，少量时不影响测定，量大时可用 EDTA 掩蔽或预先分离。

② 加入试剂的顺序不能任意改变，否则会因为 Fe^{3+} 水解等原因造成较大误差。

③ 微量元素分析的样品制备过程中应特别注意防止各种污染，所用各种设备如电磨、绞肉机、匀浆器、打碎机等必须是不锈钢制品。所用容器必须使用玻璃或聚乙烯制品。

11.3.2　硒的测定（荧光法）

（1）原理　样品经混合酸消化后，硒化合物被氧化为四价无机硒（Se^{4+}），与 2,3-二氨基萘（2,3-diaminonaphthalene，简称 DAN）反应生成 4,5-苯并苤硒脑，其荧光强度与硒的浓度在一定条件下成正比。用环己烷萃取后于激发波长 376nm，发射波长 520nm 处测定荧光强度，与绘制的标准曲线比较定量。

此法适用于各类食物中硒的测定。

（2）仪器　荧光分光光度计。

（3）试剂

① 环己烷。

② 硝酸。

③ 高氯酸。

④ 盐酸。

⑤ 氢溴酸。

⑥ 盐酸溶液（1+9）。

⑦ 氨水（1+1）。

⑧ 去硒硫酸（5+95）：取 5mL 去硒硫酸，加于 95mL 水中。

去硒硫酸：取 200mL 硫酸，加于 200mL 水中，再加 30mL 氢溴酸，混匀，置砂浴上加热蒸去硒与水至出现浓白烟，此时体积应为 200mL。

⑨ EDTA 溶液 $[c(\text{EDTA})=0.2\text{mol} \cdot \text{L}^{-1}]$：称取 37gEDTA 二钠盐，加水并加热溶解，冷却后稀释至 500mL。

⑩ 盐酸羟胺溶液（100g·L^{-1}）。

⑪ 混合酸（硝酸-高氯酸）（2+1）。

⑫ 2,3-二氨基萘（1g·L^{-1}，需在暗室中配制）：称取 200mgDAN（纯度

95％～98％）于一具塞锥形瓶中，加盐酸溶液[c(HCl)＝0.1mol·L^{-1}]200mL，振摇约15min，使其全部溶解。约加40mL环己烷，继续振摇5min，将此液转入分液漏斗中，待溶液分层后，弃去环己烷层，收集DAN层溶液。如此用环己烷纯化DAN直至环己烷中的荧光数值降至最低时为止（纯化次数视DAN纯度不同而定，一般约需纯化3～4次）。将提纯后的DAN贮存于棕色瓶内，约加1cm厚的环己烷覆盖溶液表面。置冰箱内保存，必要时再纯化一次。

⑬ 硒标准贮备液：精确称取100.0mg元素硒（光谱纯），溶于少量硝酸中，加2mL高氯酸，置沸水浴中加热3～4h，冷却后加入8.4mL盐酸，再置沸水浴中加热2min。准确稀释至1000mL。此贮备液的浓度为100μg·mL^{-1}。

⑭ 硒标准使用液：将标准贮备液用0.1mol·L^{-1}盐酸稀释至含硒0.05μg·mL^{-1}。于冰箱内保存。

⑮ 甲酚红指示剂（0.2g·L^{-1}）：称取50mg甲酚红溶于水中，加氨水（1＋1）1滴，待甲酚红完全溶解后加水稀释至250mL。

⑯ EDTA混合液：取0.2mol·L^{-1}EDTA和盐酸羟胺溶液（100g·L^{-1}）各5mL，混匀后再加甲酚红指示剂（0.2g·L^{-1}）5mL，用水稀释至1L。

（4）操作方法

① 样品处理及消化

a. 粮食　样品用水洗三次，60℃烘干，用不锈钢磨磨成粉，贮于塑料瓶中，放一小包樟脑精，密封保存，备用。

b. 蔬菜及其他植物性食物　取可食部分用水冲洗三次后用纱布吸去水滴，用不锈钢刀切碎，取混合均匀的样品于60℃烘干，称量、粉碎，备用。

c. 称取0.5～2.0g样品（含硒量0.01～0.5μg）于磨口锥形瓶内，加10mL去硒硫酸（5＋95），样品润湿后，再加20mL混合酸放置过夜。次日于砂浴上逐渐加热，当激烈反应发生后（此时溶液变无色），继续加热至产生白烟，溶液逐渐变为淡黄色即为终点。

② 测定　于样品消化液中加20mL EDTA混合液，用氨水（1＋1）或盐酸调至溶液呈淡红橙色（pH值为1.5～2.0）。以下步骤在暗室中进行：加3mL DAN试剂，混匀，置沸水浴中加热5min，取出立即冷却，加3mL环己烷，振摇4min，将全部溶液移入分液漏斗中，待分层后弃去水层，环己烷层转入具塞试管中，小必勿使环己烷中混入水滴，于激发波长376nm，发射波长520nm处测定苯硒脑的荧光强度。

③ 标准曲线的绘制　准确吸取硒标准使用液0、0.2mL、1.0mL、2.0mL、4.0mL，加水至5mL，按样品测定步骤进行操作，硒含量在0.5μg以下时荧光强度与硒含量成线性关系。在常规测定样品时，每次只需做试剂空白及与样品含硒量相近的标准管（双份）即可。

（5）计算

$$X = \frac{C-B}{A-B} \times S \times \frac{1}{m}$$

式中　X ——样品中硒的含量，$\mu g \cdot g^{-1}$；

　　　A ——标准管荧光读数；

　　　B ——空白管荧光读数；

　　　C ——样品管荧光读数；

　　　S ——标准管硒含量，μg；

　　　m ——样品质量，g。

（6）说明及注意事项　某些蔬菜样品消化后常出现浑浊，难以确定终点，要细心观察。含硒较高的蔬菜含有较多的 Se^{6+}，需要在消化到达终点并冷却后加 10mL 盐酸（1＋9），继续加热，使 Se^{6+} 还原成 Se^{4+}。

11.3.3　氟的测定（氟离子选择电极法）

氟是人体必需的微量元素，但食品中氟含量过高时，则会引起氟中毒，我国食品卫生标准中对氟的限量规定为：大米、面粉、豆类 $\leqslant 1.0 mg \cdot kg^{-1}$；其他粮食 $\leqslant 1.5 mg \cdot kg^{-1}$；蔬菜、蛋类 $\leqslant 1.0 mg \cdot kg^{-1}$；水果 $\leqslant 0.5 mg \cdot kg^{-1}$；肉类、鱼肉（淡水鱼）$\leqslant 2.0 mg \cdot kg^{-1}$。

（1）原理　氟离子选择性电极的氟化镧单晶膜可对氟离子产生响应。将氟电极和饱和甘汞电极插入被测溶液中组成工作电池，电池的电动势在一定条件下与溶液中氟离子活度的对数成线性关系。氟电极的线性范围在 $1 \sim 10^{-6} mol \cdot L^{-1}$ 之间，检测下限为 $10^{-7} mol \cdot L^{-1}$。测定氟离子溶液的适宜酸度为 pH 值 5～6。测定时加入总离子强度调节缓冲溶液（TISAB），使离子强度足够大，以维持溶液 pH 值一定，并消除干扰离子，如 Fe^{3+}、Al^{3+}、SiO_3^{2-} 的影响。

（2）试剂　本方法所用水均为去离子水，全部试剂贮于聚乙烯塑料瓶中。

① 乙酸钠溶液 $[c(CH_3COONa) = 3 mol \cdot L^{-1}]$：称取 204g 三水合乙酸钠，溶于 300mL 水中，用乙酸 $[c(CH_3COOH) = 1 mol \cdot L^{-1}]$ 调节 pH 值至 7，用水稀释至 500mL。

② 柠檬酸钠溶液 $[c(Na_3C_6H_5O_7) = 0.75 mol \cdot L^{-1}]$：称取 110g 二水合柠檬酸钠，溶于 300mL 水中，加 14mL 高氯酸，用水稀释至 500mL。

③ 总离子强度调节缓冲溶液（TISAB）：临用前，将上述乙酸钠溶液与柠檬酸钠溶液等量混合。

④ 盐酸溶液 $[c(HCl) = 1 mol \cdot L^{-1}]$。

⑤ 氟标准贮备液：准确称取 0.2210g 氟化钠（已在 100℃ 下干燥 4h），溶于水，移入 100mL 容量瓶中，用水定容至刻度。混匀后置于冰箱内保存。此溶液每毫升含氟 1mg。

⑥ 氟标准使用液：准确吸取 10mL 氟标准贮备液，置于 100mL 容量瓶中，用

水定容，摇匀。如此反复稀释至每毫升相当于 1μg 氟，摇匀备用。

（3）仪器

① 氟电极：CSB-F-1 型或其他型号。

② 酸度计：PHS-3C 型或其他型号。

③ 磁力搅拌器。

④ 聚乙烯塑料瓶和 50mL 塑料杯等。

（4）操作方法

① 样品处理　准确称取 1.00g 已粉碎并已过 40 目筛的样品，置于 50mL 容量瓶中，加入 10mL 盐酸溶液 $[c(HCl)＝1mol \cdot L^{-1}]$。密闭浸泡提取 1h，不时轻轻摇动，尽量避免样品粘于瓶壁上。提取后加 25mL 总离子强度调节缓冲液，加水至刻度，摇匀备用。

② 标准系列的配制　吸取 0.0、1.0mL、2.0mL、5.0mL、10.0mL 氟标准使用液（相当于 0、1μg、2μg、5μg、10μg 氟），分别置于 50mL 容量瓶中。于各容量瓶中分别加入 25mL 总离子强度调节缓冲溶液，10mL 盐酸溶液 $[c(HCl)＝1mol \cdot L^{-1}]$，加水至刻度，摇匀备用。

③ 测定　将氟电极和甘汞电极与测定仪器相连接，电极插入装有约 25mL 水的塑料杯中，杯中放有搅拌子，在电磁搅拌器的搅拌下，读取平衡电位值。更换 2～3 次水，待电位值平衡后，分别测定标准溶液和待测液的电位 E。

以测得的电位 E 为纵坐标，相对应的 $\lg c$ 为横坐标，绘制标准曲线。

（5）计算　根据所测试样溶液的电位值 E_x，从标准曲线上查出对应的 $\lg c_x$，并求出样液中氟的浓度 c_x（$μg \cdot mL^{-1}$）。

$$X＝\frac{c_x \times 50 \times 1000}{m \times 1000}$$

式中　X——样品中氟的含量，$mg \cdot kg^{-1}$；

　　　m——样品质量，g；

　　　50——样液总体积，mL。

11.3.4　碘的测定（氯仿萃取比色法）

（1）原理　样品在碱性条件下灰化，碘被还原并且与碱金属结合成碘化物，碘化物在酸性条件下被 $K_2Cr_2O_7$ 氧化定量析出游离的碘。碘溶于氯仿呈粉红色，其颜色深浅与碘的浓度在一定条件下成正比，故可用比色法测定。反应式如下：

$$Cr_2O_7^{2-}＋6I^-＋14H^+ \longrightarrow 2Cr^{3+}＋3I_2＋7H_2O$$

（2）试剂

① 重铬酸钾溶液 $[c(K_2Cr_2O_7)＝0.02mol \cdot L^{-1}]$。

② 氢氧化钾溶液 $[c(KOH)＝10mol \cdot L^{-1}]$。

③ 碘标准溶液：称取 0.1308g 经 105℃烘干 1h 的碘化钾于小烧杯中，加少量水溶解，转入 100mL 容量瓶中，用水定容，摇匀。此溶液每毫升含碘 100μg。使用时稀释为 10μg·mL^{-1}。

④ 氯仿。

⑤ 硫酸。

（3）仪器

① 分光光度计。

② 高温电炉。

（4）操作方法

① 标准曲线的绘制　准确吸取 10μg·mL^{-1} 碘标准液 0.0、2.0mL、4.0mL、6.0mL、8.0mL 及 10.0mL，分别置于 125mL 的分液漏斗中，加水至总体积为 40mL，再加浓硫酸 2mL，重铬酸钾溶液 15mL，摇匀后放置 30min。

加入氯仿 10mL，振摇 1min，静置分层后通过脱脂棉将氯仿层过滤到 1cm 的比色皿中，以试剂空白调零，在波长 510nm 处，测定标准系列的吸光度，绘制标准曲线。

② 样品处理　准确称取均匀样品 2~3g 于坩埚中。加入 5mL 氢氧化钾溶液 $[c(KOH)=10mol·L^{-1}]$，烘干、炭化后，移入高温电炉中，在 460~500℃下灰化完全。冷却，加 10mL 水浸渍灰分，加热使灰分溶解，并过滤到 50mL 容量瓶中。再用约 30mL 热水分数次洗涤坩埚和滤纸，洗液并入容量瓶中，用水定容至刻度。

③ 样品的测定　吸取适量样品液于 125mL 的分液漏斗中，按标准曲线绘制的同样步骤操作，测定样品溶液的吸光度。从标准曲线上查出样品待测液的碘含量。

（5）计算

$$X=\frac{m_0}{m(V_1/V_2)}$$

式中　X——样品中碘含量，$mg·kg^{-1}$；

m_0——从标准曲线上查得的测定用样液中的碘量，μg；

V_1——测定时吸取样液的体积，mL；

V_2——样液总体积，mL；

m——样品质量，g。

11.3.5 锌的测定（双硫腙比色法）

锌是人体所必需的微量元素之一，对机体的正常生长和发育十分重要。金属锌本身无毒，但其化合物有毒。以镀锌铁皮作容器可使食品遭受污染。食品卫生标准和水质标准中对锌的限量规定为：味精、食盐≤5mg·kg^{-1}；生活饮用水≤1.0mg·L^{-1}。

微量锌的测定通常采用双硫腙比色法，锌含量较高或干扰物质较多时采用浊度法。近年来也常采用原子吸收分光光度法测定。

(1) 原理 样品经消化后，在 pH 值为 4.0～5.5 时，锌离子与双硫腙作用生成紫红色络合物，此络合物能溶于氯仿、四氯化碳等有机溶剂，其颜色深浅与锌离子浓度成正比，故可进行比色测定。

反应式如下：

$$2S=C\begin{array}{c}NH-NH-C_6H_5\\ \\N=N-C_6H_5\end{array} + Zn^{2+} \longrightarrow S=C\begin{array}{c}C_6H_5 \quad C_6H_5\\HN-N \quad N-NH\\ \quad Zn \quad \\N=N \quad N=N\\C_6H_5 \quad C_6H_5\end{array}C=S + 2H^+$$

(2) 试剂

① 乙酸钠溶液 $[c(CH_3COONa)=2mol \cdot L^{-1}]$：称取 68g 三水合乙酸钠，溶解于水中，然后用水稀释至 250mL。

② 乙酸溶液 $[c(CH_3COOH)=2mol \cdot L^{-1}]$：量取 10.0mL 冰乙酸，用水稀释至 85mL。

③ 乙酸-乙酸钠缓冲溶液：将上述两种溶液等体积混合 (pH 值约为 4.7)，用双硫腙-四氯化碳溶液提取数次，每次用量 10mL，以除去其中的锌，至四氯化碳层绿色不变为止。弃去四氯化碳层，再用四氯化碳提取缓冲溶液残留的双硫腙，至四氯化碳层无色，弃去四氯化碳层。

④ 双硫腙-四氯化碳溶液 (双硫腙的质量浓度 $\rho=0.01\%$)。

⑤ 氨水 (1+1)。

⑥ 盐酸溶液 $[c(HCl)=2mol \cdot L^{-1}]$：量取 10mL 盐酸，用水稀释至 60mL。

⑦ 盐酸溶液 $[c(HCl)=0.02mol \cdot L^{-1}]$：量取 2mol·L⁻¹ 盐酸溶液 10mL，用水稀释至 1000mL。

⑧ 酚红指示剂 $(1g \cdot L^{-1})$：参见附录 I。

⑨ 盐酸羟胺溶液：称取 20g 盐酸羟胺，加 60mL 水，滴加氨水 (1+1)，调节 pH 值至 4.0～5.5，按③的方法除去其中的锌。

⑩ 硫代硫酸钠溶液 $(\rho=25\%)$：用 2mol·L⁻¹ 乙酸溶液调节 pH 值至 4.0～5.5，按③的方法除去其中的锌。

⑪ 锌标准贮备液：准确称取 0.1000g 金属锌，加 2mol·L⁻¹ 盐酸 10mL，溶解后移入 1000mL 容量瓶中，加水稀释至刻度，此溶液每毫升相当于 100μg 锌。

⑫ 锌标准使用液：吸取 1.0mL 锌标准贮备液，置于 100mL 容量瓶中，加 2mol·L⁻¹ 盐酸溶液 1mL，用水稀释至刻度。此溶液每毫升相当于 1μg 锌。

⑬ 硝酸-高氯酸混合液 (4+1)：量取 80mL 硝酸，加 20mL 高氯酸，混匀。

⑭ 双硫腙使用液：吸取 1.0mL 双硫腙 $(\rho=0.01\%)$-四氯化碳溶液，加四氯化碳 10.0mL，混匀。用 1cm 比色皿，以四氯化碳调零，于波长 530nm 处测定吸

光度（A），用下列公式计算配制 100mL 双硫腙使用液（57%透光率），所需 0.01%双硫腙四氯化碳溶液的体积（V）：

$$V = \frac{10(2 - \lg 57)}{A} = \frac{2.44}{A}$$

（3）仪器

① 分光光度计。

② 消化装置。

（4）操作方法

① 样品处理

a. 硝酸-高氯酸-硫酸法

ⓐ 粮食、豆干制品、糕点、茶叶等含水分少的固体样品　称取粉碎样品 5.0g 或 10.0g，置于 500mL 凯氏烧瓶中，先加少量水润湿，加数粒玻璃珠，加硝酸-高氯酸混合液 10～15mL，放置片刻，以小火缓慢加热，待作用缓和后，放冷，沿瓶壁加入 5mL 或 10mL 硫酸，再加热，当瓶中液体开始变成棕色时，不断沿瓶壁滴加硝酸-高氯酸混合液，直至有机物分解完全。加大火力，至浓白烟冒出、溶液澄清无色或微带黄色为止，放冷。在操作过程中注意防止爆炸。

加入 20mL 水煮沸，除去残余的硝酸至产生白烟为止，如此处理两次。冷却后转入 50mL 或 100mL 容量瓶中，用水洗涤凯氏烧瓶，洗液并入容量瓶中，放冷，加水至刻度，混匀。

取与消化样品相同量的硝酸-高氯酸混合液和硫酸，按同一方法做试剂空白试验。

ⓑ 蔬菜、水果　称取 25.0g 或 50.0g 洗净打成匀浆的样品，置于 500mL 凯氏烧瓶中，加数粒玻璃珠，加硝酸-高氯酸混合液 10～15mL，以下按ⓐ自"放置片刻"起依法操作。

ⓒ 酱、醋、冷饮、豆腐、酱腌菜等　称取 10.0g 或 20.0g 样品（或吸取 10.0mL 或 20.0mL 液体样品），置于 500mL 凯氏烧瓶中，加数粒玻璃珠，加硝酸-高氯酸混合液 5～15mL，以下按ⓐ自"放置片刻"起依法操作。

ⓓ 含酒精性饮料或含二氧化碳饮料　吸取 10.0mL 或 20.0mL 样品，置于 500mL 凯氏烧瓶中，加数粒玻璃珠，先用小火加热除去乙醇或二氧化碳，再加硝酸-高氯酸混合液 5～10mL，混匀，以下按ⓐ自"放置片刻"起依法操作。

ⓔ 含糖量高的样品　称取样品 5.0g 或 10.0g，置于 500mL 凯氏烧瓶中，先加少量水润湿，加数粒玻璃珠，加硝酸-高氯酸混合液 5～10mL，摇匀，缓缓加入 5mL 或 10mL 硫酸，待作用缓和停止泡沫后，先用小火缓慢加热（糖分易炭化），不断沿瓶壁补加硝酸-高氯酸混合液，待泡沫完全消失后，再加大火力，直至有机物分解完全、浓白烟冒出、溶液澄清无色或微带黄色为止，放冷。以下按ⓐ自"加

入 20mL 水煮沸"起依法操作。

ⓕ 水产品　取可食部分样品捣成匀浆，称取样品 5.0g 或 10.0g（海产藻类、贝类可适当减少取样量），置于 500mL 凯氏烧瓶中，加数粒玻璃珠，加硝酸-高氯酸混合液 5～10mL，摇匀，以下按ⓐ自"沿瓶壁加入 5mL 或 10mL 硫酸"起依法操作。

b. 硝酸-硫酸法　消化也可采用硝酸-硫酸法，以硝酸代替硝酸-高氯酸混合液进行操作。

② 样品测定　吸取 5.0～10.0mL 定容后的样品消化液和同量的试剂空白液，分别置于 125mL 分液漏斗中，加水 5mL、盐酸羟胺溶液 0.5mL，摇匀后再加酚红指示剂 2 滴，用氨水（1＋1）调至红色，再多加 2 滴。然后加 0.01％双硫腙-四氯化碳溶液 5mL，剧烈振摇 2min。静置分层后，将四氯化碳层移入另一分液漏斗中，水层再用少量双硫腙-四氯化碳溶液振摇提取，每次用量 2～3mL，直至双硫腙-四氯化碳层绿色不变为止。合并提取液，用 5mL 水洗涤，四氯化碳层用 0.02mol·L^{-1}盐酸溶液提取两次，每次用量 10mL，提取时剧烈振摇 2min。合并盐酸提取液，用少量四氯化碳洗去残留的双硫腙。

准确吸取锌标准使用液 0.0、1.0mL、2.0mL、3.0mL、4.0mL、5.0mL（相当 0、1μg、2μg、3μg、4μg、5μg 锌），分别置于 125mL 分液漏斗中，各加 0.02mol·L^{-1}盐酸溶液至 20mL。

于样品消化液、试剂空白和锌标准溶液各分液漏斗中加乙酸-乙酸钠缓冲溶液 10mL、硫代硫酸钠溶液（ρ＝25％）1mL，摇匀。再各加入双硫腙使用液 10.0mL，剧烈振摇 2min。静置分层后，将四氯化碳层经脱脂棉滤入 1cm 比色皿中，以零管调节零点，于波长 530nm 处测定吸光度，绘制标准曲线进行比较。

（5）计算

$$X=\frac{(A_1-A_2)\times1000}{m(V_2/V_1)\times1000}$$

式中　X——样品中锌的含量，mg·kg^{-1}或 mg·L^{-1}；

　　　A_1——测定用样品消化液中锌的含量，μg；

　　　A_2——试剂空白液中锌的含量，μg；

　　　m——样品质量（或体积），g（或 mL）；

　　　V_1——样品消化液的总体积，mL；

　　　V_2——测定用样品消化液的体积，mL。

（6）说明及注意事项

① 测定时所用的玻璃仪器需用 10％～20％HNO_3 浸泡 24h 以上，并用不含锌的蒸馏水冲洗干净。

② 在加入硫代硫酸钠、盐酸羟胺和控制 pH 值的条件下，可防止铜、汞、铅、

铋、银、镉等金属离子的干扰，并可防止双硫腙被氧化破坏。但硫代硫酸钠也能络合锌，故其用量不能任意增加，否则会造成测定结果偏低。

③ 本方法的最低检出量为 $2.5\mu g$，测定的适宜范围为 $4\sim20\mu g$。

④ 双硫腙（Dithizone）又名铅试剂，学名二苯基硫卡巴腙，系蓝黑色结晶状粉末。可溶于三氯甲烷及四氯化碳中，溶液呈绿色。

双硫腙易被氧化，当它与游离卤素、高价金属、过氧化物等共存时，或在光照下，可生成黄色的氧化双硫腙（二苯硫卡巴二腙）：

$$C_6H_5-NH-NH \atop C_6H_5-N=N \Bigg\} C=S \longrightarrow {C_6H_5-N=N \atop C_6H_5-N=N} \Bigg\} C=S$$

生成的氧化物不溶于酸和碱，但能溶于氯仿和四氯化碳中，不仅产生干扰色，且失去与金属络合的能力。因此，应严格检查所用试剂，必要时用下述方法进行纯化。

称取 0.5g 研细的双硫腙，溶解于 50mL 氯仿中，如不全溶，可用滤纸过滤于 250mL 分液漏斗中。加 100mL 氨水（1+99），振摇。此时，双硫腙转入氨液，而氧化物则残留在氯仿中。待溶液分层后，将氯仿放入另一分液漏斗中。重复用氨水提取 2~3 次，直至氨液不再变橙色为止。

将提取液用棉花过滤至 500mL 分液漏斗中，用盐酸（1+1）调至酸性。将沉淀出的双硫腙用三氯甲烷提取 2~3 次，每次用量 20mL。收集提取液于另一分液漏斗中，用水洗涤数次，直至水不呈黄色。弃去洗涤液，在 50℃ 水浴上蒸去三氯甲烷，精制的双硫腙置于硫酸干燥器中干燥备用。

11.3.6 铜的测定（比色法）

铜是生命所必需的微量元素之一，但过量的铜则对人体有害。食品加工中由于使用铜器，或在加工中使用硫酸铜和明矾混合液进行青豆、菠菜等护色处理时可造成制品中铜含量增加。经常食用含铜量高的食品，会因蓄积而中毒。食品卫生标准中对铜的限量规定为：豆类 $\leqslant 20mg\cdot kg^{-1}$；其他粮食、蔬菜、水果、肉类 $\leqslant 10mg\cdot kg^{-1}$；蛋类 $\leqslant 5mg\cdot kg^{-1}$；水产类 $\leqslant 50mg\cdot kg^{-1}$；绿茶、红茶 $\leqslant 60mg\cdot kg^{-1}$。

食品中铜的测定通常采用二乙氨基二硫代甲酸钠法。

（1）原理　样品经消化后，在碱性溶液中与二乙氨基二硫代甲酸钠（铜试剂）作用，生成棕黄色络合物。此络合物能溶于四氯化碳中，可用于比色测定。

本法适用于各类食物中铜的测定。

反应式如下：

$$Cu^{2+}+2\left[{H_5C_2 \atop H_5C_2} \Bigg\} N-{S \atop \overset{\|}{C}}-SNa\right]\longrightarrow {H_5C_2 \atop H_5C_2} \Bigg\} N-\overset{S}{\overset{\|}{C}}-S-Cu-S-\overset{S}{\overset{\|}{C}}-N \Bigg\{ {C_2H_5 \atop C_2H_5} +2Na^+$$

（2）试剂

① 柠檬酸铵-乙二胺四乙酸二钠溶液：称取 20g 柠檬酸铵及 5g 乙二胺四乙酸二钠溶于水中，并用水定容至 100mL。

② 硫酸溶液 $[c(H_2SO_4)=1mol \cdot L^{-1}]$：量取 20mL 浓硫酸，慢慢倒入 300mL 水中，冷却后用水稀释至 360mL。

③ 硝酸 $[c(HNO_3)=6mol \cdot L^{-1}]$：量取 60mL 硝酸，加水稀释至 160mL。

④ 酚红指示剂（1g·L^{-1}）。

⑤ 二乙氨基二硫代甲酸钠溶液（1g·L^{-1}）：即铜试剂溶液，必要时过滤，贮存于冰箱中。

⑥ 氨水（1+1）。

⑦ 四氯化碳。

⑧ 铜标准贮备液：准确称取 1g 金属铜（99.99%），分次加入硝酸 $[c(HNO_3)=6mol \cdot L^{-1}]$ 溶解，酸总量不超过 37mL，移入 1000mL 容量瓶中，用水定容至刻度，此溶液每毫升相当于 1mgCu。

⑨ 铜标准使用液（10μg·mL^{-1}）：准确吸取 10mL 铜标准贮备液，置于 100mL 容量瓶中，用硫酸溶液 $[c(H_2SO_4)=1mol \cdot L^{-1}]$ 稀释至刻度，如此再稀释一次。

（3）仪器

① 分光光度计。

② 消化装置。

（4）操作方法

① 样品处理 硝酸-硫酸法，消化方法同 11.3.5 锌的测定。

② 测定 准确吸取消化定容后的溶液和试剂空白液各 10mL，分别置于 125mL 分液漏斗中，加水稀释至 20mL。

另吸取铜标准使用液 0.00、0.50mL、1.00mL、1.50mL、2.00mL、2.50mL，分别置于 125mL 分液漏斗中，加 1mol·L^{-1} 硫酸溶液至 20mL。

于样品消化液、试剂空白和铜标准液中，各加柠檬酸铵-乙二胺四乙酸二钠溶液 5mL 和酚红指示剂 3 滴，混匀后用氨水（1+1）调至红色。再各加 2mL 铜试剂和 10mL 四氯化碳，剧烈振摇 2min。静置分层后，将四氯化碳层经脱脂棉滤入 2cm 比色皿中，以零管调节零点，于波长 440nm 处测定吸光度，绘制标准曲线进行比较。

（5）计算

$$X=\frac{(A_1-A_2)\times 1000}{m(V_2/V_1)\times 1000}$$

式中 X——样品中铜的含量，mg·kg^{-1}（或 mg·L^{-1}）；

A_1——测定用样品消化液中铜的含量，μg；

A_2——试剂空白液中铜的含量，μg；

m——样品质量（体积），g（mL）；

V_1——样品消化液的总体积，mL；

V_2——测定用样品消化液的体积，mL。

（6）注意事项

① 锌、镉、汞（Ⅱ）、铅、锡、铁、钴、镍、铋等均可与铜试剂作用，但锌、镉、汞（Ⅱ）、铅、锡生成的络合物可溶于四氯化碳中，几乎无色或根本无色，没有干扰。

实验中加入柠檬酸铵可防止铁、铝、钙的干扰；加入 EDTA 则可掩蔽镍、钴等金属；食品中一般不存在铋，如果有可加氰化钾掩蔽。

② 用四氯化碳萃取络合物可防止形成胶体悬浮物，并起到富集的作用，以提高灵敏度。

③ 加氨水调 pH 值时不能超过 8.5，否则 EDTA 会妨碍铜与铜试剂的络合，使结果偏低。

④ 本方法的最低检出量为 $2.5\mu g$，测定的适宜范围为 $4\sim20\mu g$。

11.3.7 铁、锰的测定（原子吸收分光光度法）

（1）原理 样品经湿法消化后，导入原子吸收分光光度计中，经火焰原子化后，铁、锰分别吸收 248.3nm、279.5nm 的共振线，其吸收量与它们的浓度成正比，与标准系列比较定量。

本方法适用于各种食物中铁、锰的测定。

（2）试剂

① 盐酸。

② 硝酸。

③ 高氯酸。

④ 混合酸消化液。

⑤ 硝酸溶液[$c(HNO_3)=0.5mol \cdot L^{-1}$]：量取 45mL 硝酸，加去离子水稀释至 1000mL。

⑥ 铁、锰标准贮备液：精确称取金属铁、金属锰（纯度大于 99.99%）各 1.0000g，或含 1.0000g 纯金属相对应的氧化物。分别加硝酸溶解，移入 2 个 1000mL 容量瓶中，用 $0.5mol \cdot L^{-1}$ 硝酸溶液稀释至刻度。贮存于聚乙烯瓶内，4℃保存。两种溶液每毫升各相当于 1mg 铁、锰。

⑦ 铁、锰标准使用液：吸取标准贮备液各 10.0mL，分别置于 100mL 容量瓶中，用硝酸溶液[$c(HNO_3)=0.5mol \cdot L^{-1}$]稀释至刻度。贮存于聚乙烯瓶内，4℃保存。此两种溶液每毫升各相当于 $100\mu g$ 铁、锰。

（3）仪器

原子吸收分光光度计。

（4）操作方法

① 样品处理

a. 样品制备　蔬菜、水果、鲜肉、鲜鱼等湿样用水冲洗干净后，再用去离子水充分洗净，取需分析的部分用绞肉机或匀浆机制成匀浆。面粉、奶粉等干样取样后立即装容器内密封保存，防止空气中的灰尘和水分的污染。

b. 样品消化　精确称取均匀样品（干样 0.5～1.5g，湿样 2.0～4.0g，饮料等液体样品 5.0～10.0g）于 250mL 高型烧杯中，加混合酸消化液 20～30mL，上盖表面皿。置于电热板或电砂浴上加热消化，直至无色透明为止（如未消化好而酸液过少时，再补加几毫升混合酸消化液继续消化）。加几毫升去离子水，加热以除去多余的硝酸。待烧杯中液体接近 2～3mL 时，取下冷却。用去离子水洗并转入 10mL 刻度试管中，用去离子水定容至刻度。

取与消化样品相同量的混合酸消化液，按上述操作方法做试剂空白试验。

② 测定

a. 铁标准系列的配制　吸取铁标准使用液 0.5mL、1.0mL、2.0mL、3.0mL、4.0mL 于 100mL 容量瓶中，用硝酸溶液 $[c(HNO_3)=0.5mol \cdot L^{-1}]$ 稀释至刻度。此标准系列溶液浓度分别为 $0.5\mu g \cdot mL^{-1}$、$1.0\mu g \cdot mL^{-1}$、$2.0\mu g \cdot mL^{-1}$、$3.0\mu g \cdot mL^{-1}$、$4.0\mu g \cdot mL^{-1}$。

b. 锰标准系列的配制　吸取锰标准使用液 0.5mL、1.0mL、2.0mL、3.0mL、4.0mL 于 200mL 容量瓶中，用硝酸溶液 $[c(HNO_3)=0.5mol \cdot L^{-1}]$ 稀释至刻度。此标准系列溶液浓度分别为 $0.25\mu g \cdot mL^{-1}$、$0.5\mu g \cdot mL^{-1}$、$1.0\mu g \cdot mL^{-1}$、$1.5\mu g \cdot mL^{-1}$、$2.0\mu g \cdot mL^{-1}$。

将消化好的样液、试剂空白液及标准系列溶液分别导入火焰进行测定。测定操作参数参考表 11-4。

表 11-4　测定操作参数

元　素	波长/nm	光　源	火　焰	标准系列浓度范围/$\mu g \cdot mL^{-1}$
铁	243.8	紫外	空气-乙炔	0.5～4.0
锰	279.5	紫外	空气-乙炔	0.25～2.0

注：其他试验条件如仪器狭缝、灯头高度、灯电流及空气、乙炔流量等按仪器说明进行调整。

（5）计算

$$X = \frac{(c-c_0)Vf \times 100}{m \times 1000}$$

式中　X——样品中元素的含量，$mg \cdot (100g)^{-1}$；

　　　c——由标准曲线查得的测定用样品液中元素的浓度，$\mu g \cdot mL^{-1}$；

c_0——由标准曲线查得的试剂空白液中元素的浓度，$\mu g \cdot mL^{-1}$；

V——样品定容体积，mL；

f——稀释倍数；

m——样品质量，g。

（6）说明及注意事项　所用玻璃仪器均以硫酸-重铬酸钾洗液浸泡数小时，再用去污粉充分洗刷，然后用水反复冲洗，最后用去离子水冲洗，烘干后使用。

11.4　食品中部分有害元素的测定

11.4.1　铅的测定（双硫腙比色法）

铅是最常见的有毒重金属，可由呼吸道或消化道进入人体，并在体内蓄积，引起慢性中毒。铅对人体的毒性主要表现在对神经系统、造血系统、消化系统的损坏。铅污染主要来源于工业"三废"的排放、含铅农药和劣质食品添加剂的使用、食品加工过程中使用含铅量高的镀铅管道和容器等。食品卫生标准中对铅的限量规定为：蔬菜、水果、蛋类、薯类$\leqslant 0.02mg \cdot kg^{-1}$；粮食$\leqslant 0.4mg \cdot kg^{-1}$；鱼虾、肉类$\leqslant 0.5mg \cdot kg^{-1}$；豆类$\leqslant 0.8mg \cdot kg^{-1}$。

（1）原理　双硫腙与Pb^{2+}在pH值为8.5～9.0时形成红色的络合物。该络合物能溶于氯仿等有机溶剂，其红色的深浅与铅离子的浓度成正比。

反应式如下：

（2）试剂

① 酚红指示剂（$1g \cdot L^{-1}$）。

② 盐酸溶液（1+1）。

③ 氨水溶液（1+1）。

④ 盐酸羟胺溶液（$200g \cdot L^{-1}$）：溶解20g盐酸羟胺于100mL重蒸馏水中。

⑤ 双硫腙贮备液（$0.5g \cdot L^{-1}$）：准确称取50mg经过提纯的双硫腙，溶解于100mL三氯甲烷中，置于冰箱内保存。

⑥ 双硫腙使用液：准确吸取上述1mL，加三氯甲烷10mL，混匀。用1cm比色皿，以三氯甲烷调节零点，于波长510nm处测定吸光度，用下式计算配制100mL双硫腙使用液（70%透光率）所需双硫腙溶液（$0.5g \cdot L^{-1}$）的体积V：

$$V=\frac{10(2-\lg 70\%)}{A}=\frac{1.55}{A}$$

⑦ 柠檬酸铵溶液（200g·L^{-1}）：溶解 50g 柠檬酸铵于 100mL 水中。将溶液移入 250mL 分液漏斗中，加 2 滴酚红指示剂，用氨水（1＋1）溶液调至溶液呈微红色，即调节 pH 值至 8.5～9.0。用双硫腙-三氯甲烷溶液提取数次，每次用量 10～20mL，至三氯甲烷层绿色不变为止。弃去三氯甲烷层，再用三氯甲烷洗涤二次，每次 5mL，弃去三氯甲烷层。移入容量瓶中，用水定容至 250mL。

⑧ 氰化钾溶液（100g·L^{-1}）：溶解 10g 氰化钾于 100mL 重蒸馏水中。

⑨ 淀粉指示剂（5g·L^{-1}）。

⑩ 硝酸溶液（1＋99）：量取 1mL 硝酸，加水稀释至 100mL。

⑪ 铅标准贮备液：准确称取 0.1598g 干燥的硝酸铅，加硝酸（1＋99）10mL，全部溶解后，移入 100mL 容量瓶中，加水稀释至刻度。此溶液为贮备液，每毫升相当于 1mg 铅。

⑫ 铅标准使用液：临用前，用重蒸馏水将标准贮备液稀释 100 倍，此溶液每毫升相当于 10μg 铅。

⑬ 三氯甲烷：不含氧化物。

（3）仪器　分光光度计。

（4）操作方法

① 样品处理

a. 湿法消化　硝酸-硫酸法，同 11.3.5 锌的测定。

b. 干法灰化

ⓐ 粮食及其他含水分少的样品　称取 5.0g 样品，置于坩埚中，加热至炭化，移入高温炉中，500℃灰化 3h，放冷。取出坩埚，加 1mL 硝酸，润湿灰分，用小火蒸干，再于 500℃下灼烧 1h，放冷。取出坩埚，加 1mL 硝酸（1＋1），加热，使灰分溶解，移入 50mL 容量瓶中，用水洗涤坩埚，洗液并入容量瓶中，加水至刻度，摇匀。

ⓑ 含水分多的食品或液体样品　称取 5.0g 或吸取 5.0mL 样品，置于蒸发皿中，先在水浴上蒸干，再按ⓐ自"加热至炭化"起依法操作。

② 测定　准确吸取 10.0mL 样品稀释液和同量的试剂空白液，分别置于 125mL 分液漏斗中，各加水至 20mL。

吸取 0.00、0.10mL、0.20mL、0.30mL、0.40mL、0.50mL 铅标准使用液，分别置于 125mL 分液漏斗中，各加硝酸（1＋99）10mL。

于样品消化液、试剂空白和铅标准液中分别加入柠檬酸铵溶液 2mL、盐酸羟胺溶液 1mL、酚红指示剂 2 滴，用氨水（1＋1）调至溶液刚呈粉红色。再各加氰化钾溶液 2mL，混匀。各加入 5.0mL 双硫腙使用液，剧烈振摇 1min，静置分层后，将三氯甲烷层经脱脂棉滤入 1cm 比色皿中。用零管调零，于波长 510nm 处测定吸光度，绘制标准曲线比较。

（5）计算

$$X = \frac{(A_1 - A_0) \times 1000}{m(V_2/V_1) \times 1000}$$

式中　X ——样品中铅的含量，$mg \cdot kg^{-1}$（或 $mg \cdot L^{-1}$）；

　　　A_1 ——测定用样品消化液中铅的含量，μg；

　　　A_0 ——试剂空白中铅的含量，μg；

　　　V_1 ——样品消化液的总体积，mL；

　　　V_2 ——测定用样品消化液的体积，mL；

　　　m ——样品质量（或体积），g（或 mL）。

（6）说明及注意事项

① 三氯甲烷的检查及处理：可按下法检查和处理，也可参照 8.2.1 维生素 A 的测定中的处理方法。

检查方法：吸取 10mL 三氯甲烷，加 25mL 新煮沸过的水，振摇 3min，静置分层后，吸取 10mL 水液，加数滴 15%KI 溶液及淀粉指示剂。振摇后若显蓝色，说明含氧化物。

处理方法：于三氯甲烷中加入 1/10～1/20 体积的硫代硫酸钠溶液洗涤，再用水洗后，加入少量无水氯化钙脱水并进行蒸馏，收集中间馏出液备用。

② 双硫腙能与约 20 种金属离子形成络合物，在 pH 值为 8.5～9.0 时，加入氰化钾可以掩蔽 Cu^{2+}、Hg^{2+}、Zn^{2+} 等离子的干扰；加入盐酸羟胺可消除 Fe^{3+} 的干扰；加入柠檬酸铵可防止生成氢氧化物沉淀使铅被吸附而遭受损失。

11.4.2　砷的测定（银盐法）

砷的化合物具有强烈的毒性，三价砷的毒性大于五价砷，无机砷大于有机砷，食品中的砷主要来自原料。砷常用于制造农药、染料和药物，是水产品和其他食品砷污染的重要来源。砷中毒可引起多种病变，严重时甚至导致死亡。食品卫生标准中对砷的规定（以总 As 计）为：蔬菜、水果、肉、蛋、淡水鱼、发酵酒 $\leqslant 0.5mg \cdot kg^{-1}$；牛乳、乳制品（按牛乳折算）$\leqslant 0.2mg \cdot kg^{-1}$。

（1）原理　含砷的样品经消化后，以碘化钾、氯化亚锡将五价砷还原为三价砷，然后与锌粒和酸产生的新生态氢生成砷化氢，经银盐溶液吸收后，形成红色胶态物，与标准系列比较定量。

主要反应有：

$$H_2AsO_4 + 2KI + 2HCl \longrightarrow H_3AsO_3 + I_2 + 2KCl + H_2O$$
$$H_3AsO_4 + SnCl_2 + 2HCl \longrightarrow H_3AsO_3 + SnCl_4 + H_2O$$
$$H_3AsO_3 + 3Zn + 6HCl \longrightarrow AsH_3 \uparrow + 3ZnCl_2 + 3H_2O$$

$$AsH_3 + 6Ag(DDC) \longrightarrow 6Ag + 3H(DDC) + As(DDC)_3$$

反应中所生成的 H(DDC)可用碱性物质如吡啶、马钱子碱或三乙醇胺（以 NR_3 代表）吸收，使反应向右进行：

$$HDDC + NR_3 \longrightarrow (NR_3H)(DDC)$$

（2）试剂

① 硫酸。

② 硝酸。

③ 盐酸。

④ 硝酸-高氯酸混合液（4+1）。

⑤ 盐酸溶液（1+1）。

⑥ 氧化镁。

⑦ 硝酸镁。

⑧ 硝酸镁溶液（150g·L^{-1}）：称取 15g 硝酸镁[$Mg(NO_3)_2 \cdot 6H_2O$]溶于水中，并稀释至 100mL。

⑨ 碘化钾溶液（150g·L^{-1}）：溶解 15g 碘化钾于 100mL 水中，贮于棕色瓶内。

⑩ 酸性氯化亚锡溶液：称取 40g 氯化亚锡（$SnCl_2 \cdot 2H_2O$），用盐酸溶解并稀释至 100mL，加入数颗金属锡粒。

⑪ 乙酸铅溶液（100g·L^{-1}）。

⑫ 乙酸铅棉花：医用脱脂棉用乙酸铅溶液（100g·L^{-1}）浸透，挤尽水分，并使疏松。在 100℃下干燥后，贮于密闭玻璃容器中。

⑬ 无砷锌粒。

⑭ NaOH 溶液（200g·L^{-1}）。

⑮ H_2SO_4 溶液（6+94）。

⑯ 二乙氨基二硫代甲酸银-三乙醇胺-三氯甲烷溶液：称取 0.25gAg（DDC），置于研钵中，加少量三氯甲烷研磨，移入 100mL 量筒中，加入 1.8mL 三乙醇胺。用三氯甲烷分数次洗涤研钵，洗液一并移入量筒中，再用三氯甲烷稀释至 100mL，放置过夜，滤入棕色瓶中贮存。

⑰ 砷标准贮备液（100μg·mL^{-1}）：称取 0.1320g As_2O_3（优级纯，在 100℃干燥 2～3h），置于 500mL 烧杯中。加入 NaOH 溶液（200g·L^{-1}）5mL，溶解后再加入硫酸溶液（6+94）25mL，移入 1000mL 容量瓶中，用新煮沸并冷却的蒸馏水定容，贮存于棕色玻塞瓶中。

⑱ 砷标准使用液（1μg·mL^{-1}）：吸取 1.0mL 砷标准贮备液，置于 100mL 容量瓶中，加入硫酸溶液（6+94）1mL，用新煮沸并冷却的蒸馏水稀释至刻度，临用前配制。

（3）仪器

① 分光光度计。

② 砷化氢的发生和吸收装置，如图 11-1 所示。

③ 100～150mL 锥形瓶：19 号标准口。

④ 导气管：管口 19 号标准口或经碱处理后洗净的橡皮塞与锥形瓶密合时不应漏气。

⑤ 吸收管：10mL 刻度离心管作吸收管。

（4）操作方法

① 样品消化

a. 湿法消化　硝酸-硫酸法或硝酸-高氯酸-硫酸法，同 11.3.5 锌的测定。

b. 干法灰化

ⓐ 粮食、茶叶及其他含水分少的食品

称取 5.00g 磨碎样品置于坩埚中，加 1g 氧化镁和 10mL 硝酸镁溶液，混匀，浸泡 4h。于低温或置于水浴锅上蒸干。用小火炭化至无烟后移入高温电炉中，在 550℃ 下灰化 3～4h。取出冷却，加 5mL 水湿润灰分后，用细玻璃棒搅拌，再用少量水洗

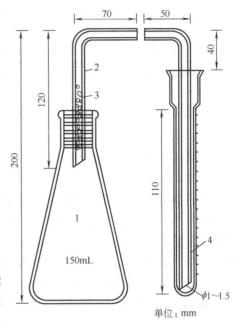

图 11-1　银盐法测砷装置图
1—150 mL 锥形瓶；2—导气管；3—乙酸铅棉花；4—10mL 刻度离心管

下玻璃棒上附着的灰分至坩埚内。放水浴上蒸干后移入高温电炉中，在 550℃ 下再灼烧 2h。冷却后取出坩埚。

加 5mL 水湿润灰分，再慢慢加入 10mL 盐酸（1＋1），然后将溶液移入 50mL 容量瓶中。坩埚用盐酸（1＋1）洗涤 3 次，每次 5mL，再用水洗涤 3 次，每次 5mL，洗液均并入容量瓶中，再加水至刻度，摇匀备用。

取与灰化样品相同量的氧化镁和硝酸镁溶液，按同一操作方法做试剂空白试验。

ⓑ 植物油　称取 5.00g 均匀样品置于瓷坩埚中，加 10g 硝酸镁，再在上面覆盖 2g 氧化镁，将坩埚置小火上加热至刚冒烟，立即将坩埚取下，以防内容物溢出，待烟小后，再加热至炭化完全。将坩埚移入高温炉中，550℃ 下灼烧至灰化完全，冷后取出。

加 5mL 水湿润灰分，再慢慢加入 15mL 盐酸（1＋1），然后将溶液转入 50mL 容量瓶中。坩埚用盐酸（1＋1）洗涤 5 次，每次 5mL，洗液并入容量瓶中，再加盐酸（1＋1）至刻度，摇匀备用。

取与灰化样品相同量的硝酸镁、氧化镁，按同一操作方法做试剂空白试验。

ⓒ 水产品　取可食部分样品捣成匀浆，称取 5.00g 样品置于坩埚中，以下按 ⓐ 自"加 1g 氧化镁和 10mL 硝酸镁溶液，混匀，浸泡 4h"起同样操作。

干灰化法定容后的样品消化液每 10mL 相当于 1g 样品。

② 样品测定

a. 湿消化法消化液　吸取一定量的消化后的定容溶液（相当于 5g 样品）及同量的试剂空白液，分别置于 150mL 锥形瓶中，补加硫酸至总量为 5mL，加水至 50～55mL。

吸取 0.0、2.0mL、4.0mL、6.0mL、8.0mL、10.0mL 砷标准使用液（相当 0、2μg、4μg、6μg、8μg、10μg 砷），分别置于 150mL 锥形瓶中，加水至 40mL，再加 10mL 硫酸（1+1）。

于样品消化液、试剂空白液及砷标准溶液中各加 3mL 碘化钾溶液，0.5mL 酸性氯化亚锡溶液，混匀，静置 15min。各加入 3g 锌粒，立即分别塞上装有乙酸铅棉花的导气管。并使导气管下端插入盛有 4mL 银盐溶液的离心管中的液面下，在常温下反应 45min 后，取下离心管，加三氯甲烷补足 4mL。用 1cm 比色皿，以零管调节零点，于波长 520nm 处测定吸光度，绘制标准曲线比较。

b. 干灰化法消化液　将灰化法消化液及试剂空白液分别置于 150mL 锥形瓶中，吸取 0.0、2.0mL、4.0mL、6.0mL、8.0mL、10.0mL 砷标准使用液（相当 0、2μg、4μg、6μg、8μg、10μg 砷），分别置于 150mL 锥形瓶中，加水至 43.5mL，再加 6.5mL 盐酸。以下按 a 自"于样品消化液"起依法操作。

（5）计算

$$X = \frac{(A_1 - A_2) \times 1000}{m(V_2/V_1) \times 1000}$$

式中　X ——样品中砷的含量，$mg \cdot kg^{-1}$（或 $mg \cdot L^{-1}$）；

A_1 ——测定用样品消化液中砷的含量，μg；

A_2 ——试剂空白液中砷的含量，μg；

m ——样品质量（或体积），g（或 mL）；

V_1 ——样品消化液的总体积，mL；

V_2 ——测定用样品消化液的体积，mL。

（6）说明及注意事项

① 砷化氢吸收液（银盐溶液）由二乙氨基二硫代甲酸银 $[(C_2H_5)_2NCS_2Ag$，简称 DDC-Ag 或 Ag（DDC）]与三氯甲烷和三乙醇胺组成，其中 Ag（DDC）的浓度以（ρ＝0.2%～0.25%）为宜，浓度过低将影响测定的灵敏度及重现性。因此，配制试剂时应放置过夜或在水浴上微热助溶，轻微浑浊可过滤除去，所配制的吸收液必须是澄清的。试剂保存良好可使用一周。

② 砷化氢发生与吸收装置使用前各部件均应分别经酸、碱、水煮沸处理。Fe^{3+} 对砷化氢的产生有抑制作用，可用盐酸羟胺还原之。同时，砷化氢的发生和吸收应防止在阳光照射下进行，且温度控制在 25℃ 左右，防止反应过激或过缓。

③ 使用无砷锌粒时，锌粒颗粒不宜过细，以免反应太剧烈。

④ 导气管中塞入乙酸铅棉花，是为了吸收可能产生的硫化氢气体，使其生成 PbS 而滞留在棉花上，以免其进入吸收液中与银生成灰黑色的 Ag_2S 而产生干扰。

⑤ 样品消化液中残余的硝酸须驱尽，硝酸的存在影响反应与显色，会导致结果偏低，必要时可增加硫酸的加入量。

⑥ $SnCl_2$ 试剂不稳定，在空气中能被氧化而失去还原剂的作用，因此配制时加盐酸溶解为酸性氯化亚锡溶液，同时，加入数粒金属锡以保持溶液稳定的还原性。氯化亚锡在本实验中的作用是：还原五价砷为三价砷，并还原反应中生成的碘以及在锌粒表面沉积锡层以抑制产生氢气作用过猛。

⑦ 吸收液在吸收砷化氢后呈色在 150min 内稳定。

11.4.3 汞的测定（双硫腙比色法）

汞分为无机汞和有机汞，其中有机汞对人体的毒性比无机汞大得多，尤其是甲基汞，可通过胎盘对胎儿造成损害。汞在人体内蓄积可引起慢性中毒，被污染的鱼类、贝类是人类食物中汞的主要来源。食品卫生标准对汞的限量标准为：粮食（成品粮）$\leqslant 0.02mg \cdot kg^{-1}$；薯类（土豆、白薯）、蔬菜、水果、牛乳、乳制品（按牛乳折算）$\leqslant 0.01mg \cdot kg^{-1}$；肉、蛋（去壳）、蛋制品（按蛋折算）、油 $\leqslant 0.05mg \cdot kg^{-1}$；鱼、其他水产品 $\leqslant 0.3mg \cdot kg^{-1}$（其中甲基汞 $\leqslant 0.2mg \cdot kg^{-1}$）。

（1）原理　双硫腙氯仿溶液与样品溶液中的汞在酸性条件下生成双硫腙汞，在氯仿溶液中呈橙黄色，其颜色深浅与汞离子浓度成正比，可进行比色测定。

（2）试剂

① 硝酸。

② 硫酸。

③ 盐酸羟胺溶液（$200g \cdot L^{-1}$）：吹清洁空气，可使含有的微量汞挥发除去。

④ 硫酸溶液 $[c(1/2H_2SO_4)=0.1mol \cdot L^{-1}]$。

⑤ 乙二胺四乙酸二钠（$Na_2\text{-}EDTA$）溶液（$40g \cdot L^{-1}$）。

⑥ 乙酸溶液（$\varphi=30\%$）：取冰乙酸溶液 30mL，用水稀释至 100mL。

⑦ 标准汞溶液（$1mg \cdot mL^{-1}$）：准确称取分析纯二氯化汞（经干燥器干燥过）0.1354g，溶于 $0.5mol \cdot L^{-1}$ 硫酸溶液中，并稀释至 100mL。

⑧ 汞标准使用液（$1\mu g \cdot mL^{-1}$）：临用前，用 $0.5mol \cdot L^{-1}$ 硫酸溶液稀释至所需浓度。

⑨ 双硫腙贮备液：同 11.4.1 铅的测定（2）⑤。

⑩ 双硫腙使用液：临用前，按 11.4.1 铅的测定（2）⑥的方法稀释，以氯仿

调零点，测定波长为492nm。

（3）仪器

① 消化装置。

② 分光光度计。

（4）操作方法

① 样品处理　称取捣碎并混合均匀的样品20～30g于凯氏烧瓶中，加玻璃珠3～4粒及3～20mL硝酸、10～15mL硫酸，摇动烧瓶，防止局部炭化。装上冷凝管后，小火加热，溶液开始发泡时即停止加热。待剧烈反应平息后，再加热回流1.5～3h。

溶液澄清透明后，停止加热，稍冷后缓缓加入盐酸羟胺溶液10mL，继续加热回流10min，以分解剩余的硝酸。

冷却后，用适量重蒸馏水冲洗冷凝管，洗液并入消化液中，取下烧瓶，消化液经快速滤纸过滤到250mL容量瓶中，用水洗涤烧瓶，洗液一并滤入容量瓶中，加水至刻度。同时做试剂空白试验。

② 标准曲线的绘制　取分液漏斗6个，各加100mL硫酸溶液[$c(1/2H_2SO_4)=0.1mol \cdot L^{-1}$]，然后分别准确加入汞标准使用液0、1mL、2mL、3mL、4mL、5mL，再各加入盐酸羟胺溶液2.5mL、乙酸溶液5mL、EDTA溶液2.5mL，随后添加0.5mol·L^{-1}硫酸溶液至总体积为140mL。

准确加入双硫腙工作液10mL，剧烈振摇2min，静置分层后，经脱脂棉将三氯甲烷层滤入2cm比色皿中，以三氯甲烷调节零点，在波长492nm处测定吸光度。

以吸光度为纵坐标，汞含量为横坐标，绘制标准曲线。

③ 样品测定　取样品消化液100mL于分液漏斗中，准确加入盐酸羟胺溶液2.5mL、乙酸溶液5mL、EDTA溶液2.5mL，然后加水至总体积为140mL。加氯仿10mL，振摇1min，静置分层后，弃去氯仿层。再准确加入双硫腙工作液10mL，剧烈振摇2min，静置分层后，经脱脂棉将氯仿层滤入2cm比色皿中，以试剂空白调零点，在波长492nm处测定吸光度。

（5）计算

$$X = \frac{c \times 1000}{mf \times 1000}$$

式中　X ——样品中汞含量，mg·kg^{-1}；

　　　c ——由标准曲线上查得的测定用样品试液中的汞量，μg；

　　　m ——样品质量，g；

　　　f ——稀释倍数。

（6）注意事项

① 汞是易挥发的金属，在样品消化过程中，必须保持氧化状态，即要有过量

的硝酸存在，以避免损失。但硝酸量不应过量太多，以防残留的硝酸分解不尽而氧化双硫腙。硝酸的用量视不同样品而适当增减，如遇产品在消化过程中变为棕褐色，应立即补加硝酸。

② 溶液中可能存在一些能与双硫腙作用的干扰离子，其中，Fe^{3+}、Sn^{4+} 被盐酸羟胺还原成 Fe^{2+}、Sn^{2+}，在酸性溶液中与双硫腙形成的络合物不稳定；加入 EDTA 可掩蔽 Cu^{2+}；加入乙酸可抑制双硫腙-汞络合物的光分解。

③ 在加硝酸和硫酸消化前应将样品以冰水冷却，以免甲基汞等挥发，分解后的样品如不及时分析，可暂不加盐酸羟胺（盐酸羟胺即是一种掩蔽剂，也是一种还原剂），以免汞吸附在器皿上，一旦还原应立即分析。

④ 本实验最好避光操作，在暗室中进行比较稳定，可保持 1～2h。

11.4.4　锡的测定（苯芴酮比色法）

锡的污染来自镀锡管道、焊锡以及包装罐头食品的镀锡薄板的使用。由于酸性食品的作用，产生溶锡现象从而污染食品。无机锡对人体的危害较小，但有机锡却有很大的毒性。FAO/WHO 食品标准委员会规定：苹果汁≤150mg·kg^{-1}；其他果蔬罐头食品≤250mg·kg^{-1}。

食品中锡的测定通常采用苯芴酮比色法测定。

（1）原理　样品经消化后，在弱酸性介质中，Sn^{4+} 与苯芴酮生成微溶性的橙红色络合物，在保护性动物胶的存在下，此红色络合物不致聚集，可用于比色测定。反应式如下：

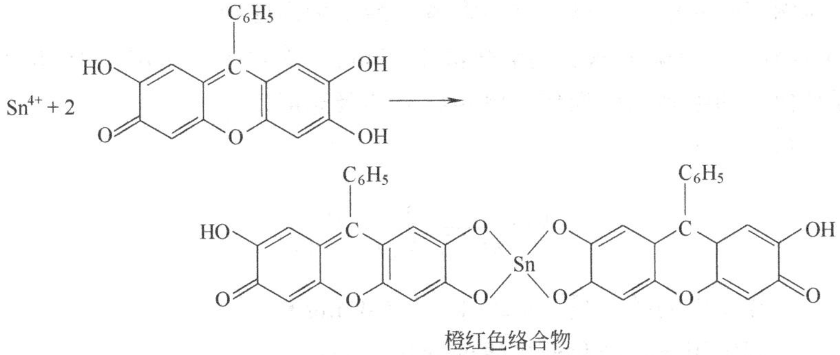

橙红色络合物

（2）试剂

① 酒石酸溶液（100g·L^{-1}）。

② 抗坏血酸溶液（10g·L^{-1}）：临用前配制。

③ 动物胶溶液（5g·L^{-1}）：临用前配制。

④ 酚酞指示剂（10g·L^{-1}）。

⑤ 氨水（1+1）。

⑥ 硫酸（1+9）。

⑦ 苯芴酮溶液（0.1g·L⁻¹）：准确称取 0.01g 苯芴酮，加少量甲醇和硫酸（1＋9）数滴溶解，以甲醇稀释至 100mL。

⑧ 标准贮备液（1mg·mL⁻¹）：准确称取 0.1g 纯金属锡，置于小烧杯中，加 10mL 硫酸，盖上表面皿，加热至锡完全溶解后移去表面皿，继续加热至产生浓白烟，冷却。慢慢加入 50mL 水，移入 100mL 容量瓶中，用硫酸（1＋9）溶液洗涤烧杯，洗液并入容量瓶中，并稀释至刻度，摇匀备用。

⑨ 锡标准工作液（10μg·mL⁻¹）：准确吸取锡标准贮备液 10mL 于 100mL 容量瓶中，用硫酸（1＋9）稀释至刻度，混匀。如此反复稀释至所需浓度。

（3）仪器

① 消化装置。

② 分光光度计。

（4）操作方法

① 样品处理　同 11.3.5 锌的测定中硝酸-硫酸法及 11.4.1 铅的测定中干灰化法。

② 标准曲线的绘制　取 25mL 比色管 6 支，分别加入锡标准工作液 0.00、0.20mL、0.40mL、0.60mL、0.80mL、1.00mL（相当于 0、2μg、4μg、6μg、8μg、10μg 锡），各加入 0.5mL 酒石酸溶液（100g·L⁻¹）及 1 滴酚酞指示剂，混匀，用氨水（1＋1）中和至淡红色。再分别加入 3mL 硫酸（1＋9）、1mL 动物胶（5g·L⁻¹）及 2.5mL 抗坏血酸（10g·L⁻¹），混匀后准确加入 2mL 苯芴酮溶液（0.1g·L⁻¹），加水至 25mL，混匀。1h 后，用分光光度计于 490nm 波长下，用 2cm 比色皿测定吸光度。以试剂空白调零，绘制标准曲线。

③ 样品测定　准确吸取上述消化液 1～5mL（视含锡量而定）于 25mL 比色管中，按标准曲线的绘制同样操作，测定样品的吸光度。

（5）计算

$$X = \frac{(A_1 - A_0) \times 1000}{m(V_2/V_1) \times 1000}$$

式中　X ——样品中锡的含量，mg·kg⁻¹（或 mg·L⁻¹）；

A_1 ——测定用样品消化液中锡的含量，μg；

A_0 ——试剂空白液中锡的含量，μg；

m ——样品质量（或体积），g（或 mL）；

V_1 ——样品消化液的总体积，mL；

V_2 ——测锡所取消化液体积，mL。

（6）注意事项

① 锡的测定一般采用苯芴酮比色法（苯芴酮，即苯基荧光酮，又称 2,3,7-三羟基-6-荧光酮，为橙红色粉末）。此法干扰较少，但有些试剂稳定性较差，需临用

176

前配制。

② 加入酒石酸可以掩蔽某些元素（如 Fe、Al、Ti 等）的干扰；抗坏血酸能掩蔽铁离子的干扰；动物胶（明胶）在本实验中作为保护性胶体，可使反应中产生的微溶性橙红色络合物呈均匀性胶体溶液，以防止生成沉淀。

③ 由于显色剂的底色为黄色，反应后溶液的色泽随锡的含量而改变，呈黄色到橙红色。室温低时反应缓慢，标准和样品溶液加入显色剂后，可在 37℃ 恒温水浴中（或恒温箱内）保温 30min 后比色。

11.4.5 镉的测定（原子吸收分光光度法）

镉广泛用于冶金、电镀、化学、印刷和印染工业以及用于制造光电池、蓄电池和杀虫剂等，通过废水、烟尘和矿渣等造成环境和食品的污染。镉在人体内蓄积可发生慢性中毒，引起肾机能衰退、肝损害和骨痛病等。我国饮用水标准规定，镉含量不得超过 $0.01mg \cdot L^{-1}$。

（1）原理 样品经处理后，导入原子吸收分光光度计中，吸收元素空心阴极灯发射出的镉特征谱线 288.8nm，其吸收量的大小与镉的含量成正比。

（2）试剂

① 硝酸（优级纯）。

② 双氧水（$w=30\%$）。

③ 柠檬酸（含一个结晶水）。

④ 麝香草酚蓝指示剂：称取 0.1g 指示剂置于玛瑙研钵中，加 $0.05mol \cdot L^{-1}$ 氢氧化钠溶液 4.3mL，研磨后用水稀释至 200mL。

⑤ 双硫腙浓溶液（$1mg \cdot mL^{-1}$）：溶解 200mg 双硫腙于 200mL 氯仿中。

⑥ 双硫腙稀溶液（$0.2mg \cdot mL^{-1}$）：临用时取上述贮备液与氯仿按 1∶4 的比例稀释。

⑦ 镉标准贮备液（$1mg \cdot mL^{-1}$）：溶解 1.0000g 金属镉（含量≥99.99%）于 165mL 盐酸中，用水定容至 1000mL。

⑧ 镉标准工作液（$10\mu g \cdot mL^{-1}$）：临用时吸取 10mL 贮备液，用盐酸[$c(HCl)=2mol \cdot L^{-1}$]溶液稀释至 1000mL。

（3）仪器

① 原子吸收分光光度计。

② 消化装置。

（4）操作方法

① 样品处理 称取 50.0g 样品于凯氏烧瓶中，加几粒玻璃珠，小心加入 25mL 硝酸，缓慢加热使其反应。当反应平息后，再加 25mL 硝酸，再微热。重复上述操作，直至硝酸用量为 100mL（或是小心地一次加入 100mL 硝酸，不加热，于室温下放置过夜）。然后加热赶去一氧化氮，当泡沫过多时可冷却烧瓶，或以洗瓶吹进

冷水消泡，这样消化后可能残留少量纤维素和脂肪。

油脂可借冰浴使之凝固，然后用倾注法将清液移入 1000mL 烧杯中（用玻璃棉过滤），加 100mL 水于原烧杯中，加热、振摇，以洗脂肪，再用冰浴冷却、倾注、过滤如前，用 20mL 水洗涤玻璃棉及漏斗。

加 20mL 硫酸于上述液体中，用水稀释至约 300mL。加热蒸干，炭化后停止加热。当炭化面较广时，及时加入双氧水 1mL，反应平息后再加 1mL 双氧水。如此反复至溶液变成无色。加大火力，直至产生白烟，必要时再加双氧水，反复处理至无炭粒。再加大火力以除去过量的双氧水，然后冷却至室温。

同样条件下做一试剂空白。

② 萃取分离　加 2g 柠檬酸于冷的消化液中，用水稀释至约 25mL，加 1mL 麝香草酚蓝后，置于冰浴上。慢慢加氨水将 pH 值调节至 8.8 左右（溶液颜色由黄绿色变成蓝绿色）。用水将溶液转入 250mL 分液漏斗中，用水洗涤烧杯并稀释至约 150mL。冷却后，先用双硫腙浓溶液提取 2 次，每次用量 5mL，振摇 1～2min。再以双硫腙稀溶液提取，每次用量 5mL，重复操作至双硫腙不变色为止。将提取液集中至一个 125mL 分液漏斗中，用 50mL 水洗涤，将双硫腙层移入另一分液漏斗中，再用 5mL 氯仿洗涤水层，氯仿层并入双硫腙提取液中。

加 50mL 盐酸 $[c(HCl)=0.2mol \cdot L^{-1}]$，激烈振摇 1min，静置分层后弃去双硫腙层。再用 5mL 氯仿洗涤水相，弃去氯仿层。将水相转入 400mL 烧杯中，加沸石小心蒸发至干。再用 10～20mL 水小心洗下烧杯壁上的固形物，并再次蒸发至干。

将固形物用 5.0mL 盐酸 $[c(HCl)=2mol \cdot L^{-1}]$ 溶解，即得样品的镉溶液。

③ 样品测定

a. 标准曲线的绘制　准确吸取 0、1mL、2mL、5mL、10mL、20mL 镉标准工作液，分别置于 100mL 容量瓶中，用盐酸 $[c(HCl)=2mol \cdot L^{-1}]$ 定容（所得标准系列相当于每毫升含镉分别为 0、0.1μg、0.5μg、1.0μg 及 2.0μg）。以盐酸 $[c(HCl)=2mol \cdot L^{-1}]$ 作空白，把上述溶液分别喷入火焰中，进行原子吸收测定。以扣除空白后的吸光度与对应的镉标准溶液的浓度绘制标准曲线。

b. 样品测定　以盐酸溶液 $[c(HCl)=2mol \cdot L^{-1}]$ 为空白，将处理后的样品溶

表 11-5　原子吸收分光光度计测镉和铬的参考工作条件

测　定　条　件	镉	铬
吸收线波长/nm	222.8	357.9
灯电流/mA	6～7	5
狭缝宽度/nm	0.15～0.20	0.1
空气流量/L·min⁻¹	5	4.5
乙炔流量/L·min⁻¹	0.4	2.3～2.8
灯头高度/mm	1	1

注：由于仪器型号不同，测定条件有所差别，可根据仪器说明加以选择。

液、试剂空白液分别导入火焰中进行测定，由标准曲线查得样品溶液的镉含量。

参考工作条件见表 11-5。

（5）计算

$$X=\frac{(A_1-A_0)\times 1000}{m(V_2/V_1)\times 1000}$$

式中　X ——样品中镉的含量，$mg \cdot kg^{-1}$；

　　　A_1 ——测定用样液中的镉含量，μg；

　　　A_0 ——试剂空白液中的镉含量，μg；

　　　V_2 ——样品处理液的总体积，mL；

　　　V_1 ——测定用样品处理液的体积，mL；

　　　m ——样品质量，g。

（6）注意事项

① 萃取镉时，调节溶液 pH 值至 9 左右，先以双硫腙氯仿溶液提取，再以稀盐酸提取，将萃取所得的镉溶液导入原子吸收分光光度计测定，大多数金属离子不干扰测定。

② 原子吸收分光光度计型号不同，所用标准系列浓度及测定工作条件应进行相应调整。

11.4.6 铬的测定（原子吸收分光光度法）

铬分为三价铬和六价铬，三价铬是人体必需的微量元素之一，参与机体的正常代谢过程，是葡萄糖耐量因子的一个有效组分，严重缺乏时可引起糖尿病或高血糖症。而六价铬是主要的环境污染物之一，其毒性与砷相似，是致癌物质。铬主要通过电镀、冶炼、制革、油漆、纺织和印刷等工业废水的排放造成环境污染。我国生活饮用水标准规定，铬（六价）不得超过 $0.05mg \cdot L^{-1}$。

（1）原理　样品经湿法消化后，用高锰酸钾处理，食品中的三价铬全部氧化为六价铬。然后以二乙基二硫代氨基甲酸钠-甲基异丁基甲酮（简称 DDTC-MIBK）螯合提取，提取液中的 Cr（Ⅵ）经火焰原子化后，对铬元素空心阴极灯所发射的特征谱线 357.9nm 产生吸收，其吸光度的大小与样品中的铬元素含量成正比。

（2）试剂

① 硫酸。

② 过氧化氢（$w=30\%$）。

③ 氨水。

④ 高锰酸钾溶液：称取 1g $KMnO_4$ 溶解于水中，并定容至 300mL。

⑤ 乙酸钠缓冲溶液：称取无水乙酸钠 41g，溶解于约 400mL 水中，用冰乙酸调节至 pH 值为 5，加水稀释至 500mL。

⑥ 二乙基二硫代氨基甲酸钠溶液（10g·L⁻¹）：称取 1g 二乙基二硫代氨基甲酸钠，溶解于 100mL 水中，临用前配制。

⑦ 甲基异丁基甲酮：将分析纯甲基异丁基甲酮移入分液漏斗中，加适量水，激烈振摇数分钟，使其被水饱和后弃去水层，贮于原瓶中备用。

⑧ 铬标准贮备液：准确称取优级纯 $Cr_2(SO_4)_3$ 0.3153g，溶解于水中，并定容至 100mL，此为 Cr^{3+} 标准贮备液，浓度为 1mg·mL⁻¹。

⑨ 铬标准使用液：临用前以水稀释成含 Cr^{3+} 10μg·mL⁻¹ 的标准使用液。

（3）仪器

① 原子吸收分光光度计。

② 消化装置：250mL 凯氏烧瓶，100mL 小烧杯及 100mL 容量瓶（事先做好 60mL 容量标线）。

③ 酸度计。

（4）操作方法

① 样品处理　称取均匀样品 10～20g（罐头食品在组织捣碎机中打碎成浆，水分高者取 20g），置于凯氏烧瓶中，加数粒玻璃珠，加浓硫酸 10mL，摇匀后随即添加约 3mL H_2O_2，摇动片刻，待剧烈反应平息后置电炉上加热煮沸，并仔细滴加 H_2O_2，直到样品中的有机质消化完全，溶液澄清无色（或微黄绿色）为止。

同时做试剂空白试验。

② 氧化　将消化液定量转入 100mL 烧杯中，加适量氨水中和大部分残酸后，置电炉上加热，并逐渐加入高锰酸钾溶液，直至紫红色煮沸 5min 不退为止。

③ 提取　在上述氧化好的消化液中，加入乙酸钠缓冲溶液 5mL，用稀氨水和稀盐酸将溶液调整至 pH 值为 4.8～5.0（用 pH 计确定）。然后转入做有标记的 100mL 容量瓶中，加 2.5mL 二乙胺硫代甲酸钠（10g·L⁻¹），加水至 60mL，混匀后准确加入甲基异丁基甲酮 5mL，剧烈振摇 2min，静置分层后加水将有机相顶至颈部。

④ 测定　按表 11-5 所示调整好工作条件，吸喷甲基异丁基甲酮调零，调整进样速度为 4.8mL·min⁻¹。再吸喷铬标准溶液，调整辅助空气流量使达到最大吸收值。然后吸喷试剂空白和样品溶液，记录吸光度值。

⑤ 标准曲线的绘制　取 5 个 100mL 小烧杯，各加适量水和 5mL 浓硫酸，然后分别精确加入铬标准工作液 0、0.5mL、1.0mL、1.5mL、2.0mL（相当于含铬 0、5μg、10μg、15μg、20μg），再按样品氧化、提取方法进行操作，并分别测定其吸光度，以扣除空白的吸光度对铬含量作图。

（5）计算

$$X = \frac{(A_1 - A_0) \times 1000}{m \times 1000}$$

式中　X——样品中铬的含量，$mg \cdot kg^{-1}$；

　　A_1——测定用样液中铬的含量，μg；

　　A_0——试剂空白液中铬的含量，μg；

　　m——测定用样品试液所相当的样品质量，g。

（6）注意事项

① 二乙基二硫代氨基甲酸钠在酸性介质中不稳定，故需要在调节好 pH 值后再添加二乙基二硫代氨基甲酸钠，并且在加入后要尽快加入甲基异丁基甲酮进行提取。

② 所有玻璃仪器使用前依次用 95％乙醇、HCl（1＋1）及 10％HNO_3 洗涤，然后用水淋洗干净，最后用蒸馏水冲净备用，不能用铬酸洗液洗涤。

思考与习题

1. 简述测定食品中元素含量的意义。

2. 保证生物体健康所必需的常量元素和微量元素有哪些？

3. 为何说任何元素在体内过量都是有害的？举例说明必需元素过量有哪些危害。

4. 用 EDTA 滴定法测定食品中的钙时，加入氰化钾起什么作用？使用时应注意哪些问题？废液如何处理？

5. 硝酸银滴定法测定食品中氯含量时，控制的酸度范围是多少？为什么？

6. 用原子吸收法测定食品中的微量元素时，对试验用水、试剂和使用的器皿有何要求？

7. 氟离子选择电极法测定样品时，加入总离子强度缓冲溶液（TISAB）起什么作用？

8. 双硫腙可与多种金属离子生成络合物，在元素含量测定中应用十分广泛，但市售的试剂常常不纯，如何提纯？采取什么措施避免双硫腙的氧化？

9. 银盐法测砷装置的导管中塞入乙酸铅棉花有何作用？

10. 苯芴酮比色法测定锡时，酒石酸、抗坏血酸和动物胶各起什么作用？

11. 简述邻二氮菲比色法测定铁的原理，实验中加入盐酸羟胺、醋酸钠和邻二氮菲各起什么作用？以上试剂的加入顺序对测定有无影响，为什么？

12. 二乙胺基二硫代氨基甲酸钠（铜试剂）法测定食品中铜含量时，如何消除共存的铁、铝、钙、镍、钴等金属的干扰？

12 食品添加剂的测定

12.1 概 述

食品添加剂的检测是食品分析的重要内容之一。随着食品工业的发展，食品添加剂的种类和数量日趋增多，掌握食品添加剂的基础知识和分析方法具有重要意义。

（1）食品添加剂的定义和作用 《中华人民共和国食品卫生法》第九章附则中规定：食品添加剂是指"为改善食品品质和色、香、味，以及为防腐和加工工艺的需要而加入食品中的化学合成或者天然物质"。在中国，食品营养强化剂也属于食品添加剂。食品营养强化剂是指"为增强营养成分而加入食品中的天然的或者人工合成的属于天然营养素范围的食品添加剂"。

食品添加剂虽然在食品中的使用量很少（0.01％～0.1％），但其对食品工业的发展和食品的加工、贮存都具有非常重要的作用。其主要作用概括如下。

① 有利于食品的保藏，防止食品腐败变质。如防腐剂的使用，可防止由微生物引起的食品腐败变质；抗氧化剂则可阻止或延缓食品的氧化，并可用来防止果蔬及其制品的褐变。

② 保持和提高食品的营养价值，改善食品感官性状。例如，在食品中添加某些天然的食品营养强化剂，可大大提高食品的营养价值；而适当使用着色剂、护色剂、漂白剂、增稠剂、食用香料等，则可明显提高食品的感官质量。

③ 增加食品的品种和方便性。食品添加剂的合理使用，可丰富食品的种类，满足人们的不同需要，尤其是方便食品的供应，给人们的工作和生活提供了极大的便利。

④ 有利于食品加工操作。如消泡剂、助滤剂、稳定剂等的使用，有利于加工过程的顺利进行。

⑤ 满足其他特殊要求。如糖尿病人不能吃糖，可使用无营养甜味剂或低热能甜味剂制成无糖食品供应；对于缺碘地区供给加碘食盐等。

（2）食品添加剂的分类

① 按来源分类 食品添加剂按其来源可分为天然食品添加剂和化学合成添加剂两大类，前者主要以动植物或微生物的代谢产物为原料提取制得（如天然色素、

香料、调味品等），部分来自于矿物（如明矾、石膏、硫磺等）；后者一般通过化学合成的方法制取。某些已经存在于食品中或天然香料中的成分，也可通过人工方法获得。

② 按功能作用分类 食品添加剂的种类繁多，目前中国允许使用的食品添加剂（包括香料在内）已达 1200 多种。中国《食品添加剂使用卫生标准》（GB 2760—96），按照食品添加剂主要功能作用的不同将其分为：酸度调节剂、抗结剂、消泡剂、抗氧化剂、漂白剂、膨松剂、胶姆糖基础剂、着色剂、护色剂、乳化剂、酶制剂、增味剂、面粉处理剂、被膜剂、水分保持剂、营养强化剂、防腐剂、稳定和凝固剂、甜味剂、增稠剂等 20 类，另有其他香料共 22 类。

另外还可按食品添加剂的安全性将其分为 A、B、C 三类，以 ADI 作为衡量的依据。

（3）食品添加剂安全性的评价 食品生产中使用的添加剂多为化学合成品，由于有些食品添加剂对人体有一定的毒性，使用不当或过量使用，将会对食用者造成不利的、甚至是严重的影响，因此世界各国对一些食品添加剂的使用量和残留量都做了严格的规定。中国《食品卫生法》明确规定"生产经营和使用食品添加剂，必须符合食品添加剂使用卫生标准和卫生管理办法的规定"。

为了确保食品添加剂的使用安全，国际上通常采用 ADI 值（Acceptable Daily Intake），即"日允许摄入量"，对其进行毒理学评价。ADI 值以人的体重（kg）为基准，是指人类每天摄入某种物质（如添加剂）直至终生，而不产生可检测到的、对健康产生危害的剂量。

ADI 值可根据动物实验获得的最大无作用量（MNL）推测而得。考虑到人体与动物在敏感程度和抵抗能力方面的差异，以及人群个体之间的差异等因素，为保证安全，将动物实验数据引用于人时，必须加一个安全系数。安全系数一般定为 100 倍，即 ADI＝MNL/100。以苯甲酸为例，由大白鼠试验得到的 MNL＝500mg·kg^{-1}，则以安全系数为 100 引用于人时，ADI＝500×（1/100）＝5mg·kg^{-1}。将 ADI 乘以平均体重得每人每日允许摄入量（A），不超过这个量是安全的，计算时应以各种食品中含该食品添加剂一日摄入量的总和计。

常见食品添加剂的 ADI 值见表 12-1。

表 12-1 一些常见食品添加剂的 ADI 值/[mg·(kg 体重·d)$^{-1}$]

添加剂名称	ADI 值	添加剂名称	ADI 值
亚硝酸钠	0～0.06	苯甲酸	0～5
硝酸钠	0～3.7	二氧化硫	0～0.7
山梨酸	0～2.5	苋菜红	0～0.75

添加剂名称	ADI 值	添加剂名称	ADI 值
靛蓝	0～0.5	胭脂红	0～1.25(暂定)
柠檬黄	0～7.5		

（4）食品添加剂的测定　食品添加剂种类繁多，测定方法也很多，下面介绍的测定方法均为国家标准分析方法。

12.2　甜味剂——糖精钠的测定

甜味剂是指赋予食品以甜味的食品添加剂，目前使用的有近 20 种。这些甜味剂有几种不同的分类方法：按照来源的不同可将其分为天然甜味剂和人工合成甜味剂；以其营养价值来分可分为营养型和非营养型两类；按其化学结构和性质又可分为糖类甜味剂和非糖类甜味剂。

天然营养型甜味剂如蔗糖、葡萄糖、果糖、果葡糖浆、麦芽糖、蜂蜜等，一般视为食品原料，习惯上称为糖，可用来制造各种糕点、糖果、饮料等。非糖类甜味剂有天然的和人工合成的两类，天然甜味剂如甜菊糖、甘草等，人工合成甜味剂有糖精、糖精钠、环己基氨基磺酸钠、天门冬酰苯丙氨酸甲酯、三氯蔗糖等。非糖类甜味剂甜度高，使用量少，热值很小，常称为非营养性或低热值甜味剂，在食品加工中使用广泛。

糖精钠（$C_7H_4O_3NSNa \cdot 2H_2O$）为无色结晶或稍带白色的结晶性粉末，无臭或微有香气，在空气中缓慢风化为白色粉末，甜度是蔗糖的 300～500 倍。糖精钠易溶于水，浓度低时呈甜味，高时则有苦味。由于糖精不易溶于水，所以一般使用的多为糖精钠，习惯上也称为糖精。

中国《食品添加剂使用卫生标准》规定的最大使用量（以糖精计）为：饮料、蜜饯、酱菜类、糕点、饼干、面包、配制酒、雪糕、冰激凌等 $0.15g \cdot kg^{-1}$；瓜子 $1.2g \cdot kg^{-1}$；话梅、陈皮 $5.0g \cdot kg^{-1}$。

糖精钠的测定方法有薄层色谱定性及半定量法、紫外分光光度法、酚磺酞比色法、高效液相色谱法、离子选择性电极法等。以下介绍的为酚磺酞比色法。

本方法适用于各类食品中糖精钠的测定。

（1）原理　在酸性条件下，样品中的糖精钠用乙醚提取分离后与酚和硫酸在 175℃作用，生成的酚磺酞与氢氧化钠反应产生红色溶液，与标准系列比较定量。反应式如下：

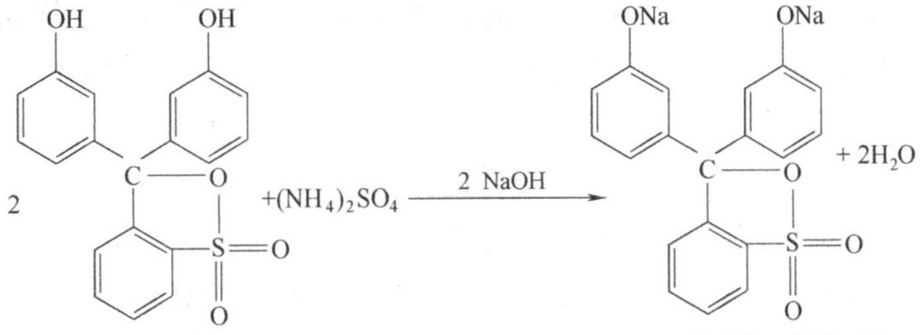

（2）仪器

① 油浴：175℃±2℃。

② 分光光度计。

③ 层析柱。

（3）试剂

① 苯酚-硫酸溶液（1＋1）。

② 氢氧化钠溶液（200g·L⁻¹）。

③ 碱性氧化铝：层析用。

④ 液体石蜡：油浴用。

⑤ 硫酸铜溶液（100g·L⁻¹）。

⑥ 氢氧化钠溶液（40g·L⁻¹）。

⑦ 盐酸溶液（1＋1）。

⑧ 乙醚：不含过氧化物。

⑨ 无水硫酸钠。

（4）操作方法

① 提取

a. 饮料、汽水等 取 10mL 均匀试样（如样品中含有二氧化碳，先加热除去。如样品中含有酒精，加 40g·L⁻¹ 的氢氧化钠溶液使其呈碱性，在沸水浴中加热除去）置于 100mL 分液漏斗中，加 2mL 盐酸（1＋1），用 30mL、20mL、20mL 乙醚提取三次，合并乙醚提取液。用 5mL 盐酸酸化的水洗涤一次，弃去水层。乙醚层通过无水硫酸钠脱水后，挥发乙醚，加 2.0mL 乙醇溶解残渣，密封保存，备用。

b. 酱油、果汁、果酱等 称取 20.0g 或吸取 20.0mL 均匀试样，置于 100mL 容量瓶中，加水至约 60mL，加 20mL 硫酸铜溶液（100g·L⁻¹），混匀，再加 4.4mL 氢氧化钠溶液（40g·L⁻¹），加水至刻度，混匀。静置 30min，过滤，取 50mL 滤液置于 150mL 分液漏斗中，以下按 a 自"加 2mL 盐酸（1＋1）"起依法操作。

c. 固体果汁粉等 称取 20.0g 磨碎的均匀试样，置于 200mL 容量瓶中，加 100mL 水，加温使其溶解后放冷，以下按 b 自"加 20mL 硫酸铜溶液（100g·L⁻¹）"起依法操作。

d. 糕点、饼干等含蛋白、脂肪、淀粉多的食品 称取 25.0g 均匀试样，置于透析用玻璃纸中，放入大小适当的烧杯内，加 50mL 氢氧化钠溶液 $[c(NaOH)=0.02mol \cdot L^{-1}]$，调成糊状，将玻璃纸口扎紧，放入盛有 200mL 0.02mol $\cdot L^{-1}$ 氢氧化钠溶液的烧杯中，盖上表面皿，透析过夜。

量取 125mL 透析液（相当于 12.5g 样品），加约 0.4mL 盐酸（1+1）使成中性，加 20mL 硫酸铜溶液（100g $\cdot L^{-1}$），混匀，再加 4.4mL 氢氧化钠溶液（40g $\cdot L^{-1}$），混匀，静置 30min，过滤。取 120mL 滤液（相当于 10g 样品），置于 250mL 分液漏斗中，以下按 a 自"加 2mL 盐酸（1+1）"起依法操作。

② 测定 取一定量（含糖精钠 0.2～0.6mg）的样品乙醚提取液，置于蒸发皿中，于水上慢慢将乙醚蒸发至约 10mL，转入 100mL 比色管或 100mL 锥形瓶中，将乙醚挥发至干，然后置于 100℃ 干燥箱中 20min，取出，加入 5.0mL 苯酚-硫酸溶液，旋转至苯酚-硫酸与管壁充分接触，于 175℃±2℃ 的油浴或干燥箱中加热 2h（温度达到 175℃ 时开始计时），取出后放冷，小心加水 20mL，振摇均匀，再加 10mL 氢氧化钠溶液（200g $\cdot L^{-1}$），加水至 100mL，混匀。然后通过 5.0g 碱性氧化铝柱层并接收流出液，用 1cm 比色皿以乙醚空白管为零管，于波长 558nm 处测定吸光度。

③ 标准曲线的绘制

a. 糖精钠标准溶液的配制 精密称取未风化的糖精钠 0.1000g，加 20mL 水溶解后转入 125mL 分液漏斗中，并用 10mL 水洗涤容器，洗液转入分液漏斗中，加盐酸（1+1）使其呈强酸性，用 30mL、20mL、20mL 乙醚分三次振摇提取，每次振摇 2min。将三次乙醚提取液均经同一滤纸上装有 10g 无水硫酸钠的漏斗脱水滤入 100mL 容量瓶中，用少量乙醚洗涤滤器，洗液并入容量瓶中并稀释至刻度，混匀。此溶液每毫升相当于 1mg 糖精钠。

b. 绘制标准曲线 取上述标准溶液 0.2mL、0.4mL、0.6mL、0.8mL，分别置于 100mL 比色管或 100mL 锥形瓶中，将乙醚在水浴上蒸干。此系列为标准管。另取 50mL 乙醚，置于 100mL 比色管或 100mL 锥形瓶中，在水浴上缓缓蒸发至干。此为试剂空白管。

将标准管与乙醚空白管置于 100℃ 干燥箱中 20min，以下按②测定自"取出，加入 5.0mL 苯酚-硫酸溶液"起依法操作，绘制标准曲线。

(5) 计算

$$X = \frac{(A_1 - A_2) \times 1000}{m(V_2/V_1) \times 1000}$$

式中 X ——样品中糖精钠含量，g $\cdot kg^{-1}$ 或 g $\cdot L^{-1}$；

A_1 ——测定用溶液中糖精钠量，mg；

A_2 ——空白溶液中糖精钠量，mg；

　　m——样品质量或体积，g 或 mL；

　　V_1——样品乙醚提取液总体积，mL；

　　V_2——比色用样品乙醚提取液体积，mL。

（6）说明及注意事项

① 苯甲酸等有机物对测定有干扰，故要通过碱性氧化铝层析柱以排除干扰。

② 本法受温度的影响较大，糖精与酚和硫酸作用时应严格控制温度和时间。

12.3　防腐剂——山梨酸、苯甲酸的测定

　　防腐剂是具有杀灭微生物或抑制其增殖作用的一类物质的总称。在食品生产中，为防止食品腐败变质、延长食品保存期，在采用其他保藏手段的同时，也常配合使用防腐剂，以期收到更好的效果。我国普遍使用的防腐剂有山梨酸及其钾盐、苯甲酸及其钠盐、对羟基苯甲酸乙酯及对羟基苯甲酸丙酯、丙酸及其钙盐等，以山梨酸、苯甲酸及其盐类使用最多。

　　① 苯甲酸与苯甲酸钠（别名安息香酸与安息香酸钠）：苯甲酸（$C_7H_6O_2$）为白色有丝光的鳞片或针状结晶，易升华，微溶于水，易溶于乙醇、乙醚、丙酮、氯仿、油脂等有机溶剂。苯甲酸钠为白色颗粒或结晶性粉末，易溶于水和乙醇，难溶于其他有机溶剂，与酸作用生成苯甲酸。由于苯甲酸在水中溶解度小，故在实际生产中多使用其钠盐。

　　中国《食品添加剂使用卫生标准》中规定的最大使用量（以苯甲酸计）为：碳酸饮料 $0.2g \cdot kg^{-1}$；低盐酱菜、酱菜、蜜饯 $0.5g \cdot kg^{-1}$；葡萄酒、果酒、软糖 $0.8g \cdot kg^{-1}$；酱油、食醋、果酱、果汁（果味）型饮料 $1.0g \cdot kg^{-1}$；塑料桶装浓缩果蔬汁 $2.0g \cdot kg^{-1}$。

　　② 山梨酸与山梨酸钾：山梨酸（$C_6H_8O_2$）是无色针状结晶或白色结晶状粉末，难溶于水，易溶于乙醇、乙醚、氯仿等有机溶剂，在酸性条件下可随水蒸气挥发。山梨酸钾为白色或微黄色结晶性粉末，易溶于水，溶于乙醇，但不溶于其他有机溶剂，与酸作用生成山梨酸。山梨酸钾在空气中不稳定，放置过程会因吸潮、氧化分解而着色。

　　中国《食品添加剂使用卫生标准》规定的最大使用量（以山梨酸计）为：肉、鱼、蛋、禽类制品 $0.075g \cdot kg^{-1}$；水果、蔬菜保鲜及碳酸饮料 $0.2g \cdot kg^{-1}$；胶原蛋白肠衣、低盐酱菜、酱类、蜜饯、果汁（果味）型饮料、果冻 $0.5g \cdot kg^{-1}$；葡萄酒、果酒 $0.6g \cdot kg^{-1}$；酱油、食醋、果酱、氢化植物油、软糖、鱼干制品、即食豆制食品、糕点、馅、面包、蛋糕、月饼等 $1.0g \cdot kg^{-1}$；塑料桶装浓缩果蔬汁 $2.0g \cdot kg^{-1}$。

　　由于山梨酸是一种不饱和脂肪酸，在体内可参加正常的新陈代谢，最终氧化产物为二氧化碳和水，因此是一种比苯甲酸更安全的防腐剂。

山梨酸、苯甲酸的测定方法有气相色谱法、薄层色谱法、高效液相色谱法、紫外分光光度法、酸碱滴定法和硫代巴比妥酸比色法等，下面介绍的为气相色谱法。

本方法适用于酱油、水果汁、果酱中山梨酸、苯甲酸含量的测定。

（1）原理　样品酸化后，山梨酸、苯甲酸用乙醚提取浓缩后，用具氢火焰离子化检测器的气相色谱仪进行分离测定，与标准系列比较定量。

（2）仪器　气相色谱仪，具氢火焰离子化检测器。

（3）试剂

① 乙醚：无过氧化物。

② 石油醚：沸程 30～60℃。

③ 盐酸。

④ 氯化钠酸性溶液（40g·L^{-1}）：于氯化钠溶液（40g·L^{-1}）中加少量盐酸（1+1）酸化。

⑤ 无水硫酸钠。

⑥ 山梨酸、苯甲酸标准贮备液：精密称取山梨酸、苯甲酸各 0.2000g，置于100mL 容量瓶中，用石油醚-乙醚（3+1）混合溶剂溶解后定容至刻度。此溶液每毫升相当于 2mg 山梨酸或苯甲酸。

⑦ 山梨酸、苯甲酸标准使用液：吸取适量山梨酸、苯甲酸标准贮备液，以石油醚-乙醚（3+1）混合溶剂稀释至每毫升相当于 50μg、100μg、150μg、200μg、250μg 山梨酸或苯甲酸。

（4）操作方法

① 样品提取　称取 2.5g 事先混合均匀的样品，置于 25mL 具塞量筒中，加0.5mL 盐酸（1+1）溶液酸化，用 15mL、10mL 乙醚提取两次，每次振摇 1min，将上层醚提取液吸入另一个 25mL 具塞量筒中，合并乙醚提取液。用 3mL 氯化钠酸性溶液（40g·L^{-1}）洗涤两次，静置 15min，用滴管将乙醚层通过无水硫酸钠滤入 25mL 容量瓶中，加乙醚至刻度，混匀。准确吸取 5mL 乙醚提取液于 5mL 具塞刻度试管中，置 40℃水浴上挥干，加入 2mL 石油醚-乙醚（3+1）混合溶剂溶解残渣，备用。

② 色谱条件

a. 色谱柱　玻璃柱，内径 3mm，长 2m，内装涂以质量分数为 5%DEGS+1%H$_3$PO$_4$ 固定液的 60～80 目 Chromosorb W AW。

b. 气体流速　载气，氮气，50mL·min^{-1}（氮气和空气、氢气之比按各仪器型号不同选择各自的最佳比例条件）。

c. 温度　进样口 230℃；检测器 230℃；柱温 170℃。

③ 测定　进 2μL 标准系列中各浓度标准使用液于气相色谱仪中，可测得不同浓度山梨酸、苯甲酸的峰高，以浓度为横坐标，相应的峰高值为纵坐标，绘制标准曲线。同时进样 2μL 样品溶液，测得峰高与标准曲线比较定量。

（5）计算

$$X=\frac{A\times 1000}{m\times (5/25)\times (V_1/V_2)\times 1000}$$

式中　X ——样品中山梨酸或苯甲酸的含量，$g\cdot kg^{-1}$；

　　　A ——测定用样品液中山梨酸或苯甲酸的含量，μg；

　　　V_1 ——测定时进样的体积，μL；

　　　V_2 ——加入石油醚-乙醚（3＋1）混合溶剂的体积，mL；

　　　m ——样品质量，g；

5/25——测定时吸取乙醚提取液的体积（mL）/样品乙醚提取液的总体积（mL）。

（6）说明及注意事项

① 由测得的苯甲酸的量乘以 1.18，即为样品苯甲酸钠的含量。

② 样品处理时酸化可使山梨酸钾、苯甲酸钠转变为山梨酸、苯甲酸。

③ 乙醚提取液应用无水硫酸钠充分脱水，进样溶液中含水会影响测定结果。

12.4　护色剂——亚硝酸盐与硝酸盐的测定

护色剂又称发色剂，是能与肉及肉制品中的呈色物质作用，使之在加工、保存过程中不致分解、破坏，呈现良好色泽的物质。护色剂和着色剂不同，它本身没有颜色不起染色作用，但与食品原料中的有色物质可结合形成稳定的颜色。肉类在腌制过程中最常使用的护色剂是硝酸盐和亚硝酸盐，它们在一定的条件下可转化为亚硝酸，并分解出亚硝基（—NO），亚硝基一旦产生就很快与肉类中的血红蛋白和肌红蛋白（Mb）结合，生成鲜艳的、亮红色的亚硝基血红蛋白和亚硝基肌红蛋白（MbNO），亚硝基肌红蛋白遇热放出巯基（—SH），变成鲜红的亚硝基血色原，从而赋予肉制品鲜艳的红色。如果加工时不添加护色剂，则肉中的肌红蛋白很容易被空气中的氧所氧化，从而失去肉类原有的新鲜色泽。

作用机理如下：

$$NaNO_3 \xrightarrow{亚硝酸菌} NaNO_2 \xrightarrow{乳酸} HNO_2 \xrightarrow{分解} NO \xrightarrow{+Mb} MbNO \xrightarrow{\triangle} 亚硝基血色原$$
$$\text{（鲜红色）}$$

亚硝酸盐除了有良好的呈色作用外，还具有抑制肉毒梭状芽孢杆菌和增强肉制品风味的作用。但亚硝酸盐具有一定的毒性，尤其是可与胺类物质反应生成强致癌物质亚硝胺。因此，在加工时应严格控制其使用范围和用量。

中国《食品添加剂使用卫生标准》规定，硝酸钠可用于肉制品，最大使用量为 $0.5g\cdot kg^{-1}$。亚硝酸钠可用于腌制畜、禽肉类罐头和肉制品，最大使用量为 $0.15g\cdot kg^{-1}$；腌制盐水火腿，最大使用量为 $0.07g\cdot kg^{-1}$。残留量以亚硝酸钠计，肉类罐头不得超过 $0.05g\cdot kg^{-1}$、肉制品不得超过 $0.03g\cdot kg^{-1}$。

硝酸盐和亚硝酸盐的测定方法有盐酸萘乙二胺法（测定硝酸盐）、镉柱法（测定亚硝酸盐）、气相色谱法、荧光法、离子选择性电极法、示波极谱法（测定亚硝酸盐）等。

12.4.1 亚硝酸盐的测定（盐酸萘乙二胺法）

（1）原理　样品经沉淀蛋白质、除去脂肪后，在弱酸性条件下亚硝酸盐与对氨基苯磺酸重氮化后，再与盐酸萘乙二胺偶合形成紫红色染料，与标准比较定量。反应式如下：

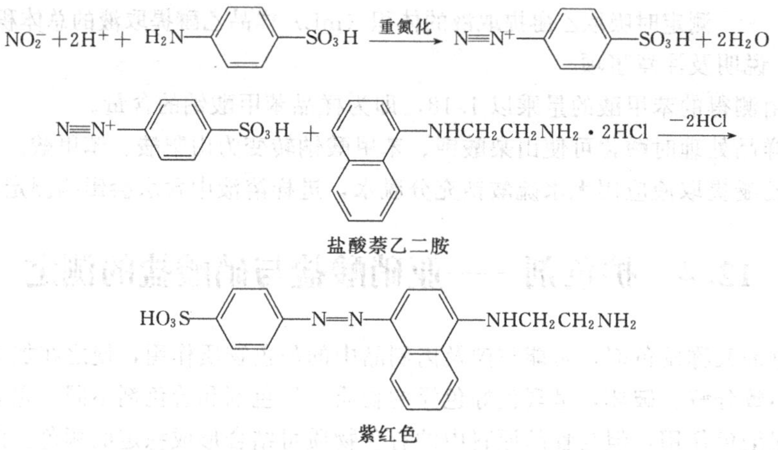

盐酸萘乙二胺

紫红色

（2）仪器

① 小型绞肉机。

② 分光光度计。

（3）试剂

① 亚铁氰化钾溶液：同 7 糖类的测定 7.2.1。

② 乙酸锌溶液：同 7 糖类的测定 7.2.1。

③ 饱和硼砂溶液：称取 5g 硼酸钠（$Na_2B_4O_7 \cdot 10H_2O$），溶于 100mL 热水中。冷却后备用。

④ 对氨基苯磺酸溶液（$4g \cdot L^{-1}$）：称取 0.4g 对氨基苯磺酸，溶于 100mL 盐酸（1+4）中，避光保存。

⑤ 盐酸萘乙二胺溶液（$2g \cdot L^{-1}$）：称取 0.2g 盐酸萘乙二胺，溶于 100mL 水中，避光保存。

⑥ 亚硝酸钠标准贮备液：精密称取 0.1000g 于硅胶干燥器中干燥 24h 的亚硝酸钠，加水溶解后移入 500mL 容量瓶中，并稀释至刻度。此溶液每毫升相当于 $200\mu g$ 亚硝酸钠。

⑦ 亚硝酸钠标准使用液：临用前，吸取亚硝酸钠标准贮备液 5.00mL，置于 200mL 容量瓶中，加水稀释至刻度。此溶液每毫升相当于 $5\mu g$ 亚硝酸钠。

（4）操作方法

① 样品处理　称取 5.0g 经绞碎混匀的样品，置于 50mL 烧杯中，加 12.5mL 硼砂饱和溶液，搅拌均匀，以 70℃左右的热水约 300mL 将样品全部洗入 500mL 容量瓶中，置沸水浴中加热 15min，取出后冷却至室温，然后一面转动一面加入 5mL 亚铁氰化钾溶液，摇匀，再加入 5mL 乙酸锌溶液以沉淀蛋白质，加水至刻度，混匀，放置 0.5h，除去上层脂肪，清液用滤纸过滤，弃去初滤液 30mL，滤液备用。

② 测定　吸取 40mL 上述滤液于 50mL 比色管中，另吸取 0.00、0.20mL、0.40mL、0.60mL、0.80mL、1.00mL、1.50mL、2.00mL、2.50mL 亚硝酸钠标准使用液（相当于 0、1μg、2μg、3μg、4μg、5μg、7.5μg、10μg、12.5μg 亚硝酸钠），分别置于 50mL 比色管中。于标准与样品管中分别加入 2mL 对氨基苯磺酸溶液（4g·L^{-1}），混匀，静置 3～5min 后各加入 1mL 盐酸萘乙胺溶液（2g·L^{-1}），加水至刻度，混匀，静置 15min，用 2cm 比色皿，以零管调节零点，于波长 538nm 处测定吸光度，绘制标准曲线比较。

（5）计算

$$X = \frac{A \times 1000}{m(40/500) \times 1000 \times 1000}$$

式中　X ——样品中亚硝酸盐的含量，g·kg^{-1}；

A ——测定用样液中亚硝酸盐的含量，μg；

m ——样品质量，g；

40/500——测定时吸取样品滤液的体积（mL）/样品定容总体积（mL）。

（6）说明及注意事项　当亚硝酸盐含量高时，过量的亚硝酸盐可以将偶氮化合物氧化，变成黄色，而使红色消失，这时可以采取先加入试剂，然后滴加试液，从而避免亚硝酸盐过量。

12.4.2　硝酸盐的测定（镉柱法）

（1）原理　样品经沉淀蛋白质、除去脂肪后，溶液通过镉柱，使其中的硝酸根离子还原成亚硝酸根离子，在弱酸性条件下，亚硝酸根与对氨基苯磺酸重氮化后，再与盐酸萘乙二胺偶合形成红色染料，测得亚硝酸盐总量，由总量减去亚硝酸盐含量即得硝酸盐含量。

（2）试剂

① 氨缓冲溶液（pH 值为 9.6～9.7）：量取 20mL 盐酸，加 50mL 水，混匀后加 50mL 氨水，再加水稀释至 1000mL。

② 稀氨缓冲液：量取 50mL 氨缓冲溶液，加水稀释至 500mL，摇匀。

③ 盐酸溶液［$c(HCl) = 0.1$mol·L^{-1}］。

④ 硝酸钠标准贮备液：精密称取 0.1232g 于 110～120℃ 干燥恒量的硝酸钠，

加水溶解，移入 500mL 容量瓶中，并稀释至刻度。此溶液每毫升相当于 200μg 亚硝酸钠。

⑤ 硝酸钠标准使用液：临用时吸取硝酸钠标准贮备液 2.50mL，置于 100mL 容量瓶中，加水稀释至刻度。此溶液每毫升相当于 5μg 亚硝酸钠。

⑥ 海绵状镉：投入足够的锌皮或锌棒于 500mL20% 硫酸镉溶液中，经 3~4h，当其中的镉全部被锌置换后，用玻璃棒轻轻刮下，取出残余锌皮，使镉沉底，倾去上层清液，以水用倾泻法多次洗涤，然后移入组织捣碎机中，加 500mL 水，捣碎约 2s，用水将金属细粒洗至标准筛上，取 20~40 目之间的部分。

⑦ 亚硝酸钠标准使用液同亚硝酸盐测定。

（3）仪器

① 分光光度计。

② 小型绞肉机。

③ 镉柱

a. 镉柱的装填：镉柱可用 25mL 酸式滴定管代用。用水装满镉柱玻璃管，并装入 2cm 高的玻璃棉作垫，将玻璃棉压向柱底时，应将其中所包含的空气全部排出，在轻轻敲击下加入海绵状镉至 8~10cm 高，上面用 1cm 高的玻璃棉覆盖，上置一贮液漏斗，末端要穿过橡皮塞与镉柱玻璃管紧密连接。

当镉柱装填好后，先用 25mL 盐酸 $[c(HCl)=0.1mol \cdot L^{-1}]$ 洗涤，再以水洗两次，每次 25mL，镉柱不用时用水封盖，随时都要保持水平面在镉层之上，不得使镉层夹有气泡。

b. 镉柱每次使用完毕后，应先以 25mL 盐酸 $[c(HCl)=0.1mol \cdot L^{-1}]$ 洗涤，再以水洗两次，每次 25mL，最后用水覆盖。

c. 镉柱还原效率的测定：吸取 20mL 硝酸钠标准使用液，加入 5mL 稀氨缓冲液，混匀后依照下述操作方法中（4）②a~c 进行操作。取 10.0mL 还原后的溶液（相当于 10μg 亚硝酸钠）于 50mL 比色管中，以下按亚硝酸盐的测定（4）②进行操作，根据标准曲线计算测得结果，与加入量一致，还原效率应大于 98% 为符合要求。

还原效率计算：

$$X_1 = \frac{A}{10} \times 100$$

式中 X_1——还原效率，%；

A——测得亚硝酸盐的含量，μg；

10——测定用溶液相当亚硝酸盐的含量，μg。

（4）操作方法

① 样品处理 同亚硝酸盐的测定（4）①，所得滤液称为处理样液 A。

② 样品测定

a. 先以 25mL 稀氨缓冲液冲洗镉柱，流速控制在 $3\sim5mL\cdot min^{-1}$（以滴定管代替的可控制在 $2\sim3mL\cdot min^{-1}$）。

b. 吸取 20mL 处理过的样液于 50mL 烧杯中，加 5mL 氨缓冲液，混合后注入贮液漏斗，使流经镉柱还原，以原烧杯收集流出液，当贮液漏斗中的样液流完后，再加 5mL 水置换柱内留存的样液。

c. 将全部收集液如前再经镉柱还原一次，第二次流出液收集于 100mL 容量瓶中，继以水流经镉柱洗涤三次，每次 20mL，洗液一并收集于同一容量瓶中，加水至刻度，摇匀。此溶液称为还原样液 B。

d. 亚硝酸钠总量的测定：吸取 $10\sim20mL$ 还原样液 B 于 50mL 比色管中。以下按亚硝酸盐的测定（4）② 自"另吸取 0.00、0.20mL、0.40mL、0.60mL、0.80mL、1.00mL"起依法操作。

e. 亚硝酸盐的测定：吸取 40mL 处理样液 A 于 50mL 比色管中，以下按亚硝酸盐的测定（4）② 自"另吸取 0.00、0.20mL、0.40mL、0.60mL、0.80mL、1.00mL"起依法操作。

（5）计算

$$X_2 = \left[\frac{A_1}{m(20/500)(V/100)} - \frac{A_2}{m(40/500)}\right] \times 1.232 \times 10^{-3}$$

式中　X_2——样品中硝酸盐的含量，$g\cdot kg^{-1}$；

　　　A_1——经镉柱还原后测得的亚硝酸钠总量，μg；

　　　A_2——直接测得的亚硝酸钠含量，μg；

　　　m——样品质量，g；

　　　V——测定用经镉柱还原的样液的体积，mL；

1.232——亚硝酸钠换算成硝酸钠系数。

（6）说明及注意事项

① 为了保证硝酸盐的测定结果准确，镉柱的还原效率应当经常检查。

② 氨缓冲溶液除控制溶液的 pH 值条件外，又可缓解镉对亚硝酸根的还原，还可作为络合剂，以防止反应生成的 Cd^{2+} 与 OH^- 形成沉淀。

③ 在制备海绵状镉和装填镉柱时最好在水中进行，以免镉粒暴露于空气而氧化。

12.5　抗氧化剂——BHA、BHT 及 PG 的测定

能防止或延缓食品成分氧化变质的添加剂称为抗氧化剂。抗氧化剂按其溶解性可分为油溶性和水溶性两类：油溶性的有丁基羟基茴香醚（BHA）、二丁基羟基甲苯（BHT）、特丁基对苯二酚（TBHQ）、没食子酸丙酯（PG）等；水溶性的有异

抗坏血酸及其盐等。若按来源又可将抗氧化剂分为天然的与人工合成的两类，天然的有维生素 E、茶多酚等；人工合成的目前广泛使用的主要有三种，即 BHA、BHT、PG。

中国《食品添加剂使用卫生标准》规定，BHA 和 BHT 可用于油脂、油炸食品、干鱼制品、饼干、方便面、腌腊肉制品、干制食品和罐头等；PG 除饼干和干制食品不能使用外，其余与前两者相同。允许的最大使用量，前两者为 $0.2g \cdot kg^{-1}$；后者为 $0.1g \cdot kg^{-1}$。BHA 与 BHT 混合使用时，总量不得超过 $0.2g \cdot kg^{-1}$；以上三种抗氧化剂混合使用时，BHA 和 BHT 总量不能超过 $0.1g \cdot kg^{-1}$、PG 不得超过 $0.05g \cdot kg^{-1}$；使用量均以脂肪计。

三种人工合成抗氧化剂的结构式如下：

丁基羟基茴香醚	二丁基羟基甲苯	没食子酸丙酯
（BHA）	（BHT）	（PG）

食品中的 BHA、BHT 和 PG 的含量可采用比色法、薄层色谱法、气相色谱法及高效液相色谱法等方法测定。其中薄层色谱法主要是定性，只能概略定量。

12.5.1 食品中 BHA 与 BHT 的测定（比色法）

（1）原理　样品中的丁基羟基茴香醚（BHA）和二丁基羟基甲苯（BHT）用石油醚提取，通过硅胶柱使 BHA 与 BHT 分离，BHA 与 2,6-二氯醌氯亚胺-硼砂溶液生成蓝色。BHT 与 α,α'-联吡啶-氯化铁溶液生成橘红色，与标准比较定量。

（2）仪器

① 100mL 棕色容量瓶。

② 硅胶柱。

③ 分光光度计。

（3）试剂

① 2,6-二氯醌氯亚胺乙醇溶液（$0.1g \cdot L^{-1}$）：用无水乙醇配制，盛于棕色瓶中，置冰箱保存，3d 内使用。

② 四硼酸钠（硼砂）缓冲液：称取 0.6g 硼砂、0.7g 氯化钾、0.26g 氢氧化钠，加无水乙醇至 500mL。放置过夜使溶解。必要时可用滤纸过滤。

③ α,α'-联吡啶溶液（$2g \cdot L^{-1}$）：称取 0.2g α,α'-联吡啶，加 2mL 乙醇，溶解后加水稀释至 100mL。

④ 三氯化铁溶液（$2g \cdot L^{-1}$）：临用新配。

⑤ 乙醇（$\varphi=30\%$）：量取乙醇（$\varphi=95\%$)30mL，加水稀释至 95mL。

⑥ 无水乙醇。

⑦ 石油醚：沸程 30～60℃。

⑧ 硅胶：不活化。

⑨ BHA 标准贮备液：精密称取 0.050gBHA，加少许无水乙醇溶解后，移入 100mL 棕色容量瓶中，加无水乙醇至刻度，混匀，避光保存。此溶液每毫升相当于 0.5mgBHA。

⑩ BHA 标准使用液：临用时吸取 1.0mLBHA 标准贮备液于 50mL 棕色容量瓶中，加无水乙醇至刻度，混匀，避光保存。此溶液每毫升相当于 10μgBHA。

⑪ BHT 标准贮备液：精密称取 0.100gBHT，加少许无水乙醇溶解后，移入 100mL 棕色容量瓶中，加无水乙醇至刻度，混匀，避光保存。此溶液每毫升相当于 1.0mgBHT。

⑫ BHT 标准使用液：临用时吸取 1.0mLBHT 标准贮备液于 100mL 棕色容量瓶中，加无水乙醇至刻度，混匀，避光保存。此溶液每毫升相当于 10μgBHT。

（4）操作方法　整个操作过程要避光进行。

① 样品处理　称取 10.0g 磨碎的样品，置于 150mL 带塞锥形瓶中，加 50mL 石油醚，于振荡器上振荡 20min，静置，取 25mL 上清液，通过硅胶柱以石油醚淋洗至 50mL，混匀。取出 2mL 于蒸发皿中自然挥干，用 2mL 乙醇（$\varphi=30\%$）溶解残渣。如有沉淀用滤纸过滤，以 6mL 乙醇（$\varphi=30\%$）分三次洗涤滤纸，滤纸和洗液一并移入 25mL 具塞比色管中，供 BHT 测定。

用无水乙醇洗涤以石油醚淋洗后的硅胶柱，至淋洗液为 50mL 供 BHA 测定。

② 测定

a. BHT 测定　于上述供 BHT 测定的 25mL 具塞比色管中加乙醇（$\varphi=30\%$）至 8mL。另精密吸取 0、0.50mL、1.0mL、2.0mL、2.5mL、3.0mLBHT 标准使用液（相当于 0、5μg、10μg、20μg、25μg、30μgBHT），分别置于 25mL 比色管中，加乙醇（$\varphi=30\%$）至 8mL。各管中分别加入 1mL α,α'-联吡啶溶液（2g·L^{-1}），摇匀后在暗室中迅速加入 1mL 三氯化铁溶液（2g·L^{-1}），摇匀后放置 60min，用 1cm 比色皿，以零管调节零点，于波长 520nm 处测定吸光度，绘制标准曲线比较或与标准色列目测比较。

b. BHA 测定　精密吸取 2～4mL 上述供测定 BHA 的溶液，另精密吸取 0、0.50mL、1.0mL、1.5mL、2.0mL、2.5mL、3.0mLBHA 标准使用液（相当于 0、5μg、10μg、15μg、20μg、25μg、30μgBHA），分别置于 25mL 具塞比色管中。于样品管、标准管中各加入无水乙醇至 8mL，混匀，各加入 1mL 2,6-二氯醌氯亚胺乙醇溶液（0.1g·L^{-1}），充分混匀后，再各加入 2mL 硼砂缓冲液，混匀后放置 20min。用 2cm 比色皿，以零管调节零点，于波长 620nm 处测定吸光度，绘制标准曲线比较或与标准色列目测比较。

（5）计算

$$X = \frac{A \times 1000}{m(25/50)(V_2/V_1) \times 1000 \times 1000}$$

式中 X ——样品中 BHT 或 BHA 的含量，$g \cdot kg^{-1}$；

　　　A ——测定用样液中 BHT 或 BHA 的含量，μg；

　　　m ——样品质量，g；

　　　V_2 ——测定时取样液体积，mL；

　　　V_1 ——供测定样液总体积，mL；

　　25/50——第一次取出石油醚提取液的体积（mL）/提取样品用石油醚的总体积（mL）。

（6）说明及注意事项

① 样品中的 BHA 或 BHT 的含量应该换算成样品脂肪中的 BHA 或 BHT 的含量。

② 2,6-二氯醌氯亚胺乙醇溶液不稳定，只能保存 3d，3d 后须弃去重配。

③ 在测定 BHT 时，在加完 α,α'-联吡啶溶液后，下面的操作必须在暗室或带有黑色罩的条件下进行测量，否则测定结果偏高。

④ 对于只添加 BHA 的产品，样品经乙醚提取后，取出 2～4mL 挥干（不需经柱层分离），直接进行 BHA 测定。

12.5.2 油脂中 PG 的测定（比色法）

（1）原理 样品经石油醚溶解，用乙酸铵水溶液提取后，没食子酸丙酯（PG）与亚铁酒石酸盐起颜色反应，在波长 540nm 处测定吸光度，与标准比较定量。

（2）仪器 分光光度计。

（3）试剂

① 石油醚：沸程 30～60℃。

② 乙酸铵溶液：质量浓度为 $100g \cdot L^{-1}$ 及 $16.7g \cdot L^{-1}$ 水溶液。

③ 显色剂：称取硫酸亚铁（$FeSO_4 \cdot 7H_2O$）0.100g 和酒石酸钾钠（$Na-KC_4H_4O_6 \cdot 4H_2O$）0.500g，加水溶解，稀释至 100mL。临用前配制。

④ PG 标准溶液：精密称取 0.0100g PG 溶于水中，移入 200mL 容量瓶中，用水稀释至刻度。此溶液每毫升含 $50\mu g$PG。

（4）操作方法

① 样品处理 称取 10g 样品，用 100mL 石油醚溶解，移入 250mL 分液漏斗中，加 20mL 乙酸铵溶液（$16.7g \cdot L^{-1}$）振摇 2min，静置分层，将水层放入 125mL 分液漏斗中（如乳化，连同乳化层一起放下），石油醚层再用 $16.7g \cdot L^{-1}$ 乙酸铵溶液重复提取两次，每次用量 20mL，合并水层。石油醚层用水振摇洗涤两

次，每次 15mL，水洗液并入同一 125mL 分液漏斗中，振摇、静置。将水层通过干燥滤纸滤入 100mL 容量瓶中，用少量水洗涤滤纸，加入 2.5mL 乙酸铵溶液（100g·L^{-1}），加水至刻度，摇匀。将此溶液用滤纸过滤，弃去初滤液 20mL，收集滤液供比色测定用。

② 测定　精密吸取 20mL 上述处理后的样品提取液于 25mL 具塞比色管中，加入 1mL 显色剂、4mL 水，摇匀。

另精密吸取 0、1.0mL、2.0mL、4.0mL、6.0mL、8.0mL、10mLPG 标准溶液（相当于 0、50μg、100μg、200μg、300μg、400μg、500μgPG），分别置于 25mL 具塞比色管中，加入 2.5mL 乙酸铵溶液（100g·L^{-1}），准确加水至 24mL，加入 1mL 显色剂，摇匀。

用 1cm 比色皿，以零管调节零点，在波长 540nm 处测定吸光度，绘制标准曲线比较。

（5）计算

$$X = \frac{A \times 1000}{m(V_2/V_1) \times 1000 \times 1000}$$

式中　X ——样品中 PG 的含量，g·kg^{-1}；

$\quad\quad A$ ——测定用样液中 PG 的含量，μg；

$\quad\quad m$ ——样品质量，g；

$\quad\quad V_1$ ——提取后样液总体积，mL；

$\quad\quad V_2$ ——测定时吸取样液的体积，mL。

12.6　漂白剂——亚硫酸盐的测定

漂白剂是能破坏、抑制食品的发色因素，使色素退色或使食品免于褐变的一类物质，根据其作用可分为氧化漂白剂和还原漂白剂两大类。氧化漂白剂有过氧化氢、漂白粉等；还原漂白剂有亚硫酸钠、焦亚硫酸钠（钾）、低亚硫酸钠等。食品生产中使用的漂白剂主要是还原漂白剂，且大都属于亚硫酸及其盐类，它们都是以其所产生的具有强还原性的二氧化硫起作用。还原漂白剂只有当其存在于食品中时方能发挥作用，一旦消失，制品可因空气中氧的氧化作用而再次显色。

由于漂白剂具有一定的毒性，用量过多还会破坏食品中的营养成分，故应严格控制其残留量。中国食品卫生标准规定：硫磺可用来熏蒸蜜饯、粉丝、干果、干菜、食糖，残留量以二氧化硫计，蜜饯不得超过 0.05g·kg^{-1}、其他不得超过 0.1g·kg^{-1}。二氧化硫可用于葡萄酒和果酒，最大通入量不得超过 0.25g·kg^{-1}，二氧化硫残留量不得超过 0.05g·kg^{-1}。亚硫酸钠、低亚硫酸钠、焦亚硫酸钠或亚硫酸氢钠可用于蜜饯类、饼干、罐头、葡萄糖、食糖、冰糖、饴糖、糖果、竹笋、蘑菇及蘑菇罐头等的漂白，最大使用量分别为 $0.6g \cdot kg^{-1}$、$0.4g \cdot kg^{-1}$、$0.45g \cdot kg^{-1}$。残留量以二氧化硫计，竹笋、蘑菇及蘑菇罐头不得超过 $0.04g \cdot kg^{-1}$；蜜饯、葡萄、黑加仑浓缩汁不得超过 $0.05g \cdot kg^{-1}$；液体葡萄糖不得超过 $0.2g \cdot kg^{-1}$；饼干、食糖、粉丝及其他品种不得超过 $0.1g \cdot kg^{-1}$。

漂白剂除具有漂白作用外，对微生物也有显著的抑制作用，因此也常用作食品的防腐剂。

食品中亚硫酸盐的测定方法有盐酸副玫瑰苯胺比色法、中和滴定法、碘量法等。通常采用的测定方法为盐酸副玫瑰苯胺比色法。

(1) 原理 亚硫酸盐与四氯汞钠反应生成稳定的络合物，再与甲醛及盐酸副玫瑰苯胺作用生成紫红色，与标准系列比较定量。有关反应如下：

$$Na_2HgCl_4 + SO_2 + H_2O \longrightarrow [HgCl_2SO_3]^{2-} + 2H^+ + 2NaCl$$

$$[HgCl_2SO_3]^{2-} + HCHO + 2H^+ \longrightarrow HgCl_2 + HO-CH_2-SO_3H$$

聚玫瑰红基磺酸（紫红色）

(2) 仪器 分光光度计。

(3) 试剂

① 四氯汞钠吸收液：称取 27.2g 氯化高汞及 11.9g 氯化钠，溶于水中并稀释至 1000mL，放置过夜，过滤备用。

② 氨基磺酸铵溶液（$12g \cdot L^{-1}$）。

③ 甲醛溶液（$2g \cdot L^{-1}$）：吸取 0.55mL 无聚合沉淀的甲醛（$\varphi = 36\%$），加水稀释至 100mL，混匀。

④ 淀粉指示剂（$10g \cdot L^{-1}$）：配制方法见附录Ⅰ。

⑤ 亚铁氰化钾溶液：同 7.2.1 节内容。

⑥ 乙酸锌溶液：同 7.2.1 节内容。

⑦ 盐酸副玫瑰苯胺溶液：称取 0.1g 盐酸副玫瑰苯胺（$C_{19}H_{18}N_2Cl \cdot 4H_2O$）于研钵中，加少量水研磨使溶解并稀释至 100mL。取出 20mL，置于 100mL 容量

瓶中，加盐酸（1+1），充分摇匀后使溶液由红变黄，如不变黄再滴加少量盐酸至出现黄色，加水稀释至刻度，混匀备用（如无盐酸副玫瑰苯胺可用盐酸品红代替）。

盐酸副玫瑰苯胺的精制方法：称取 20g 盐酸副玫瑰苯胺于 400mL 水中，用 50mL 盐酸 $[c(HCl)=2mol \cdot L^{-1}]$ 酸化，徐徐搅拌，加 4~5g 活性炭，加热煮沸 2min。将混合物倒入大漏斗中，过滤（用保温漏斗趁热过滤）。滤液放置过夜，出现结晶，然后再用布氏漏斗抽滤，将结晶再悬浮于 1000mL 乙醚-乙醇（10+1）混合液中，振摇 3~5min，以布氏漏斗抽滤，再用乙醚反复洗涤至醚层不带色为止，于硫酸干燥器中干燥，研细后贮于棕色瓶中保存。

⑧ 碘标准溶液 $[c(1/2I_2)=0.1mol \cdot L^{-1}]$：配制和标定见附录Ⅰ。

⑨ 硫代硫酸钠标准溶液 $[c(Na_2S_2O_3)=0.1mol \cdot L^{-1}]$：配制和标定见附录Ⅰ。

⑩ 二氧化硫标准溶液：称取 0.5g 亚硫酸氢钠，溶于 200mL 四氯汞钠吸收液中，放置过夜，上清液用定量滤纸过滤备用。

吸取 10.0mL 亚硫酸氢钠-四氯汞钠溶液于 250mL 碘价瓶中，加 100mL 水，准确加入 20.00mL 碘溶液 $[c(1/2I_2)=0.1mol \cdot L^{-1}]$、5mL 冰乙酸，摇匀，放置于暗处 2min 后迅速以硫代硫酸钠标准溶液 $[c(Na_2S_2O_3)=0.1mol \cdot L^{-1}]$ 滴定至淡黄色，加 0.5mL 淀粉指示剂，继续滴至无色。另取 100mL 水，准确加入 20.00mL0.1mol·L^{-1}碘溶液、5mL 冰乙酸，按同一方法做试剂空白试验。

计算：

$$X_1 = \frac{(V_2 - V_1) \times c \times 32.03}{10}$$

式中　X_1——二氧化硫标准溶液的浓度，mg·mL^{-1}；

V_1——测定用亚硫酸氢钠-四氯汞钠溶液消耗硫代硫酸钠标准溶液的体积，mL；

V_2——试剂空白消耗硫代硫酸钠标准溶液的体积，mL；

c——硫代硫酸钠标准溶液的浓度，mol·L^{-1}；

32.03——每毫升硫代硫酸钠标准溶液 $[c(Na_2S_2O_3)=1.000mol \cdot L^{-1}]$ 相当 SO_2 的毫克数。

⑪ 二氧化硫标准使用液：临用前将二氧化硫标准溶液以四氯汞钠吸收液稀释成每毫升相当于 2μg 二氧化硫。

⑫ 氢氧化钠溶液（20g·L^{-1}）。

⑬ 硫酸溶液（1+70）。

（4）操作方法

① 样品处理

a. 水溶性固体样品如白砂糖等可称取 10g 均匀样品（样品量可视含量高低而

定），以少量水溶解，置于100mL容量瓶中，加入4mL氢氧化钠溶液（20g·L^{-1}），5min后加入4mL硫酸（1+70），然后加入20mL四氯汞钠吸收液，以水稀释至刻度。

b. 其他固体样品如饼干、粉丝等可称取5～10g研磨均匀的样品，以少量水湿润并移入100mL容量瓶中，然后加入20mL四氯汞钠吸收液，浸泡4h以上，若上层溶液不澄清可加入亚铁氰化钾及乙酸锌溶液各2.5mL，最后加水至刻度，过滤后备用。

c. 液体样品如葡萄酒等可直接吸取5～10mL样品，置于100mL容量瓶中，以少量水稀释，加20mL四氯汞钠吸收液，摇匀，以水稀释至刻度，摇匀，必要时过滤。

② 测定 吸取0.50～5.00mL上述样品处理液于25mL带塞比色管中。

另吸取0.00、0.20mL、0.40mL、0.60mL、0.80mL、1.00mL、1.50mL、2.00mL二氧化硫标准使用液（相当于0.0、0.4μg、0.8μg、1.2μg、1.6μg、2.0μg、3.0μg、4.0μg二氧化硫），分别置于25mL带塞比色管中。

于样品及标准管中各加入四氯汞钠吸收液至10mL，然后各加入1mL氨基磺酸铵溶液（12g·L^{-1}），1mL甲醛溶液（2g·L^{-1}）及1mL盐酸副玫瑰苯胺溶液，摇匀，放置20min。用1cm比色皿，以零管调节零点，于波长550nm处测定吸光度。绘制标准曲线比较。

（5）计算

$$X_2 = \frac{A \times 1000}{m(V/100) \times 1000 \times 1000}$$

式中　X_2——样品中二氧化硫含量，g·kg^{-1}；

　　　A——测定用样液中二氧化硫的含量，μg；

　　　m——样品质量，g；

　　　V——测定用样液体积，mL。

（6）说明及注意事项

① 盐酸副玫瑰苯胺中盐酸用量对显色有影响，加入盐酸量多时显色浅，量少则显色深，因此应严格控制用量。

② 亚硫酸与食品中的醛、酮、糖等结合，以结合态的形式存在于食品中。样品处理时加碱是为了使结合态的二氧化硫释放出来，加硫酸是为了中和碱，以使显色反应在微酸性条件下进行。

③ 亚硝酸对反应有干扰，加入氨基磺酸铵可使亚硝酸分解：

$$HNO_2 + NH_2SO_2ONH_4 \longrightarrow NH_4HSO_4 + N_2\uparrow + H_2O$$

12.7　着色剂——食用合成色素的测定

着色剂是使食品着色和改善食品色泽的物质，包括天然色素和人工合成色素两大类。天然色素主要由植物组织中提取，也包括来自动物和微生物的一些色素，安全性高，但稳定性和着色能力一般不如合成品，目前还很难满足食品工业的需要；合成色素是指用人工化学合成方法所制得的有机色素，主要来源于煤焦油及其副产品，资源十分丰富。合成色素具有稳定性好、色泽鲜艳、附着力强、价格低廉、使用方便等优点，因此应用十分广泛，但由于其具有一定的毒性，故对其使用范围和使用量均须加以限制。

中国允许使用的人工合成着色剂有苋菜红、胭脂红、柠檬黄、日落黄、靛蓝、赤藓红、新红和亮蓝等，这些合成色素均溶于水。

食用色素的测定方法主要有：薄层层析法和高效液相色谱法。可同时测定食品中的各种着色剂，下面介绍的为气相色谱法。

（1）原理　水溶性酸性染料在酸性条件下被聚酰胺吸附，而在碱性条件下解吸附，再用纸色谱法或薄层色谱法进行分离后，与标准比较定性、定量。

（2）仪器

① 分光光度计。

② 微量注射器或血色素吸管。

③ 展开槽：$25cm \times 6cm \times 4cm$。

④ 层析缸。

⑤ 滤纸：中速滤纸，纸色谱用。

⑥ 薄层板：$5cm \times 20cm$。

⑦ 电吹风机。

⑧ 水泵。

（3）试剂

① 聚酰胺粉（尼龙6）：200目。

② 硫酸溶液（1+10）。

③ 甲醇-甲酸溶液（6+4）。

④ 甲醇。

⑤ 柠檬酸溶液（$200g \cdot L^{-1}$）。

⑥ 钨酸钠溶液（$100g \cdot L^{-1}$）。

⑦ 石油醚：沸程$60 \sim 90℃$。

⑧ 氢氧化钠溶液（$50g \cdot L^{-1}$）。

⑨ 乙醇-氨溶液：取1mL氨水，加乙醇（$\varphi=70\%$）至100mL。

⑩ 乙醇溶液（$\varphi=50\%$）。

⑪ 硅胶G。

⑫ pH值为6的水：用柠檬酸（$200g \cdot L^{-1}$）调节至pH值为6。

⑬ 盐酸（1+10）。

⑭ 海砂：先用盐酸（1+10）煮沸15min，用水洗至中性，再用氢氧化钠溶液

（50g·L⁻¹）煮沸 15min，用水洗至中性，再于 105℃干燥，贮于具玻璃塞的瓶中，备用。

⑮ 碎瓷片：处理方法同海砂。

⑯ 展开剂

a. 正丁醇-无水乙醇-氨水（$w=1\%$）：6＋2＋3，色谱用。

b. 正丁醇-吡啶-氨水（$w=1\%$）：6＋3＋4，供纸色谱用。

c. 甲乙酮-丙酮-水：7＋3＋3，供纸色谱用。

d. 甲醇-乙二胺-氨水：10＋3＋2，供薄层色谱用。

e. 甲醇-氨水-乙醇：5＋1＋10，供薄层色谱用。

f. 柠檬酸钠（25g·L⁻¹）-氨水-乙醇：8＋1＋2，供薄层色谱用。

⑰ 色素标准贮备液（以下商品作为标准以 100%计）：胭脂红，纯度 60%；苋菜红，纯度 60%；柠檬黄，纯度 60%；靛蓝，纯度 40%；日落黄，纯度 60%；亮蓝，纯度 60%。

精密称取上述色素各 0.100g，用 pH 值为 6 的水溶解，移入 100mL 容量瓶中并稀释至刻度，此溶液每毫升相当于 1mg 商品色素。靛蓝溶液需在暗处保存。

⑱ 色素标准使用液：临用时吸取色素标准溶液各 5.0mL，分别置于 50mL 容量瓶中，加 pH 值为 6 的水稀释至刻度。此溶液每毫升相当于 0.1mg 商品色素。

（4）操作方法

① 样品处理

a. 果味水、果子露、汽水　吸取 50.0mL 样品于 100mL 烧杯中。汽水需加热驱除 CO_2。

b. 配制酒　吸取 100.0mL 样品于烧杯中，加碎瓷片数块，加热驱除乙醇。

c. 硬糖、蜜饯类、淀粉软糖　称取 5.0g 或 10.0g 粉碎样品，加 30mL 水，温热溶解，若样液 pH 值较高，用柠檬酸溶液（200g·L⁻¹）调至 pH 值为 4 左右。

d. 奶糖　称取 10.0g 粉碎均匀的样品，加 30mL 乙醇-氨溶液溶解，置水浴上浓缩至约 20mL，立即用硫酸（1＋10）调溶液至微酸性后再过量 1.0mL，加 1mL 钨酸钠溶液（100g·L⁻¹），使蛋白质沉淀，过滤，用少量水洗涤，收集滤液。

e. 蛋糕类　称取 10.0g 粉碎均匀的样品，加海砂少许，混匀，用热风吹干样品（用手摸已干燥即可），加 30mL 石油醚搅拌，放置片刻，倾出石油醚，如此重复处理三次，以除去脂肪。吹干后研细，全部转入 G3 垂融漏斗或普通漏斗中，用乙醇-氨溶液提取色素，直至色素全部提完，以下按 d 自"置水浴上浓缩至约 20mL"起依法操作。

② 吸附分离　将处理后所得的溶液加热至 70℃，加入 0.5～1.0g 聚酰胺粉充分搅拌，用柠檬酸溶液（200g·L⁻¹）调至 pH 值为 4，使色素完全被吸附，如溶液还有颜色，可以再加一些聚酰胺粉。将吸附色素的聚酰胺全部转入 G3 垂融漏斗

或普通漏斗中过滤（如用 G3 垂融漏斗过滤，可以用水泵慢慢抽滤）。用 200g·L⁻¹ 柠檬酸酸化至 pH 值为 4 的 70℃水反复洗涤，每次 20mL，边洗边搅拌，若含有天然色素，再用甲醇-甲酸溶液洗涤 1～3 次，每次 20mL，至洗液无色为止。再用 70℃水多次洗涤至流出的溶液为中性，洗涤过程中必须充分搅拌。然后用乙醇-氨溶液分次解吸全部色素，收集全部解吸液，于水浴上驱氨。如果为单色，则用水准确稀释至 50mL，用分光光度法进行测定。如果为多种色素混合液，则进行纸色谱或薄层色谱法分离后测定，即将上述溶液置水浴上浓缩至约 2mL 后转入 5mL 容量瓶中，用乙醇（$\varphi=50\%$）洗涤容器，洗液并入容量瓶中并稀释至刻度。

③ 定性

a. 纸色谱　取色谱用纸，在距底边 2cm 的起始线上分别点 3～10μL 样品溶液、1～2μL 色素标准溶液，挂于分别盛有展开剂 a、b 的层析缸中，用上行法展开，待溶剂前沿展至 15cm 处，将滤纸取出于空气中晾干，与标准斑比较定性。

也可取 0.5mL 样液，在起始线上从左到右点成条状，纸的右边点色素标准溶液，依法展开，晾干后先定性后定量用。靛蓝在碱性条件下易退色，可用展开剂 c 展开。

b. 薄层色谱

ⓐ 薄层板的制备　称取 1.6g 聚酰胺粉、0.4g 可溶液性淀粉及 2g 硅胶 G，置于合适的研钵中，加 15mL 水研匀后，立即置涂布器中铺成厚度为 0.3mm 的板。在室温晾干后，于 80℃干燥 1h，置干燥器中备用。

ⓑ 点样　离板底边 2cm 处将 0.5mL 样液从左到右点成与底边平行的条状，板的右边点 2μL 色素标准溶液。

ⓒ 展开　苋菜红与胭脂红用展开剂 d，靛蓝与亮蓝用展开剂 e，柠檬黄与其他色素用展开剂 f。取适量展开剂倒入展开槽中，将薄层板放入展开，待色素明显分开后取出，晾干，与标准斑比较，如比移值相同即为同一色素。

④ 定量

a. 样品测定　将纸色谱的条状色斑剪下，用少量热水洗涤数次，洗液移入 10mL 比色管中，并加水稀释至刻度，供比色测定用。

将薄层色谱的条状色斑包括有扩散的部分，分别用刮刀刮下，移入漏斗中，用乙醇-氨溶液解吸色素，少量反复多次至解吸液无色，收集解吸液于蒸发皿中，于水浴上挥去氨，移入 10mL 比色管中，加水至刻度，供比色用。

b. 标准曲线绘制　分别吸取 0.0、0.50mL、1.0mL、2.0mL、3.0mL、4.0mL 胭脂红、苋菜红、柠檬黄、日落黄色素标准使用溶液，或 0、0.2mL、0.4mL、0.6mL、0.8mL、1.0mL 亮蓝、靛蓝色素标准使用溶液，分别置于 10mL 比色管中，各加水稀释至刻度。

上述样品与标准分别用 1cm 比色皿，以零管调节零点，于一定波长下（胭脂红 510nm，苋菜红 520nm，柠檬黄 430nm，日落黄 482nm，亮蓝 627nm，靛蓝

620nm），测定吸光度，分别绘制标准曲线比较或与标准色列目测比较。

（5）计算

$$X=\frac{A\times 1000}{m(V_2/V_1)\times 1000}$$

式中 X ——样品中色素的含量，$g\cdot kg^{-1}$或$g\cdot L^{-1}$；

A ——测定用样液中色素的含量，mg；

m ——样品质量（或体积），g（或 mL）；

V_1 ——样品解吸后总体积，mL；

V_2 ——样品点板（纸）体积，mL。

（6）说明及注意事项

① 靛蓝在碱性溶液中易分解，提取样品和纯化色素时应尽快调整溶液至弱酸性，另外可采用异丁醇-无水乙醇-水（3＋2＋2）作为展开剂。

② 样品在加入聚酰胺粉吸附色素之前，要用柠檬酸调至 pH 值为 4 左右，因为聚酰胺粉在偏酸性（pH 值为 4～6）条件下对色素吸附力较强，吸附较完全。

③ 样品中的脂肪、糖类、蛋白质、醇类等对测定有影响，水溶性杂质可通过热水洗涤除去；脂肪用石油醚、丙酮洗涤脱脂；蛋白质用钨酸钠澄清剂沉淀分离；天然色素用甲醇-甲酸除去。

④ 样品液中的色素被聚酰胺粉吸附后，当用热水洗涤聚酰胺粉以除去可溶性杂质时，洗涤用水应偏酸性，以防吸附的色素被洗脱下来，使测定结果偏低。

⑤ 层析用的溶剂系统，不可存放太久，否则浓度和极性都会变化，影响分离效果，应新鲜配制（配好的溶液 2d 需换一次）。

⑥ 在展开之前，展开剂在缸中应预先平衡 1h，使缸内蒸气压饱和，以免出现边缘效应。

⑦ 中点、西点蛋糕类，首先将样品的整体称量，记录质量，然后只要分别取下相同着色部分，进行提取和分离。不要将着色样品与整个或大部分不着色样品混在一起，否则将增加分离的困难。

⑧ 聚酰胺粉可回收使用。将每次用过的聚酰胺粉收集在干净的烧杯中，用氢氧化钠（$5g\cdot L^{-1}$）浸泡 24h 之后，用水泵抽滤干倒回烧杯中，加入盐酸［$c(HCl)=0.1mol\cdot L^{-1}$］浸泡 30min，用水泵油滤干后用水洗至中性，置于 60～80℃烘箱中烘干备用。

思考与习题

1. 简述食品添加剂的定义及其测定意义。

2. 说明糖精钠的测定原理，如何消除样品中有机物对测定的干扰？

3. 测定食品中的苯甲酸钠和山梨酸钾，在处理样品时为什么要先将样品酸化后，再用乙醚提取？乙醚提取液为什么要用无水硫酸钠脱水？

4. 简述硝酸盐和亚硝酸盐的护色机理，镉柱法测定硝酸盐时，如何防止镉粒被氧化？

5. 目前广泛使用的人工合成抗氧化剂主要是哪一类物质，试说明其作用机理。

6. 测定食品中残留的亚硫酸盐时，盐酸副玫瑰苯胺中的盐酸使用量对显色有何影响？如何掌握其用量？

7. 着色剂和发色剂有何区别？食品中使用的着色剂有哪些种类？

8. 说明着色剂的测定原理。用薄层色谱法测定样品中的水溶性合成着色剂时，哪些物质有干扰，如何除去？

附 录 I

一、分析中部分标准溶液的配制及标定

1. 常用的基准物质

表 I-1　常用基准物质的干燥条件和应用

名　称	化学式	干燥后组成	干燥条件/℃	标定对象
碳酸氢钠	$NaHCO_3$	Na_2CO_3	270～300	酸
十水合碳酸钠	$Na_2CO_3 \cdot 10H_2O$	Na_2CO_3	270～300	酸
碳酸氢钾	$KHCO_3$	K_2CO_3	270～300	酸
硼　砂	$Na_2B_4O_7 \cdot 10H_2O$	$Na_2B_4O_7 \cdot 10H_2O$	放在装有 NaCl 和蔗糖饱和溶液的密闭容器中	酸
二水合草酸	$H_2C_2O_4 \cdot 2H_2O$	$H_2C_2O_4 \cdot 2H_2O$	室温空气干燥	碱或 $KMnO_4$
邻苯二甲酸氢钾	$KHC_8H_4O_4$	$KHC_8H_4O_4$	110～120	碱
重铬酸钾	$K_2Cr_2O_7$	$K_2Cr_2O_7$	140～150	还原剂
溴酸钾	$KBrO_3$	$KBrO_3$	130	还原剂
碘酸钾	KIO_3	KIO_3	130	还原剂
铜	Cu	Cu	室温干燥器中保存	还原剂
三氧化二砷	As_2O_3	As_2O_3	室温干燥器中保存	氧化剂
草酸钠	$Na_2C_2O_4$	$Na_2C_2O_4$	130	氧化剂
碳酸钙	$CaCO_3$	$CaCO_3$	110	EDTA
锌	Zn	Zn	室温干燥器中保存	EDTA
氧化锌	ZnO	ZnO	900～1000	EDTA
氯化钠	$NaCl$	$NaCl$	500～600	$AgNO_3$
氯化钾	KCl	KCl	500～600	$AgNO_3$
硝酸银	$AgNO_3$	$AgNO_3$	220～250	氯化物

2. 标准溶液的配制及其标定

　　配制标准溶液的方法有直接法和标定法两种。直接法是准确称取一定量的基准物质，溶解后定容至一定体积，根据物质质量和溶液体积，即可计算出该标准溶液的准确浓度；标定法是对于那些不能用来直接配制标准溶液的试剂，可先将其配制

成一种近似于所需浓度的溶液，然后用基准物质或已知准确浓度的标准溶液来标定它的准确浓度。

（1）氢氧化钠标准溶液 $[c(NaOH)=1mol \cdot L^{-1}]$

① 配制　称取 100g 氢氧化钠，溶于 100mL 水中，摇匀后注入聚乙烯容器中，密闭放置至溶液清亮。用塑料管虹吸 52mL 上层清液，注入 1000mL 无二氧化碳的水中，摇匀。

② 标定　准确称取约 6g 在 110～120℃ 干燥至恒重的基准邻苯二甲酸氢钾，溶解于 80mL 无二氧化碳的水中，加 2 滴酚酞指示剂 $(10g \cdot L^{-1})$，用配制好的氢氧化钠溶液滴定至呈粉红色，同时做空白试验。

③ 计算

$$c(NaOH)=\frac{m}{(V_1-V_0)\times 0.2042}$$

式中　$c(NaOH)$——氢氧化钠标准溶液的浓度，$mol \cdot L^{-1}$；

　　　　　m——邻苯二甲酸氢钾的质量，g；

　　　　　V_1——氢氧化钠溶液的用量，mL；

　　　　　V_0——空白试验中氢氧化钠溶液的用量，mL；

　　0.2042——与 1.00mL 氢氧化钠标准溶液 $[c(NaOH)=1.000mol \cdot L^{-1}]$ 相当的以克表示的邻苯二甲酸氢钾的质量。

$c(NaOH)=0.5mol \cdot L^{-1}$ 和 $c(NaOH)=0.1mol \cdot L^{-1}$ 标准溶液参照上述方法配制和标定，改变的参数列于下表。

需配制的标准溶液浓度 /mol·L⁻¹	配制时吸取氢氧化钠饱和溶液的体积/mL	标定时称取基准物质的质量/g	溶解基准物质的水量 /mL
$c(NaOH)=0.5$	26	3	80
$c(NaOH)=0.1$	5	0.6	50

（2）盐酸标准溶液 $[c(HCl)=1mol \cdot L^{-1}]$

① 配制　量取 90mL 盐酸注入 1000mL 水中，摇匀。

② 标定　准确称取约 1.5g 在 270～300℃ 干燥至恒重的基准碳酸钠，加 50mL 水使之溶解，加 10 滴溴甲酚绿-甲基红混合指示剂，用配制好的盐酸标准溶液滴定至溶液由绿色转变为暗红色，煮沸 2min，冷却后继续滴定至溶液再呈暗红色，同时做试剂空白试验。

③ 计算

$$c(HCl)=\frac{m}{(V_1-V_0)\times 0.05299}$$

式中　$c(HCl)$——盐酸标准溶液的浓度，$mol \cdot L^{-1}$；

m——基准无水碳酸钠的质量，g；

V_1——盐酸溶液的用量，mL；

V_0——空白试验中盐酸溶液的用量，mL；

0.05299——与 1.00mL 盐酸标准溶液 $[c(\mathrm{HCl})=1.000\mathrm{mol}\cdot\mathrm{L}^{-1}]$ 相当的以克表示的无水碳酸钠的质量。

$c(\mathrm{HCl})=0.5\mathrm{mol}\cdot\mathrm{L}^{-1}$ 和 $c(\mathrm{HCl})=0.1\mathrm{mol}\cdot\mathrm{L}^{-1}$ 标准溶液参照上述方法配制和标定，改变的参数列于下表。

需配制的标准溶液浓度 /mol·L^{-1}	配制时取盐酸的体积 /mL	标定时称取基准物质的质量/g	溶解基准物质的水量 /mL
$c(\mathrm{HCl})=0.5$	45	0.8	50
$c(\mathrm{HCl})=0.1$	9	0.15	50

（3）硫酸标准溶液 $\left[c\left(\dfrac{1}{2}\mathrm{H_2SO_4}\right)=1\mathrm{mol}\cdot\mathrm{L}^{-1}\right]$

① 配制　量取 30mL 硫酸，缓缓注入适量水中，冷却至室温后，用水稀释至 1000mL，摇匀。

② 标定　标定方法同盐酸的标定。

③ 计算

$$c\left(\frac{1}{2}\mathrm{H_2SO_4}\right)=\frac{m}{(V_1-V_0)\times 0.05299}$$

式中　$c\left(\dfrac{1}{2}\mathrm{H_2SO_4}\right)$——硫酸标准溶液的浓度，mol·L^{-1}；

m——基准无水碳酸钠的质量，g；

V_1——硫酸溶液的用量，mL；

V_0——空白试验中硫酸溶液的用量，mL；

0.05299——与 1.00mL 硫酸标准溶液 $\left[c\left(\dfrac{1}{2}\mathrm{H_2SO_4}\right)=1.000\mathrm{mol}\cdot\mathrm{L}^{-1}\right]$ 相当的以克表示的无水碳酸钠的质量。

$c\left(\dfrac{1}{2}\mathrm{H_2SO_4}\right)=0.5\mathrm{mol}\cdot\mathrm{L}^{-1}$ 和 $c\left(\dfrac{1}{2}\mathrm{H_2SO_4}\right)=0.1\mathrm{mol}\cdot\mathrm{L}^{-1}$ 标准溶液参照上述方法配制和标定，改变的参数列于下表。

需配制的标准溶液浓度 /mol·L^{-1}	配制时取硫酸的体积 /mL	标定时称取基准物质的质量/g	溶解基准物质的水量 /mL
$c\left(\dfrac{1}{2}\mathrm{H_2SO_4}\right)=0.5$	15	4.8	50
$c\left(\dfrac{1}{2}\mathrm{H_2SO_4}\right)=0.1$	3	0.15	50

（4）高锰酸钾标准溶液 $\left[c\left(\dfrac{1}{5}KMnO_4\right)=0.1mol\cdot L^{-1}\right]$

① 配制　称取 3.3g 高锰酸钾，溶于 1000mL 水中，缓缓煮沸 15min，冷却后置于暗处保存两周。以微孔玻璃漏斗过滤于干燥的棕色瓶中，密封后存于暗处。

② 标定　准确称取约 0.2g 在 120～130℃ 干燥至恒重的基准草酸钠，溶于100mL（8＋92）硫酸溶液中，用配制好的高锰酸钾溶液滴定，近终点时加热至65℃，继续滴定至溶液呈微红色且保持 30s 不退色。同时做空白试验。

③ 计算

$$c\left(\frac{1}{5}KMnO_4\right)=\frac{m}{(V_1-V_0)\times0.06700}$$

式中　$c\left(\dfrac{1}{5}KMnO_4\right)$——高锰酸钾标准溶液的浓度，$mol\cdot L^{-1}$；

　　　　m——基准草酸钠的质量，g；

　　　　V_1——高锰酸钾溶液的用量，mL；

　　　　V_0——空白实验中高锰酸钾溶液的用量，mL；

　　　0.06700——与 1.00mL 高锰酸钾标准溶液 $\left[c\left(\dfrac{1}{5}KMnO_4\right)=1.000\right.$

$mol\cdot L^{-1}\Big]$ 相当的以克表示的草酸钠的质量。

（5）硫代硫酸钠标准溶液 $\left[c(Na_2S_2O_3)=0.1mol\cdot L^{-1}\right]$

① 配制　称取 26g 硫代硫酸钠（$Na_2S_2O_3\cdot5H_2O$）及 0.2g 碳酸钠于烧杯中，加入适量新煮沸并冷却的蒸馏水使之溶解，并稀释至 1000mL，混匀，贮于棕色试剂瓶中，在暗处放置两周后标定。

② 标定　准确称取约 0.15g 基准重铬酸钾（预先干燥过，参见表Ⅰ-1），置于500mL 碘量瓶中，加入 10～20mL 水使之溶解，加 2gKI，轻轻摇动使其溶解，再加入 10mL2mol·L⁻¹HCl，摇匀，置于暗处 5min。取出，加 100mL 水稀释，用硫代硫酸钠溶液滴定至溶液呈浅黄绿色时，加入 2mL 淀粉指示剂（5g·L⁻¹），继续滴定至蓝色消失而显亮绿色为止，同时做空白试验。

③ 计算

$$c(Na_2S_2O_3)=\frac{m}{(V_1-V_0)\times0.04903}$$

式中　$c(Na_2S_2O_3)$——硫代硫酸钠标准溶液的浓度，$mol\cdot L^{-1}$；

　　　　m——基准重铬酸钾的质量，g；

　　　　V_1——硫代硫酸钠溶液的用量，mL；

　　　　V_0——空白试验中硫代硫酸钠溶液的用量，mL；

　　　0.04903——与 1.00mL 硫代硫酸钠标准溶液 $\left[c(Na_2S_2O_3)=1.000\right.$

$mol \cdot L^{-1}$〕相当的以克表示的重铬酸钾的质量。

(6) 碘标准溶液〔$c\left(\frac{1}{2}I_2\right)=0.1mol \cdot L^{-1}$〕

① 配制　称取13.5g碘及35g碘化钾，溶于100mL水中，稀释至1000mL，摇匀，保存于棕色具塞瓶中。

② 标定　准确称取约0.15g预先在硫酸干燥器中干燥至恒重的基准三氧化二砷，置于碘量瓶中，加4mL氢氧化钠溶液〔$c(NaOH)=1mol \cdot L^{-1}$〕溶解，加50mL水，加2滴酚酞指示剂（$10g \cdot L^{-1}$），用硫酸溶液〔$c\left(\frac{1}{2}H_2SO_4\right)=1mol \cdot L^{-1}$〕中和。再加3g碳酸氢钠及3mL淀粉指示剂（$5g \cdot L^{-1}$），用配制好的碘标准溶液滴定至溶液呈浅蓝色。同时做空白试验。

③ 计算

$$c\left(\frac{1}{2}I_2\right)=\frac{m}{(V_1-V_0)\times 0.04946}$$

式中　$c\left(\frac{1}{2}I_2\right)$——碘标准溶液的浓度，$mol \cdot L^{-1}$；

　　　　m——基准三氧化二砷的质量，g；

　　　　V_1——碘溶液的用量，mL；

　　　　V_0——空白试验中碘溶液的用量，mL；

　　0.04946——与1.00mL碘标准溶液〔$c\left(\frac{1}{2}I_2\right)=1.000mol \cdot L^{-1}$〕相当的以克表示的三氧化二砷的质量。

(7) 硝酸银标准溶液〔$c(AgNO_3)=0.1mol \cdot L^{-1}$〕

① 配制　称取17.5g硝酸银，加入适量水使之溶解并稀释至1000mL，摇匀，贮于棕色瓶中。

② 标定

方法a：准确称取约0.2g基准氯化钠（预先干燥过），溶于50mL水中，加入5mL淀粉指示剂（$5g \cdot L^{-1}$），边摇动边用硝酸银标准溶液避光滴定，近终点时加入3滴荧光黄指示剂（$5g \cdot L^{-1}$），继续滴定浑浊液由黄色变为粉红色。

方法b：准确称取干燥氯化钠约0.2g于250mL烧杯中，用50mL水溶解，加1mL铬酸钾指示剂（$50 \cdot L^{-1}$），用硝酸银标准溶液滴定至初现橘红色且不再消失为止。

③ 计算

$$c(AgNO_3)=\frac{m}{V\times 0.05844}$$

式中　$c(AgNO_3)$——硝酸银标准溶液的浓度，$mol \cdot L^{-1}$；

m——基准氯化钠的质量，g；

V——硝酸银溶液的用量，mL；

0.05844——与 1.00mL 硝酸银标准溶液 $[c(AgNO_3)＝1.000mol \cdot L^{-1}]$ 相当的以克表示的氯化钠的质量。

$c(AgNO_3)＝0.05mol \cdot L^{-1}$、$c(AgNO_3)＝0.02mol \cdot L^{-1}$、$c(AgNO_3)＝0.01mol \cdot L^{-1}$，临用前取硝酸银标准溶液 $c(AgNO_3)＝0.1mol \cdot L^{-1}$ 稀释而成。

(8) 乙二胺四乙酸二钠标准溶液 $[c(Na_2\text{-}EDTA)＝0.1mol \cdot L^{-1}]$

① 配制 称取 40g 乙二胺四乙酸二钠，加热溶解后稀释至 1000mL，贮存于聚乙烯塑料瓶中。

② 标定 准确称取约 0.25g 于 800℃灼烧至恒重的基准氧化锌，用少量水润湿，加 2mL 盐酸（1＋4）使样品溶解，加 100mL 水，用氨水（$\varphi＝10\%$）中和至 pH 值为 7～8，加 10mL 氨-氯化铵缓冲液（pH＝10）及 5 滴铬黑 T 指示剂（5g·L^{-1}），用配制的 EDTA 标准溶液滴定至溶液由紫色变为纯蓝色，同时做空白试验。

③ 计算 乙二胺四乙酸二钠标准溶液的浓度（mol·L^{-1}）按下式计算：

$$c(Na_2\text{-}EDTA)＝\frac{m}{(V_1－V_0)\times 0.08138}$$

式中 m——氧化锌的质量，g；

V_1——乙二胺四乙酸二钠溶液的用量，mL；

V_0——空白试验乙二胺四乙酸二钠溶液的用量，mL；

0.08138——与 1.00mL 乙二胺四乙酸二钠标准溶液 $[c(Na_2\text{-}EDTA)＝1.000mol \cdot L^{-1}]$ 相当的以克表示的氧化锌的质量。

二、常用指示剂的配制方法

(1) 酚酞指示剂（10g·L^{-1}）：溶解 1g 酚酞于 90mL 乙醇与 10mL 水中。

(2) 淀粉指示剂（5g·L^{-1}）：称取 0.5g 可溶性淀粉，加入约 5mL 水，搅匀后缓缓倒入 100mL 沸水中，边加边搅拌，煮沸至完全透明。此指示剂最好现用现配。

(3) 荧光黄指示剂：称取 0.5g 荧光黄，用乙醇溶解并稀释至 100mL。

(4) 酚红指示剂（1g·L^{-1}）：溶解 0.1g 酚红于 60mL 乙醇中，加水稀释至 100mL。

(5) 甲基红指示剂（1g·L^{-1} 或 2g·L^{-1}）：溶解 0.1g 或 0.2g 甲基红于 60mL 乙醇中，加水稀释至 100mL。

(6) 甲基橙指示剂（0.5g·L^{-1}）：溶解 0.05g 于 100mL 水中。

(7) 溴甲酚绿指示剂（1g·L^{-1} 或 2g·L^{-1}）：溶解 0.1g 或 0.2g 于 100mL 乙醇溶液（$\varphi＝20\%$）中。

（8）溴甲酚绿-甲基红指示剂：量取 30mL 溴甲酚绿乙醇溶液（2g·L⁻¹），加入 20mL 甲基红乙醇溶液（1g·L⁻¹）。混匀。

（9）铬黑 T 指示剂：1g 铬黑 T 与 100g 固体无水硫酸钠混合，研磨均匀，放入干燥磨口瓶中，保存于干燥器内。或配成 5g·L⁻¹ 的乙醇溶液：称取 0.5g 铬黑 T 加 10mL 三乙醇胺和 90mL 乙醇，充分搅拌使其溶解完全。配制溶液不宜久放。

（10）钙指示剂：2g 钙指示剂与 100g 固体无水硫酸钠混合，研磨均匀，放入干燥棕色瓶中，保存于干燥器内。或配成 1g·L⁻¹ 或 5g·L⁻¹ 的乙醇溶液使用。配制方法与铬黑 T 类似。

附 录 Ⅱ

表Ⅱ-1 葡萄糖表

糖液滴定量 /mL	费林溶液 10mL		费林溶液 25mL	
	葡萄糖因素①/mg	每 100mL 糖液含葡萄糖质量/mg	葡萄糖因素②/mg	每 100mL 糖液含葡萄糖质量/mg
15	49.1	327	120.2	801
16	49.2	307	120.2	751
17	49.3	289	120.2	707
18	49.3	274	120.2	668
19	49.4	260	120.3	633
20	49.5	247.4	120.3	601.5
21	49.5	235.8	120.3	572.9
22	49.6	225.5	120.4	547.3
23	49.7	216.1	120.4	523.6
24	49.8	207.4	120.5	501.9
25	49.8	199.3	120.5	482.0
26	49.9	191.8	120.6	463.7
27	49.9	184.9	120.6	446.8
28	50.0	178.5	120.7	431.1
29	50.0	172.5	120.7	416.4
30	50.1	167.0	120.8	402.7
31	50.2	161.8	120.8	389.7
32	50.2	156.9	120.8	377.6
33	50.3	152.4	120.9	366.3
34	50.3	148.0	120.9	355.6
35	50.4	143.9	121.0	345.6
36	50.4	140.0	121.0	336.3
37	50.5	136.4	121.1	327.4
38	50.5	132.9	121.2	318.8
39	50.6	129.6	121.2	310.7
40	50.6	126.5	121.2	303.1
41	50.7	123.6	121.3	295.9
42	50.7	120.8	121.4	289.0
43	50.8	118.1	121.4	282.4
44	50.8	115.5	121.5	276.1
45	50.9	113.0	121.5	270.1

糖液滴定量 /mL	费林溶液 10mL		费林溶液 25mL	
	葡萄糖因素[①]/mg	每 100mL 糖液含葡萄糖质量/mg	葡萄糖因素[②]/mg	每 100mL 糖液含葡萄糖质量/mg
46	50.9	110.6	121.6	264.3
47	51.0	108.4	121.6	258.8
48	51.0	106.2	121.7	253.5
49	51.0	104.1	121.7	248.4
50	51.1	102.2	121.8	243.6

① 10mL 费林试液相当的葡萄糖毫克数。
② 25mL 费林试液相当的葡萄糖毫克数。

表 Ⅱ-2 肖氏法测定还原糖表/mg

葡萄糖质量	铜质量	葡萄糖质量	铜质量	葡萄糖质量	铜质量	葡萄糖质量	铜质量
0.5	1.1	19	38.1	47	90.0	75	137.9
1.0	2.2	20	40.1	48	91.8	76	139.6
1.5	3.3	21	42.0	49	93.6	77	141.2
2.0	4.4	22	43.9	50	95.4	78	142.8
2.5	5.5	23	45.8	51	97.1	79	144.5
3.0	6.5	24	47.7	52	98.9	80	146.1
3.5	7.5	25	49.6	53	100.6	81	147.7
4.0	8.5	26	51.5	54	102.3	82	149.3
4.5	9.5	27	53.4	55	104.1	83	150.9
5.0	10.5	28	55.3	56	105.8	84	152.5
5.5	11.5	29	57.2	57	107.6	85	154.0
6.0	12.5	30	59.1	58	109.3	86	155.6
6.5	13.5	31	60.9	59	111.1	87	157.2
7.0	14.5	32	62.8	60	112.8	88	158.8
7.5	15.5	33	64.6	61	114.5	89	160.4
8.0	16.5	34	65.5	62	116.1	90	162.0
8.5	17.5	35	68.3	63	117.9	91	163.6
9.0	18.5	36	70.1	64	119.6	92	165.2
9.5	19.5	37	72.0	65	121.3	93	166.7
10.0	20.4	38	73.8	66	123.0	94	168.3
11	22.4	39	75.7	67	124.7	95	169.9
12	24.3	40	77.5	68	126.4	96	171.5
13	26.3	41	79.3	69	128.1	97	173.1
14	28.3	42	81.1	70	129.8	98	174.6
15	30.2	43	82.9	71	131.4	99	176.2
16	32.2	44	84.7	72	133.1	100	177.8
17	34.2	45	86.4	73	134.7		
18	36.2	46	88.2	74	136.3		

表Ⅱ-3　乳稠计读数换算表

乳稠计读数变为温度 15℃时的度数换算表

读数 ＼ 温度/℃	8	9	10	11	12	13	14	15	16	17	18	19	20	21	22
15	14.2	14.3	14.4	14.5	14.6	14.7	14.8	15.0	15.1	15.2	15.4	15.6	15.8	16.0	16.2
16	15.2	15.3	15.4	15.5	15.6	15.7	15.8	16.0	16.1	16.3	16.5	16.7	16.9	17.1	17.3
17	16.2	16.3	16.4	16.5	16.6	16.7	16.8	17.0	17.1	17.3	17.5	17.7	17.9	18.1	18.3
18	17.2	17.3	17.4	17.5	17.6	17.7	17.8	18.0	18.1	18.3	18.5	18.7	18.9	19.1	19.5
19	18.2	18.3	18.4	18.5	18.6	18.7	18.8	19.0	19.1	19.3	19.5	19.7	19.9	20.1	20.3
20	19.1	19.2	19.3	19.4	19.5	19.6	19.8	20.0	20.1	20.3	20.5	20.7	20.9	21.1	21.3
21	20.1	20.2	20.3	20.4	20.5	20.6	20.8	21.0	21.2	21.4	21.6	21.8	22.0	22.2	22.4
22	21.1	21.2	21.3	21.4	21.5	21.6	21.8	22.0	22.2	22.4	22.6	22.8	23.0	23.2	23.4
23	22.1	22.2	22.3	22.4	22.5	22.6	22.8	23.0	23.2	23.4	23.6	23.8	24.0	24.2	24.4
24	23.1	23.2	23.3	23.4	23.5	23.6	23.8	24.0	24.2	24.4	24.6	24.8	25.0	25.2	25.5
25	24.0	24.1	24.2	24.3	24.5	24.6	24.8	25.0	25.2	25.4	25.6	25.8	26.0	26.2	26.4
26	25.0	25.1	25.2	25.3	25.5	25.6	25.8	26.0	26.2	26.4	26.6	26.9	27.1	27.3	27.5
27	26.0	26.1	26.2	26.3	26.4	26.6	26.8	27.0	27.2	27.4	27.6	27.9	28.1	28.4	28.6
28	26.9	27.0	27.1	27.2	27.4	27.6	27.8	28.0	28.2	28.4	28.6	28.9	29.2	29.4	29.6
29	27.8	27.9	28.1	28.2	28.4	28.6	28.8	29.0	29.2	29.4	29.6	29.9	30.2	30.4	30.6
30	28.7	28.9	29.0	29.2	29.4	29.6	29.8	30.0	30.2	30.4	30.6	30.9	31.2	31.4	31.6
31	29.7	29.8	30.0	30.2	30.4	30.6	30.8	31.0	31.2	31.4	31.6	32.0	32.2	32.5	32.7
32	30.6	30.8	31.0	31.2	31.4	31.6	31.8	32.0	32.2	32.4	32.7	33.0	33.3	33.6	33.8
33	31.6	31.8	32.0	32.2	32.4	32.6	32.8	33.0	33.2	33.4	33.7	34.0	34.3	34.7	34.8
34	32.5	32.8	32.3	33.1	33.3	33.7	33.8	34.0	34.2	34.4	34.7	35.0	35.3	35.6	35.9
35	33.6	33.7	33.8	34.0	34.2	34.4	34.8	35.0	35.2	35.4	35.7	36.0	36.3	36.6	36.9

乳稠计读数变为温度 20℃时的度数换算表

读数 ＼ 温度/℃	10	11	12	13	14	15	16	17	18	19	20	21	22	23	24	25
25	23.3	23.5	23.6	23.7	23.9	24.0	24.2	24.4	24.6	24.8	25.0	25.2	25.4	25.5	25.8	26.0
26	24.2	24.4	24.5	24.7	24.9	25.0	25.2	25.4	25.6	25.8	26.0	26.2	26.4	26.6	26.8	27.0
27	25.1	25.3	25.4	25.6	25.7	25.9	26.1	26.3	26.5	26.8	27.0	27.2	27.5	27.7	27.9	28.1
28	26.0	26.1	26.3	26.5	26.6	26.8	27.0	27.3	27.5	27.8	28.0	28.2	28.5	28.7	29.0	29.2
29	26.9	27.1	27.3	27.5	27.6	27.8	28.0	28.3	28.5	28.8	29.0	29.2	29.5	29.7	30.0	30.2
30	27.9	28.1	28.3	28.5	28.6	28.8	29.0	29.3	29.5	29.8	30.0	30.2	30.5	30.7	31.0	31.2
31	28.8	29.0	29.2	29.4	29.6	29.8	30.0	30.3	30.5	30.8	31.0	31.2	31.5	31.7	32.0	32.2
32	29.3	30.0	30.2	30.4	30.6	30.7	31.0	31.2	31.5	31.8	32.0	32.3	32.5	32.8	33.0	33.3
33	30.7	30.8	31.1	31.3	31.5	31.7	32.0	32.2	32.5	32.8	33.0	33.3	33.5	33.8	34.1	34.3
34	31.7	31.9	32.1	32.3	32.5	32.7	33.0	33.2	33.5	33.8	34.0	34.3	34.4	34.8	35.1	35.3
35	32.6	32.8	33.1	33.3	33.5	33.7	34.0	34.2	34.5	34.7	35.0	35.3	35.5	35.8	36.1	36.3
36	33.5	33.8	34.0	34.3	34.5	34.7	34.9	35.2	35.6	35.7	36.0	36.2	36.5	36.7	37.0	37.3

表Ⅱ-4　相当于氧化亚铜质量的葡萄糖、果糖、乳糖、转化糖质量/mg

氧化亚铜	葡萄糖	果糖	乳糖（含水）	转化糖	氧化亚铜	葡萄糖	果糖	乳糖（含水）	转化糖
11.3	4.6	5.1	7.7	5.2	61.9	26.5	29.2	42.1	28.1
12.4	5.1	5.6	8.5	5.7	63.0	27.0	29.8	42.9	28.6
13.5	5.6	6.1	9.3	6.2	64.2	27.5	30.3	43.7	29.1
14.6	6.0	6.7	10.0	6.7	65.3	28.0	30.9	44.4	29.6
15.8	6.5	7.2	10.8	7.2	66.4	28.5	31.4	45.2	30.1
16.9	7.0	7.7	11.5	7.7	67.6	29.0	31.9	46.0	30.6
18.0	7.5	8.3	12.3	8.2	68.7	29.5	32.5	46.7	31.2
19.1	8.0	8.8	13.1	8.7	69.8	30.0	33.0	47.5	31.7
20.3	8.5	9.3	13.8	9.2	70.9	30.5	33.6	48.3	32.2
21.4	8.9	9.9	14.6	9.7	72.1	31.0	34.1	49.0	32.7
22.5	9.4	10.4	15.4	10.2	73.2	31.5	34.7	49.8	33.2
23.6	9.9	10.9	16.1	10.7	74.3	32.0	35.2	50.6	33.7
24.8	10.4	11.5	16.9	11.2	75.4	32.5	35.8	51.3	34.3
25.9	10.9	12.0	17.7	11.7	76.6	33.0	36.3	52.1	34.8
27.0	11.4	12.5	18.4	12.3	77.7	33.5	36.8	52.9	35.3
28.1	11.9	13.1	19.2	12.8	78.8	34.0	37.4	53.6	35.8
29.3	12.3	13.6	19.9	13.3	79.9	34.5	37.9	54.4	36.3
30.4	12.8	14.2	20.7	13.8	81.1	35.0	38.5	55.2	36.8
31.5	13.3	14.7	21.5	14.3	82.2	35.5	39.0	55.9	37.4
32.6	13.8	15.2	22.2	14.8	83.3	36.0	39.6	56.7	37.9
33.8	14.3	15.8	23.0	15.3	84.4	36.5	40.1	57.5	38.4
34.9	14.8	16.3	23.8	15.8	85.6	37.0	40.7	58.2	38.9
36.0	15.3	16.8	24.5	16.3	86.7	37.5	41.2	59.0	39.4
37.2	15.7	17.4	25.3	16.8	87.8	38.0	41.7	59.8	40.0
38.3	16.2	17.9	26.1	17.3	88.9	38.5	42.3	60.5	40.5
39.4	16.7	18.4	26.8	17.8	90.1	39.0	42.8	61.3	41.0
40.5	17.2	19.0	27.6	18.3	91.2	39.5	43.4	62.1	41.5
41.7	17.7	19.5	28.4	18.9	92.3	40.0	43.9	62.8	42.0
42.8	18.2	20.1	29.1	19.4	93.4	40.5	44.5	63.6	42.6
43.9	18.7	20.6	29.9	19.9	94.6	41.0	45.0	64.4	43.1
45.0	19.2	21.1	30.6	20.4	95.7	41.5	45.6	65.1	43.6
46.2	19.7	21.7	31.4	20.9	96.8	42.0	46.1	65.9	44.1
47.3	20.1	22.2	32.2	21.4	97.9	42.5	46.7	66.7	44.7
48.4	20.6	22.8	32.9	21.9	99.1	43.0	47.2	67.4	45.2
49.5	21.1	23.3	33.7	22.4	100.2	43.5	47.8	68.2	45.7
50.7	21.6	23.8	34.5	22.9	101.3	44.0	48.3	69.0	46.2
51.8	22.1	24.4	35.2	23.5	102.5	44.5	48.9	69.7	46.7
52.9	22.6	24.9	36.0	24.0	103.6	45.0	49.4	70.5	47.3
54.0	23.1	25.4	36.8	24.5	104.7	45.5	50.0	71.3	47.8
55.2	23.6	26.0	37.5	25.0	105.8	46.0	50.5	72.1	48.3
56.3	24.1	26.5	38.3	25.5	107.0	46.5	51.1	72.8	48.8
57.4	24.6	27.1	39.1	26.0	108.1	47.0	51.6	73.6	49.4
58.5	25.1	27.6	39.8	26.5	109.2	47.5	52.2	74.4	49.9
59.7	25.6	28.2	40.6	27.0	110.3	48.0	52.7	75.1	50.4
60.8	26.1	28.7	41.4	27.6	111.5	48.5	53.3	75.9	50.9

氧化亚铜	葡萄糖	果糖	乳糖（含水）	转化糖	氧化亚铜	葡萄糖	果糖	乳糖（含水）	转化糖
112.6	49.0	53.8	76.7	51.5	163.2	72.1	78.8	111.4	75.4
113.7	49.5	54.4	77.4	52.0	164.4	72.6	79.4	112.1	75.9
114.8	50.0	54.9	78.2	52.5	165.5	73.1	80.0	112.9	76.5
116.0	50.6	55.5	79.0	53.0	166.6	73.7	80.5	113.7	77.0
117.1	51.1	56.0	79.7	53.6	167.8	74.2	81.1	114.4	77.6
118.2	51.6	56.6	80.5	54.1	168.9	74.7	81.6	115.2	78.1
119.3	52.1	57.1	81.3	54.6	170.0	75.2	82.2	116.0	78.6
120.5	52.6	57.7	82.1	55.2	171.1	75.7	82.8	116.8	79.2
121.6	53.1	58.2	82.8	55.7	172.3	76.3	83.3	117.5	79.7
122.7	53.6	58.8	83.6	56.2	173.4	76.8	83.9	118.3	80.3
123.8	54.1	59.3	84.4	56.7	174.5	77.3	84.4	119.1	80.8
125.0	54.6	59.9	85.1	57.3	175.6	77.8	85.0	119.9	81.3
126.1	55.1	60.4	85.9	57.8	176.8	78.3	85.6	120.6	81.9
127.2	55.6	61.0	86.7	58.3	177.9	78.9	86.1	121.4	82.4
128.3	56.1	61.6	87.4	58.9	179.0	79.4	86.7	122.2	83.0
129.5	56.7	62.1	88.2	59.4	180.1	79.9	87.3	122.9	83.5
130.6	57.2	62.7	89.0	59.9	181.3	80.4	87.8	123.7	84.0
131.7	57.7	63.2	89.8	60.4	182.4	81.0	88.4	124.5	84.6
132.8	58.2	63.8	90.5	61.0	183.5	81.5	89.0	125.3	85.1
134.0	58.7	64.3	91.3	61.5	184.5	82.0	89.5	126.0	85.7
135.1	59.2	64.9	92.1	62.0	185.8	82.5	90.1	126.8	86.2
136.2	59.7	65.4	92.8	62.6	186.9	83.1	90.6	127.6	86.8
137.4	60.2	66.0	93.6	63.1	188.0	83.6	91.2	128.4	87.3
138.5	60.7	66.5	94.4	63.6	189.1	84.1	91.8	129.1	87.8
139.6	61.3	67.1	95.2	64.2	190.3	84.6	92.3	129.9	88.4
140.7	61.8	67.7	95.9	64.7	191.4	85.2	92.9	130.7	88.9
141.9	62.3	68.2	96.7	65.2	192.5	85.7	93.5	131.5	89.5
143.0	62.8	68.8	97.5	65.8	193.6	86.2	94.0	132.2	90.0
144.1	63.3	69.3	98.2	66.3	194.8	86.7	94.6	133.0	90.6
145.2	63.8	69.9	99.0	66.8	195.9	87.3	95.2	133.8	91.1
146.4	64.3	70.4	99.8	67.4	197.0	87.8	95.7	134.6	91.7
147.5	64.9	71.0	100.6	67.9	198.1	88.3	96.3	135.3	92.2
148.6	65.4	71.6	101.3	68.4	199.3	88.9	96.9	136.1	92.8
149.7	65.9	72.1	102.1	69.0	200.4	89.4	97.4	136.9	93.3
150.9	66.4	72.7	102.9	69.5	201.5	89.9	98.0	137.7	93.8
152.0	66.9	73.2	103.6	70.0	202.7	90.4	98.6	138.4	94.4
153.1	67.4	73.8	104.4	70.6	203.8	91.0	99.2	139.2	94.9
154.2	68.0	74.3	105.2	71.1	204.9	91.5	99.7	140.0	95.5
155.4	68.5	74.9	106.0	71.6	206.0	92.0	100.3	140.8	96.0
156.5	69.0	75.5	106.7	72.2	207.2	92.6	100.9	141.5	96.6
157.6	69.5	76.0	107.5	72.7	208.3	93.1	101.4	142.3	97.1
158.7	70.0	76.6	108.3	73.2	209.4	93.6	102.0	143.1	97.7
159.9	70.5	77.1	109.0	73.8	210.5	94.2	102.6	143.9	98.2
161.0	71.1	77.7	109.8	74.3	211.7	94.7	103.1	144.6	98.8
162.1	71.6	78.3	110.6	74.9	212.8	95.2	103.7	145.4	99.3

氧化亚铜	葡萄糖	果糖	乳糖 （含水）	转化糖	氧化亚铜	葡萄糖	果糖	乳糖 （含水）	转化糖
213.9	95.7	104.3	146.2	99.9	264.6	120.0	130.2	181.2	124.9
215.0	96.3	104.8	147.0	100.4	265.7	120.6	130.8	181.9	125.5
216.2	96.8	105.4	147.7	101.0	266.8	121.1	131.3	182.7	126.1
217.3	97.3	106.0	148.5	101.5	268.0	121.7	131.9	183.5	126.6
218.4	97.9	106.6	149.3	102.1	269.1	122.2	132.5	184.3	127.2
219.5	98.4	107.1	150.1	102.6	270.2	122.7	133.1	185.1	127.8
220.7	98.9	107.7	150.8	103.2	271.3	123.3	133.7	185.8	128.3
221.8	99.5	108.3	151.6	103.7	272.5	123.8	134.2	186.6	128.9
222.9	100.0	108.8	152.4	104.3	273.6	124.4	134.8	187.4	129.5
224.0	100.5	109.4	153.2	104.8	274.7	124.9	135.4	188.2	130.0
225.2	101.1	110.0	153.9	105.4	275.8	125.5	136.0	189.0	130.6
226.3	101.6	110.6	154.7	106.0	277.0	126.0	136.6	189.7	131.2
227.4	102.2	111.1	155.5	106.5	278.1	126.6	137.2	190.5	131.7
228.5	102.7	111.7	156.3	107.1	279.2	127.1	137.7	191.3	132.3
229.7	103.2	112.3	157.0	107.6	280.3	127.7	138.3	192.1	132.9
230.8	103.8	112.9	157.8	108.2	281.5	128.2	138.9	192.9	133.4
231.9	104.3	113.4	158.0	108.7	282.6	128.8	139.5	193.6	134.0
233.1	104.8	114.0	159.4	109.3	283.7	129.3	140.1	194.4	134.6
234.2	105.4	114.6	160.2	109.8	284.8	129.9	140.7	195.2	135.1
235.3	105.9	115.2	160.9	110.4	286.0	130.4	141.3	196.0	135.7
236.4	106.5	115.7	161.7	110.9	287.1	131.0	141.8	196.8	136.3
237.6	107.0	116.3	162.5	111.5	288.2	131.6	142.4	197.5	136.8
238.7	107.5	116.9	163.3	112.1	289.3	132.1	143.0	198.3	137.4
239.8	108.1	117.5	164.0	112.6	290.5	132.7	143.6	199.1	138.0
240.9	108.6	118.0	164.8	113.2	291.6	133.2	144.2	199.9	138.6
242.1	109.2	118.6	165.6	113.7	292.7	133.8	144.8	200.7	139.1
243.1	109.7	119.2	166.4	114.3	293.8	134.3	145.4	201.4	139.7
244.3	110.2	119.8	167.1	114.9	295.0	134.9	145.9	202.2	140.3
245.4	110.8	120.3	167.9	115.4	296.1	135.4	146.5	203.0	140.8
246.6	111.3	120.9	168.7	116.0	297.2	136.0	147.1	203.8	141.4
247.7	111.9	121.5	169.5	116.5	298.3	136.5	147.7	204.6	142.0
248.8	112.4	122.1	170.3	117.1	299.5	137.1	148.3	205.3	142.6
249.9	112.9	122.6	171.0	117.6	300.6	137.7	148.9	206.1	143.1
251.1	113.5	123.2	171.8	118.2	301.7	138.2	149.5	206.9	143.7
252.2	114.0	123.8	172.6	118.8	302.9	138.8	150.1	207.7	144.3
253.3	114.6	124.4	173.4	119.3	304.0	139.3	150.6	208.5	144.8
254.4	115.1	125.0	174.2	119.9	305.1	139.9	151.2	209.2	145.4
255.6	115.7	125.5	174.9	120.4	306.2	140.4	151.8	210.0	146.0
256.7	116.2	126.1	175.7	121.0	307.4	141.0	152.4	210.8	146.6
257.8	116.7	126.7	176.5	121.6	308.5	141.6	153.0	211.6	147.1
258.9	117.3	127.3	177.3	122.1	309.6	142.1	153.6	212.4	147.7
260.1	117.8	127.9	178.1	122.7	310.7	142.7	154.2	213.2	148.3
261.2	118.4	128.4	178.8	123.3	311.9	143.2	154.8	214.0	148.9
262.3	118.9	129.0	179.6	123.8	313.0	143.8	155.4	214.7	149.4
263.4	119.5	129.6	180.4	124.4	314.1	144.4	156.0	215.5	150.0

氧化亚铜	葡萄糖	果糖	乳糖（含水）	转化糖	氧化亚铜	葡萄糖	果糖	乳糖（含水）	转化糖
315.2	144.9	156.5	216.3	150.6	365.9	170.5	183.4	251.6	176.9
316.4	145.5	157.1	217.1	151.2	367.0	171.1	184.0	252.4	177.5
317.5	146.0	157.7	217.9	151.8	368.2	171.6	184.6	253.2	178.1
318.6	146.6	158.3	218.7	152.3	369.3	172.2	185.2	253.9	178.7
319.7	147.2	158.9	219.4	152.9	370.4	172.8	185.8	254.7	179.2
320.9	147.7	159.5	220.2	153.5	371.5	173.4	186.4	255.5	179.8
322.0	148.3	160.1	221.0	154.1	372.7	173.9	187.0	256.3	180.4
323.1	148.8	160.7	221.8	154.6	373.8	174.5	187.6	257.1	181.0
324.2	149.4	161.3	222.6	155.2	374.9	175.1	188.2	257.9	181.6
325.4	150.0	161.9	223.3	155.8	376.0	175.7	188.8	258.7	182.2
326.5	150.5	162.5	224.1	156.4	377.2	176.3	189.4	259.4	182.8
327.6	151.1	163.1	224.9	157.0	378.3	176.8	190.1	260.2	183.4
328.7	151.7	163.7	225.7	157.5	379.4	177.4	190.7	261.0	184.0
329.9	152.2	164.3	226.5	158.1	380.5	178.0	191.3	261.8	184.6
331.0	152.8	164.9	227.3	158.7	381.7	178.6	191.9	262.6	185.2
332.1	153.4	165.4	228.0	159.3	382.8	179.2	192.5	263.4	185.8
333.3	153.9	166.0	228.8	159.9	383.9	179.9	193.1	264.2	186.4
334.4	154.5	166.6	229.6	160.5	385.0	180.3	193.7	265.0	187.0
335.5	155.1	167.2	230.4	161.0	386.2	180.9	194.3	265.8	187.6
336.6	155.6	167.8	231.2	161.6	387.3	181.5	194.9	266.6	188.2
337.8	156.2	168.4	232.0	162.2	388.4	182.1	195.5	267.4	188.8
338.9	156.8	169.0	232.7	162.8	389.5	182.7	196.1	268.1	189.4
340.0	157.3	169.6	233.5	163.4	390.7	183.2	196.7	268.9	190.0
341.1	157.9	170.2	234.3	164.0	391.8	183.8	197.3	269.7	190.6
342.3	158.5	170.8	235.1	164.5	392.9	184.4	197.9	270.5	191.2
343.4	159.0	171.4	235.9	165.1	394.0	185.0	198.5	271.3	191.8
344.5	159.6	172.0	236.7	165.7	395.2	185.6	199.2	272.1	192.4
345.6	160.2	172.6	237.4	166.3	396.3	186.2	199.8	272.9	193.0
346.8	160.7	173.2	238.2	166.9	397.4	186.8	200.4	273.7	193.6
347.9	161.3	173.8	239.0	167.5	398.5	187.3	201.0	274.4	194.2
349.0	161.9	174.4	239.8	168.0	399.7	187.9	201.6	275.2	194.8
350.1	162.5	175.0	240.6	168.6	400.8	188.5	202.2	276.0	195.4
351.3	163.0	175.6	241.4	169.2	401.9	189.1	202.8	276.8	196.0
352.4	163.6	176.2	242.2	169.8	403.1	189.7	203.4	277.6	196.6
353.5	164.2	176.8	243.0	170.4	404.2	190.3	204.0	278.4	197.2
354.6	164.7	177.4	243.7	171.0	405.3	190.9	204.7	279.2	197.8
355.8	165.3	178.0	244.5	171.6	406.4	191.5	205.3	280.0	198.4
356.9	165.9	178.6	245.3	172.2	407.6	192.0	205.9	280.8	199.0
358.0	166.5	179.2	246.1	172.8	408.7	192.6	206.5	281.6	199.6
359.1	167.0	179.8	246.9	173.3	409.8	193.2	207.1	282.4	200.2
360.3	167.6	180.4	247.7	173.9	410.9	193.8	207.7	283.2	200.8
361.4	168.2	181.0	248.5	174.5	412.1	194.4	208.3	284.0	201.4
362.5	168.8	181.6	249.2	175.1	413.2	195.0	209.0	284.8	202.0
363.6	169.3	182.2	250.0	175.7	414.3	195.6	209.6	285.6	202.6
364.8	169.9	182.8	250.8	176.3	415.4	196.2	210.2	286.3	203.2

氧化亚铜	葡萄糖	果糖	乳糖（含水）	转化糖	氧化亚铜	葡萄糖	果糖	乳糖（含水）	转化糖
416.6	196.8	210.8	287.1	203.8	453.7	216.5	231.3	313.4	224.1
417.7	197.4	211.4	287.9	204.4	454.8	217.1	232.0	314.2	224.7
418.8	198.0	212.0	288.7	205.0	456.0	217.8	232.6	315.0	225.4
419.9	198.5	212.6	289.5	205.7	457.1	218.4	233.2	315.9	226.0
421.1	199.1	213.3	290.3	206.3	458.2	219.0	233.9	316.7	226.6
422.2	199.7	213.9	291.1	206.9	459.3	219.6	234.5	317.5	227.2
423.3	200.3	214.5	291.9	207.5	460.5	220.2	235.1	318.3	227.9
424.4	200.9	215.1	292.7	208.1	461.6	220.8	235.8	319.1	228.5
425.6	201.5	215.7	293.5	208.7	462.7	221.4	236.4	319.9	229.1
426.7	202.1	216.3	294.3	209.3	463.8	222.0	237.1	320.7	229.7
427.8	202.7	217.0	295.0	209.9	465.0	222.6	237.7	321.6	230.4
428.9	203.3	217.6	295.8	210.5	466.1	223.3	238.4	322.4	231.0
430.1	203.9	218.2	296.6	211.1	467.2	223.9	239.0	323.2	231.7
431.2	204.5	218.8	297.4	211.8	468.4	224.5	239.7	324.0	232.3
432.3	205.1	219.5	298.2	212.4	469.5	225.1	240.3	324.9	232.9
433.5	205.6	220.1	299.0	213.0	470.6	225.7	241.0	325.7	233.6
434.6	206.3	220.7	299.8	213.6	471.7	226.3	241.6	326.5	234.2
435.7	206.9	221.3	300.6	214.2	472.9	227.0	242.2	327.4	234.8
436.8	207.5	221.9	301.4	214.8	474.0	227.6	242.9	328.2	235.5
438.0	208.1	222.6	302.2	215.4	475.1	228.0	243.6	329.1	236.1
439.1	208.7	223.2	303.0	216.0	476.2	228.8	244.3	329.9	236.8
440.2	209.3	223.8	303.8	216.7	477.4	229.5	244.9	330.8	237.5
441.3	209.9	224.4	304.6	217.3	478.5	230.1	245.6	331.7	238.1
442.5	210.5	225.1	305.4	217.9	479.6	230.7	246.3	332.6	238.8
443.6	211.1	225.7	306.2	218.5	480.7	231.4	247.0	333.5	239.5
444.7	211.7	226.3	307.0	219.1	481.9	232.0	247.8	334.4	240.2
445.8	212.3	226.9	307.8	219.8	483.0	232.7	248.5	335.3	240.8
447.0	212.9	227.6	308.6	220.4	484.1	233.3	249.2	336.3	241.5
448.1	213.5	228.2	309.4	221.0	485.2	234.0	250.0	337.3	242.3
449.2	214.1	228.8	310.2	221.6	486.4	234.7	250.8	338.3	243.0
450.3	214.7	229.4	311.0	222.2	487.5	235.3	251.6	339.4	243.8
451.5	215.3	230.1	311.8	222.9	488.6	236.1	252.7	340.7	244.7
452.6	215.9	230.7	312.6	223.5	489.7	236.9	253.7	342.0	245.8

表 Ⅱ-5　乳糖及转化糖因素表

滴定量/mL	用 10mL 碱性酒石酸铜溶液		滴定量/mL	用 10mL 碱性酒石酸铜溶液	
	乳糖/mg	转化糖/mg		乳糖/mg	转化糖/mg
15	68.3	50.5	20	68.0	50.9
16	68.2	50.6	21	68.0	51.0
17	68.2	50.7	22	68.0	51.0
18	68.1	50.8	23	67.9	51.1
19	68.1	50.8	24	67.9	51.2

滴定量 /mL	用 10mL 碱性酒石酸铜溶液		滴定量 /mL	用 10mL 碱性酒石酸铜溶液	
	乳糖/mg	转化糖/mg		乳糖/mg	转化糖/mg
25	67.9	51.2	38	67.9	51.9
26	67.9	51.3	39	67.9	52.0
27	67.8	51.4	40	67.9	52.0
28	67.8	51.4	41	68.0	52.1
29	67.8	51.5	42	68.0	52.1
30	67.8	51.5	43	68.0	52.2
31	67.8	51.6	44	68.0	52.2
32	67.8	51.6	45	68.1	52.3
33	67.8	51.7	46	68.1	52.3
34	67.9	51.7	47	68.2	52.4
35	67.9	51.8	48	68.2	52.4
36	67.9	51.8	49	68.2	52.5
37	67.9	51.9	50	68.3	52.5

表Ⅱ-6　溶液中乳糖、蔗糖共存时应在滴定量中加上的校正数

滴定量 /mL	用 10mL 费林试液		滴定量 /mL	用 10mL 费林试液	
	蔗糖对乳糖的比			蔗糖对乳糖的比	
	3∶1	6∶1		3∶1	6∶1
15	0.15	0.30	35	0.40	0.80
20	0.25	0.50	40	0.45	0.90
25	0.30	0.60	45	0.50	0.95
30	0.35	0.70	50	0.55	1.05

主要参考文献

1 中国预防医学科学院标准处编. 食品卫生国家标准汇编. 北京：中国标准出版社，1988

2 王叔淳主编. 食品卫生检验技术. 北京：化学工业出版社，1988

3 大连轻工业学院等八大院校编. 食品分析. 北京：中国轻工业出版社，1994

4 夏玉宇编著. 食品卫生质量检验与监查. 北京：北京工业大学出版社，1993

5 徐幼卿主编. 食品化学. 北京：中国商业出版社，1996

6 何照范，张迪清编著. 保健食品化学及其检测技术. 北京：中国轻工业出版社，1997

7 杭州大学化学系分析化学教研室编. 分析化学手册（第二版）. 北京：化学工业出版社，1997

8 天津轻工业学院，无锡轻工业学院合编. 食品生物化学. 北京：轻工业出版社，1981

9 马兰，李坤雄编. 食品质量检验. 北京：中国计量出版社，1998

10 金龙飞编著. 食品与营养学. 北京：中国轻工业出版社，1999

11 天津轻工业学院，无锡轻工业学院合编. 食品分析. 北京：轻工业出版社，1981

12 武汉大学主编. 分析化学（第四版）. 北京：高等教育出版社，2000

13 刘兴友，刁有祥主编. 食品理化检验学. 北京：北京农业大学出版社，1995

14 扈文盛编. 食品常用数据手册. 北京：中国食品出版社，1987

15 日本食品工业学会《食品分析法》编辑委员会编. 食品分析方法（上册）. 郑州粮食学院《食品分析方法》翻译组译. 成都：四川科学技术出版社，1986

16 黄伟坤等. 食品检验与分析. 北京：中国轻工业出版社，1989

17 （美）D. R. 沃斯博尔内，P. 伏格特著. 食品中营养素的分析. 胡正芝，刘仪，尹宗伦译. 北京：轻工业出版社，1987

18 天津轻工业学院，无锡轻工业学院合编. 食品工艺学（中册）. 北京：轻工业出版社，1982

19 南京大学《无机及分析化学》编写组. 无机及分析化学（第三版）. 北京：高等教育出版社，1998

20 刘用成主编. 食品化学. 北京：中国轻工业出版社，1996

21 中国食品添加剂生产应用工业协会编著. 食品添加剂手册. 北京：中国轻工业出版社，1996

22 王放，王显伦. 食品保健原理及技术. 北京：中国轻工业出版社，1997

23 宁正祥主编. 食品成分分析手册. 北京：中国轻工业出版社，1998

24 《罐头工业手册》编写组编. 罐头工业手册（第四分册）. 北京：轻工业出版社，1980

25 刘培刚主编. 商品知识与质量鉴别. 北京：中国商业出版社，1997

26 胡明方主编. 食品分析. 重庆：西南师范大学出版社，1993

27 高鹤娟等编写. 食物中有害物质. 北京：化学工业出版社，2000

28 中南林学院主编. 经济林产品利用及分析. 北京：中国林业出版社，1986

29 李建武，萧能赓，余瑞元等合编. 生物化学实验原理和方法. 北京：北京大学出版社，1994

30 聂洪勇，黄伟坤，唐英章等编著. 维生素及其分析方法. 上海：上海科学技术文献出版社，1987

内　容　简　介

　　本教材共分 12 章，主要内容包括食品一般成分的分析、食品中元素含量的分析和食品添加剂的分析，其中以食品营养成分的分析作为重点。样品的采集、制备、保存和预处理单独作为 1 章列出，其他各章分类叙述了食品一般成分的测定方法。在内容编排上除了较为完整和系统的介绍分析的原理、仪器、试剂、操作方法、结果计算和说明及注意事项外，还从食品营养和卫生学的观点出发，对各成分的性质和作用也做了简要介绍。

　　本书可作为综合性大学食品分析选修课教材和食品加工专业的教学参考书，也可供相关科研、技术人员参考使用。